재난안전

Disaster and Safety

진병문 · 박재영 · 안대명 · 윤혜경

북스힐

PREFACE

머리말

<재난 및 안전관리 기본법>이 발효된 지 6년이 지나고, 여러 강의 현장에서 집필진이 재난안전교육의 필요성에 대해 부단히 역설해 왔음에도 불구하고, 재난안전에 대한 의식이 크게 개선되지 못한 인상을 받고는 했다. 지난 19대 국회가 마무리되며 <국민 안전교육 진흥기본법>이 드디어 발효되었다. 이제 국가에서도 재난안전교육의 중요성을 인식하여 전 국민에 대한 안전교육을 국가 차원에서 실현해야 한다는 필연성을 느끼고 있다는 반증이 아닌가 한다.

재난안전교육이 제대로 이루어지려면 재난안전분야 전문가가 필요하다. 국가전문자격증의 취득 여부를 떠나 일반인들에게 재난안전교육을 제공할 재난안전전문가가 반드시 육성되어야 한다. 이러한 필요성에 의해 <재난안전지도사>를 양성하는 교재를 출간하게 되었다. 본 <재난안전지도사> 과정은 모든 종류의 재난문제에 대해 널리 공부하여 어떤 종류의 재난이든 그에 따른 대응책을 종류별로 분류하여 익힐 수 있도록 하였다.

재난은 크게 자연재난과 사회적 재난 그리고 인적 재난으로 나눌 수 있으며, 그중 자연재난은 인간의 힘으로는 예방이 어려워 재난발생에 대응하는 방법을 알아보는 데 집중되어 있다. 지진과 같이 언제 어디서 발생할지 알기 힘든 재난의 경우, 대피하는 훈련이나 대응법 등을 미리 잘 익혀둔다면 그 피해를 최소화할 수 있다. 사회적 재난이나 인적 재난의 경우에는 사람이 살아가면서 필수불가결하게 마주하고 일어날 수밖에 없는 다양한 재난이 포함된다. 이러한 재난들은 우리가 준비하고 대처하는 만큼 그 피해를 크게 줄일 수 있다. 안전재난은 특히 인간의 마음 씀씀이, 즉 인성이 중요하므로 인성교육에도 무게를 두어야 한다.

이 과정을 이수한 후, 한국재난안전협회에서 실기이수(CPR)를 하면 <재난안전지도사> 자격증을 취득할 수 있다. 재난분야 중 학생들이 학교생활을 하면서 일어나는 일들만 간추려 모은 <학교안전지도사>(북스힐)를 참고하는 것도 큰 도움이 되리라 생각한다. 본 교재의 내용은 국민안전처 및 교육부에서 제공하는 정보들을 바탕으로 다양한 자료들을 참조하여 구성되었음을 밝혀둔다.

2017년 2월, 대표저자 진병문

CONTENTS

차 례

4장 생활안전 / 183

5장 응급처치 / 231

1장 재 난

1.1 재난이란?

1.1.1 재난의 개념

그 시대와 사회 환경에 따라 유동적으로 인식되는 상대적인 개념으로, 그 정의와 분류는 각 나라와 학자에 따라 다양하다. 현대사회 이전에는 태풍, 홍수, 지진과 같은 천재지변을 재난으로 인식하였으나 최근 물질문명의 발전과 함께 인적 요인에 의한 대형 사고까지도 재난의 범주에 포함시키고 있으며, 테러 및 전쟁으로 인한 재해까지도 포함되는 개념으로 정립되고 있다.

재난의 역사는 인류의 역사와 함께 공존해왔다. 인류의 역사를 살펴보면 재난이 발생하지 않았던 시대는 없었다. 우리나라를 포함한 전 세계 국가들이 정도의 차이는 있지만 각종 재난으로 인해 삶의 터전을 잃기도 하고 재산과 생명을 잃기도 하였다. 그러나 인류는 재난에 굴복하지 않고 피해를 최소화시키기 위하여 재난을 예방하고 대비하며 대응 및 대처하기 위하여 노력하였다. 지금도 각종 재난을 극복하면서 문명을 발전시키고 새로운 업적을 향해 나아가고 있다.

칠레 산티아고 인근 대지진,
8.3 강진, 2015년 09월 16일

인도양 쓰나미, 2004년 12월 26일

한국 우면산 산사태,
2011년 7월 27일

그림 1.1 자연재난 사례

19세기까지의 재난이라고 하면 태풍이나 호우, 해일, 지진, 화산폭발, 가뭄 등의 자연재난을 위주로만 인식해왔다. 그러나 20세기 이후 산업 사회의 고도화에 따라 과학과 기술의 발달로 인하여 가스폭발이나 대형화재, 오염사고 등의 각종 인위적 재난이 빈번하게 발생하고 있으며 자연재난 못지않게 그 피해 정도와 규모가 대형화되고 있는 추세이다.

현대사회에서 재난의 개념을 하나로 단정지어 정의하기란 매우 어려운 일이다. 이는 학자들의 견해에 따라 재난의 개념과 분류가 다르며, 재난과 유사한 용어란 다양하게 존재하고 있어 각각의 의미가 혼용되어 사용됨으로써 혼란을 초래하기 때문이다.

또한 전 세계의 각 나라마다 재난의 개념이 다양하게

정의되고 있다. 이는 같은 나라라고 해도 시대적 배경이나 사회적 환경에 따라 재난의 범주가 다르게 사용되고 있기 때문이다. 문명이 발달하고 인명을 소중히 여기게 되면서 점차 재난의 범주가 늘어나고 있다. 우리나라의 경우에도 법률상에 따라 재난의 개념이 다양하게 정의되고 있으며, 현재까지도 학문적으로 통일되지 않은 채 사용되고 있는 실정이다.

사회 환경과 시대적 배경에 따라 유동적으로 판단되고 생각되는 상대적인 개념이라 할 수 있다. 예를 들어 사회 관심도에 따라 작은 사고조차도 재난으로 받아들여지거나 그 반대의 경우도 존재하기 때문이다.

재난이란 '자연적 혹은 인위적 원인으로 생활환경이 급격하게 변화하거나 그 영향으로 인하여 인간의 생면과 재산에 단 기간 동안 많은 피해를 주는 현상'이다. 즉, 인간의 생존과 재산의 보존이 불가능할 정도로 생활환경을 위협하는 상황이 초래되는 사고나 상태를 말한다.

이라크 동부 IS 차량폭탄 테러, 2015년 07월 17일

한국 세월호 침몰, 2014년 04월 16일

한국 서울 숭례문 화재, 2008년 02월 10일

그림 1.2 사회재난 사례

1) 각 나라에 따른 재난의 정의

- 미국 : 연방재난관리청(Federal Emergency Manage- ment Agency, FEMA)

재난은 정부의 통상적인 관리절차나 자원으로는 대처할 수 없는 인적 및 물적 손상을 초래하는 사건을 말하고, 재난은 대개 돌연히 발생하지만 대처과정에서는 다수의 정부기관과 민간부문들의 즉각적이며 조정된 노력을 필요로 한다.

- 일본 : 재해대책기본법 제2조 제1항

재난은 태풍, 호우, 폭설, 홍수, 해일, 지진, 쓰나미(지진해일), 화산폭발, 그 밖의 이상한 자연현상 또는 대규모 화재, 폭발 기타의 원인에 의해 생기는 피해이다.

- 유엔개발계획(United Nations Development Programme, UNDP)

재난은 사회의 기본조직 및 정상 기능을 와해시키는 갑작스러운 사건이나 큰 재난으로서 재난의 영향을 받는 사회가 외부의 도움 없이 극복할 수 없고, 정상적인 능력으로 처리할 수 있는 범위를 벗어나는 재난, 사회간접시설, 생활수단의 피해를 일으키는 단일 또는 일련의 사건이다.

2) 우리나라 재난의 정의

• 재난 및 안전관리기본법 제3조 제1호

"재난"이라 함은 국민의 생명·신체 및 재산과 국가에 피해를 주거나 줄 수 있는 것으로서 ㈎항목은 태풍·홍수·호우·강풍·풍랑·해일·대설·가뭄·지진·황사·적조 그밖에 이에 준하는 자연현상으로 인하여 발생하는 재해, ㈏항목은 화재·붕괴·폭발·교통사고·화생방사고·환경오염사고 그밖에 이와 유사한 사고로 대통령이 정하는 규모 이상의 피해, ㈐항목은 에너지·통신·교통·금융·의료·수도 등 국가기반체계의 마비와 전염병 확산 등으로 인한 피해 등을 말하는데, 이는 자연재해를 포함한 대부분의 재해를 재난으로 포함하고 있다.

• 자연재해대책법 제2조 제1호

"재난"이라 함은 재난 및 안전관리기본법 제3조 제1호의 규정에 의한 재난으로 인하여 발생하는 피해를 말하고, 제2호에서 "자연재난"이라 함은 재난 및 안전관리기본법 제3조 제1호의 규정에 의한 재해 중 태풍·호우·홍수·강풍·풍랑·해일·조수·대설·가뭄·지진(지진해일을 포함)·황사 그밖에 이에 준하는 자연현상으로 인하여 발생하는 재해를 말하며, 제3호에서 "풍수해"라 함은 태풍·홍수·호우·강풍·풍랑·해일·조수·대설 그밖에 이에 준하는 자연현상으로 인하여 발생하는 재해를 말한다.

• 재해경감을 위한 기업의 자율 활동 지원에 관한 법률

태풍·홍수·호우·강풍·풍랑·해일·대설·가뭄·지진·황사·적조 그밖에 이에 준하는 자연현상으로 인하여 발생하는 재해인 자연재해만을 재난으로 한정하고 있다.

· DDos(분산서비스거부) 대란, 2009년 북한의 첫 사이버 테러로 청와대, 국방부, 금융기관 등 22개 국내 주요 인터넷 사이트가 최장 72시간 동안 마비되었고 피해액은 약 500억원

· 농협 전산망 해킹, 2011년 최대의 해킹사고로 농협 금융전산망 시스템에 악성코드를 감염시켜 농협 PC 273대가 파괴돼 전산장애발생으로 입출금, 인터넷 폰 뱅킹이 마비되고 일부는 복구불가

그림 1.3 신종 재난 사이버 테러

3) 재난의 어원

재난(disaster)의 어원을 분석하면 dis는 어원상 분리, 파괴, 불일치의 뜻이고 aster는 라틴어로 astrum 또는 star라는 의미이다. diasater는 별의 분리 또는 별이 파괴되거나 행성의 배열이 맞지 않아 생기는 대규모의 갑작스러운 불행이라는 뜻으로 해석한다. 어원 분석에서 하늘로부터 비롯된 인간의 통제가 불가능한 해로운 영향을 의미하는 재난은 태풍, 홍수, 지진과 같은 대규모의 천재인 자연재해를 지칭하는 것이다. 현대사회에 들어와 대규모의 인적재난의 피해가 자연재해를 능가함에 따라 "disaster"는 자연재해와 인적재난을 포괄하는 개념으로 받아들여지게 된다. 재난은 보통 예측 가능성이 없이 갑작스럽게 발전하며, 여러 공적 기관과 개인 자원조직들의 즉각적이고 조정·통제된, 그리고 합리적인 대응활동과 신속한 복구활동이 요구되는 일련의 사건을 말한다.

1.1.2 재난의 분류

재난은 발생 원인이나 사회에 미치는 영향, 규모, 발생장소 등 다양한 기준에 따라 분류하여 그 유형을 구분할 수 있다. 재난의 유형은 재난 발생원인, 발생장소, 재난의 대상, 재난의 영향, 재난발생과정과 그에 따른 진행속도 등의 기준에 의하여 분류할 수 있다.

표 1.1 재난의 구분에 따른 분류

구분	분류
원인에 의한 분류	자연재난, 사회재난(인적재난)
발생장소에 의한 분류	육상재해, 해상재해, 광역재해, 국가재해
피해속도에 의한 분류	만성재해, 급성재해
규모에 의한 분류	개인재해, 사회적재해

1) Jones의 재해 분류

가. 재난의 발생 원인과 재해 현상에 따라 구분

① 자연재해

② 준자연재해

③ 인위재해(사회적 재해)로 구분

표 1.2 Jones의 재해 분류

<table>
<tr><th colspan="4">자연재해</th><th>준자연 재해</th><th>인위재난</th></tr>
<tr><td colspan="3">지구물리학적 재해</td><td>생물학적 재해</td><td rowspan="3">스모그현상
온난화현상
사막화현상
염수화현상
눈사태
산성화
홍수
토양침식 등</td><td rowspan="3">공해
광화학연무
폭동
교통사고
폭발사고
태업,전쟁 등</td></tr>
<tr><td>지질학적 재해</td><td>지형학적 재해</td><td>기상학적 재해</td><td rowspan="2">세균질병
유독식물
유독동물</td></tr>
<tr><td>지진
화산
쓰나미 등</td><td>산사태
염수토양 등</td><td>안개, 눈, 해일, 번개, 토네이도, 폭풍, 태풍, 가뭄, 이상기온 등</td></tr>
</table>

나. 자연재해

생물학적 재해와 지구물리학적 재해(지질학적, 지형학적, 기상하적 재해)로 구분

다. Jones의 재해 유형 분류의 특징

장시간에 걸친 완만한 환경의 변화 현상(공해, 염수화, 토양침식, 파업 등)까지 재해에 포함시키고 있으며 일반 행정관리의 대상까지도 재해로 분류하고 있어 재난관리 분야에 그대로 적용하기에는 그 범위가 너무 광범위하다.

2) Anesth의 재해 분류

가. 재난의 발생 원인과 재해 현상에 따라 구분

① 대분류(자연재난, 인적재난)

② 소분류(기후성재난, 지진성재난, 사고성재난, 계획적재난)

③ 재난의 유형으로 구분

나. 자연재해와 인위재해로 이분

① 자연재해 : 기후성 재해와 지진성 재해로 분류

② 인위재해(고의성유무) : 사고성 재해와 계획적 재해

표 1.3 Anesth의 재해 분류

대분류	세분류	재난의 유형
자연재해	기후성 재해	태풍
	지진성 재해	지진, 화산폭발, 해일
인위재해	사고성 재해	교통사고(자동차, 철도, 항공, 선박사고) 산업사고(건축물 붕괴) 폭발사고(갱도, 가스, 화학, 폭발물) 화재사고 생물학적 재해(박테리아, 바이러스, 독혈증) 화학적 재해(부식성 물질, 유독물질) 방사능 재해
	계획적 재해	테러, 폭동, 전쟁

다. Anesth의 재해 분류는 미국의 지역재난계획에서 주로 적용

인명피해를 발생시키지 않는 일반 행정관리 분야(대기오염, 수질오염 등)의 재해는 제외

3) Gilbert의 분류 - 3가지 분류(1998)

가. 유사 전쟁 모형(war analogy)

재난을 사회체계를 방해하는 외부로부터의 공격이라고 본다.

나. 사회적 취약성 모형(repression of social vulnerability)

재난이 사회의 내부 과정에 내재한 취약성에 의해 발생하는 것이라 본다.

다. 불확실성형 (entrance into a state of uncertainty)

재난은 실제 혹은 가상의 위험을 정의하는 데 실패하는 것에서 기인하며, 현실을 이해하는 데 적합한 프레임이 작동하지 않을 때 발생한다고 정의하였다.

4) Posner의 분류 - 4가지로 유형화(2004)

가. 자연적인 재앙

유행병(전 세계적 전염병), 소행성 충돌 등이 해당하며 과학기술이 이러한 부류의

위험을 만들어 내거나 증가시키지는 않지만 대응에는 결정적으로 중요한 역할을 할 수 있다는 것이다.

나. 실험 사고나 그 밖의 과학관련 사고

입자가속기, 나노기술, 인공지능 등과 관련된 사고가 여기에 속한다. 과학기술이 원이 되며, 과학기술의 속도를 늦추는 것이 옳은 대응일 가능성이 높다는 것이다.

다. 인간이 만들어낸 재앙

천연자원의 고갈, 지구온난화, 생물 다양성 감소 등이 해당한다. 지구 온난화와 생물 다양성의 상실은 에너지 생산, 개간, 유전자 접합, 그밖에 기후와 유전학적 다양성에 영향을 미치는 인간 활동의 결과이다.

라. 고의적인 대재앙

핵겨울[1)], 생물무기류, 사이버 테러, 디지털감시 및 암호화수단 등이 포함된다. 현재로서는 국가가 이러한 수법을 사용하는 경우는 없기 때문에(감시와 암호화의 경우는 제외) 이 부류의 대재앙 위험은 기술적인 테러라고 할 수 있다.

▶ 재해예방의 원칙

- 손실 우연의 원칙 : 사고의 결과로 생긴 재해 손실을 우연성에 의해 결정
- 원인계의 원칙 : 재해재난은 반드시 원인이 존재
- 예방가능의 원칙 : 원인이 제거되면 반드시 예방이 가능
- 대책의 3대 원칙(3 Harvey) : 기술(공학적 대책), 교육(안전교육 및 훈련), 규제(관리적 대책)
- 3S : 단순화(Simplification), 표준화(Standardization), 전문화(Specification)

5) 실정법상 재난의 분류

가. 재난 및 안전관리 기본법

용어정리

- 핵겨울(nuclear winter) : 핵폭발에 의해 대기 중으로 확산된 많은 양의 먼지가 햇빛이 지표면에 도달하는 것을 차단함으로써, 대기의 일시적 냉각을 가져올지도 모른다고 추측하여 일부 과학자들이 '핵겨울이라는 용어를 만들어냄.

표 1.4 실정법상 재난의 분류

구분	내 용
자연재난	태풍 · 홍수 · 호우 · 폭풍 · 해일 · 폭설 · 가뭄 · 지진 · 황사 그밖에 이에 준하는 자연현상으로 인한 피해
사회재난	화재 · 붕괴 · 폭발 · 교통사고 · 화생방사고 · 환경오염사고 또는 이와 유사한 사고 에너지 · 통신 · 교통 · 금융 · 의료 · 수도 등 국가기반체계 마비, 전염병 확산 등으로 인한 피해

- '재난 및 안전관리 기본법'에서는 재난을 크게 자연재해, 사회재난으로 분류하고 있다.

나. '자연재해대책법' 제2조

- "재해"란 '재난 및 안전관리 기본법' 제3조 제1호에 따른 재난으로 인하여 발생하는 피해를 말한다.
- "자연재해"란 제1호에 따른 재해 중 기본법 제3조 제1호 ㈎ 항목에 따른 자연현상으로 인하여 발생하는 재해를 말한다.
- "풍수해"란 태풍, 홍수, 호우, 강풍, 풍랑, 해일, 조수, 대설, 그밖에 이에 준하는 자연현상으로 인하여 발생하는 재해를 말한다.

6) 자연재난과 사회재난(인적재난)의 비교

자연재난은 근본적으로 예방할 수 없는 불가항력적 특징이 강한 반면 사회재난은 인적이라는 점에서 예방이 가능하다.

자연재난은 광범위한 지역에 걸쳐 발생되며 재산 피해와 사상자 발생 및 넓은 지역에서 산발적으로 발생된다. 사회재난은 국소 지역에서 재산피해와 사상자가 집중적으로 발생된다는 특징을 가진다.

또한 자연재난이 재난 상황이 전개되는 시점에서 대응 활동과 재난 통제가 극히 제한적으로 진행되는 반면 사회재난은 재난 대응활동과 재재난 통제의 가능성이 상대적으로 높다.

시간적 측면에서도 자연재난이 장기간에 걸쳐 완만히 진행되는 것에 비해 사회재난은 단기간에 걸쳐 급격히 완결된다.

1.1.3 재난의 특성

일반적인 재난의 특성을 살펴보면,

① 실질적인 위험이 크더라도 그것을 체감하지 못하거나 방심함.
② 본인과 가족과의 직접적인 재난피해 외에는 무관심함.
③ 시간과 기술・산업발전에 따라 발생빈도나 피해규모가 다름.
④ 인간의 면밀한 노력이나 철저한 관리에 의해 상당부분 근절 시킬 수 있음.
⑤ 발생과정은 도발적이며 강한 충격을 지니고 있으나 같은 유형의 재난피해라도 형태나 규모, 영향 범위가 다름.
⑥ 재난발생 가능성과 상황변화를 예측하기 어려움.
⑦ 고의든 과실이든 타인에게 끼친 손해는 배상의 책임을 가짐.

이러한 일반적인 특성을 바탕으로 재난의 특성을 크게 세 가지로 다음과 같이 나눌 수 있다.

Comfort는 재난의 특성을 상호작용성, 불확실성, 복잡성의 세 가지로 나누었고, 이에 덧붙여 재해재난을 자연재해와 인위적인 재해로 최초로 구분한 Turner의 논의에서 재해재난의 비가시적인 누적성을 추가하였으며 그 누적성에서 비롯된 것이 인지성이다.

1) 누적성(累積性)

① Turner(1978)는 재해재난을 맑은 하늘의 날벼락(bolts from the blue)이 아니라 오랫동안 배양(Incubation)의 과정으로 가시적 발생 이전부터 누적되어 온 위험 요인들이 특정한 시점에서 표출된 결과라고 한다.
② 비가시적으로 누적되고 있는 위험 발발 요인이 재난을 발생시키는 주요한 요인이다.
③ Turner는 MMD(Man-Made Disaster) 모형을 제시하면서 이를 인지적인 것(최근 사회적 인지 혹은 문화적 접근)이라고 하였으며, 기술적・사회적・제도적・행정적 장치들이 재난을 발생시키게 된다고 한다. 대표적 사례로 삼풍백화점붕괴사건[2]과 성수대교

용어정리

• 삼풍백화점붕괴사건 : 1995년 6월 29일 목요일, 서울 서초구 서초동, 삼풍백화점 A동 5층

붕괴사건[3])을 들 수 있다.

④ 누적성은 자연재해의 예측 능력의 부족, 관리체계의 구조적인 결함, 위험에 대한 개인·조직의 타성에 기인한 위험에 대한 낮은 수준의 인지도와 같은 전개과정에서도 나타난다.

2) 인지성(認知性)

① 인지적인 차이는 "위험의 객관적인 사실과 주관적인 인지의 불일치", "객관적인(정량적) 차원과 주관적(정성적) 차원 간의 불일치" 등으로 표현한다.

② 인지성은 의미의 장(Meaning field)과 관련되는데 같은 것을 두고도 서로 다른 시각이나 인지를 하게 된다. 예를 들면 계단을 비상계단으로 이해하는 경우도 있지만 단순한 계단으로 이해하는 경우도 있고, 동일한 재난을 위기관리자는 단순한 기술적인 사고로 여기는 데 비해 그 재난의 피해자들은 대재앙으로 인식하는 것도 한 예가 될 수 있을 것이다.

▶ 인지성에서 정치적인 면이 포함된 것인가 아니면 배제된 것 인가에 따라 전혀 다른 사관을 갖지도 한다. 공중은 재난에 대해 시간·효과의 측면에서 모두 제한적이고 피해 역시 쉽게 회복이 가능하며 통제가 가능하다고 보아 정치적인 면이 배제되었지만 재난은 한 편으로는 어떤 집단에게는 기화를 제공할 수 있으나 기존의 어떤 공동체의 파괴를 야기하거나 전혀 다른 행동양식을 가진 이방인의 유입을 불러올 수도 있는 정치적 측면을 지니고 있다.

건물이 완전히 붕괴되는 사고로 인해서 사망자가 무려 501명이나 발생했으며 실종자 6명, 부상자 937명이 발생하여 우리나라에서 6.25전쟁 이후에 발생한 가장 큰 인명피해를 가져온 참사사고로 기록되었다. 원래 상업용도가 아니라 주거용으로 허가 난 용지였는데 공무원에게 뇌물을 공여하고 상업용으로 용도변경을 하여 백화점을 지었다고 한다. 더구나 삼풍백화점은 부실시공과 무리한 설계구조 변경 등의 삼요소가 복합적으로 작용되어 발생한 대표적인 인적재난이다.

• 성수대교붕괴사건 : 1994년 10월 21일 서울 성동구 성수1가 - 강남구 압구정동 교량(강북에서 10~11번째 교각 사이)에서 붕괴사고가 발생했다. 사고원인은 서울 전역에 가랑비가 내리고 있는 가운데 아침 출근과 등굣길을 서두르는 학생과 직장인 등 승객을 태운 버스와 승용차들이 빗길을 조심스럽게 달리던 중 성수대교의 10번째와 11번째의 교각 사이 120m 중 중앙 48m의 현수트러스(Truss)가 갑자기 푹 꺼지면서 한강으로 내려앉았고 다리 위에 주행 중이던 차량 6대가 함께 추락하여 많은 사상자를 내었다.

3) 불확실성(不確實性)

① 불확실성은 누적성이나 복잡성과는 달리 재난관리 전 과정에 걸쳐 나타난다.

② 재난은 선형적·기계적인 과정만을 따르는 것이 아니라 비선형적·유기적 혹은 진화적인 과정을 따를 수도 있다.

③ 수직적·수평적으로 파편화가 발생하여 위기관리 조직은 많은 잠재적인 긴장을 내재하게 되고 참여한 많은 기관과의 협력이 어렵게 된다.

④ 결국 불확실성은 재난 발생 적에는 누적성, 발생 후에는 복잡성과 함께 작용하면서 재난 상황을 특정 짓게 된다고 할 것이다.

4) 복잡성(複雜性)

① 재난 자체의 복잡성 : 재난의 복잡성의 원인 중의 하나는 재난이 상호작용성을 지닌다는 것이며, 재난의 강도, 규모 그리고 최초 사건과 관련된 다른 재난의 발생이 그것이다. 예를 들어 지진의 경우 지진의 강도와 규모뿐만 아니라(여진도 포함) 지진으로 인한 전염병의 창궐 같은 것을 생각해 볼 수 있을 것이다.

② 재난의 발생 후에 관련 기관들 간의 관계에서 야기되는 복잡성 : 재난의 발생 이후 관련 기관들 간의 관계에서 비롯되는 복잡성은 두 가지 점에서 살펴볼 수 있다. 우선 재난 발생 이전과 비교할 때 재난 발생 이후의 단계에서 재난관리 행정의 경계자체가 확대된다. 둘째 재난 발생 이후의 단계에선 기존의 위기관리 조직의 개입 범위가 축소된다. 따라서 예방·완화 단계에서와는 달리 복수의 기관이 참여하게 되고 그에 따라 관련 기관들 간의 권한 설정, 역할 분담, 조정의 문제가 야기된다.

5) 상호작용성(相互作用性)

① 재난의 발생원인은 단일화 원인에 기인하지 않으며 재난의 결과 또한 단일한 피해를 입히지 않고 상호작용으로 피해를 입히는 것이다.

② 재난이 발생한 경우 재난 자체와 피해주민 및 피해지역의 기반시설이 서로 영향을 미치면서 여러 가지 사건이 전개될 수 있다. 재난이 일어나 기반시설이 마비되면서 피해주민이 대피하고, 대피지역에 연쇄적으로 경제적·정신적 피해가 발생하며, 복구에 필요한 경제적 손실과 인력 등 다양한 상호작용이 일어난다는 점이다.

1.1.4 우리나라 재난의 특성

우리나라는 1990년대 이후 빈번하게 발생하는 대형 재난사고에 대해 그 원인으로 한국적 특수성이 크게 작용하였다고 지적되고 있다. 한국적 특수성으로는 근대화의 파행성, 한국 특유의 폭증사회, 날림사회, 비상적인 발전 혹은 왜곡된 발전 등이 언급된다. 서구사회는 정상적으로 근대화되고 발전했지만 우리나라는 그렇지 못하기 때문에 대형 재난사고가 일어난다는 것이다.

여기에 추가적으로 한국의 후진적인 행정조직 및 위험관리체계가 사회를 위험에 빠트렸다는 논리로 제도를 운용하는 개인 혹은 조직의 부패나 부실공사, 부주의나 과실, 관리소홀, 즉 인재가 언급되었다. 결국 재난관리의 체계화된 제도화만이 동시 다발적으로 발생하는 재난 사고를 해소할 수 있는 해결책이라 할 수 있는 것이다. 또한 재난관리의 실패원인에 대한 파악과 행정적·기술적 안전대책의 강화가 있었음에도 불구하고 연이어 대형 재난사고가 발생한다는 사실이 후진적 행정조직 및 관리체계의 문제라 할 수 있다.

따라서 우리는 근대화의 이면적 측면을 자기반성하려는 위험사회의 문제의식에 대해 고찰할 필요가 있으며, 한국적 재난의 특성을 '이중적 복합위험사회'라는 개념으로 접근하고자 한다. 산업화와 정보화를 동시에 겪으면서 전통과 근대 그리고 탈근대를 동시에 경험하고 있는 우리 사회에 만연한 사고와 위험요소를 표현하고 부각시키는 데 '이중적 복합위험사회'의 적실성이 있다.

이 개념을 통해 우리는 예측 가능한 환경과 재난의 위험 그리고 재난방지부분의 불충분한 투자, 열악한 재난관리 수준 등에서 드러나는 우리나라 고유의 위험요소를 포착할 수 있다. 우리나라만의 고유한 위험요소를 정리한 한국적 재난의 특징은 다음과 같다.

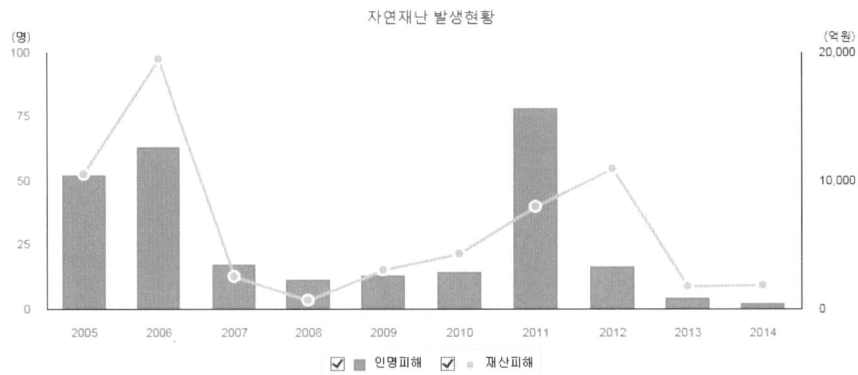

그림 1.4 우리나라 자연재난발생 현황『출처 : 국민안전처』

그림 1.5 우리나라 인적재난발생 현황『출처 : 국민안전처』

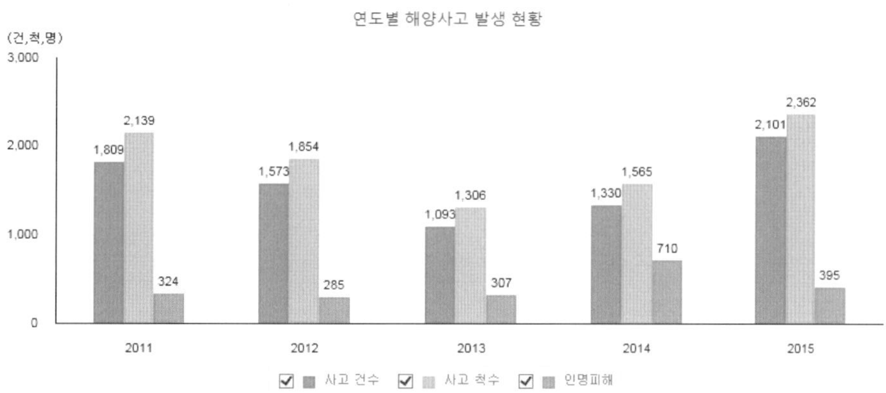

그림 1.6 우리나라 해양사고 현황『출처 : 국민안전처』

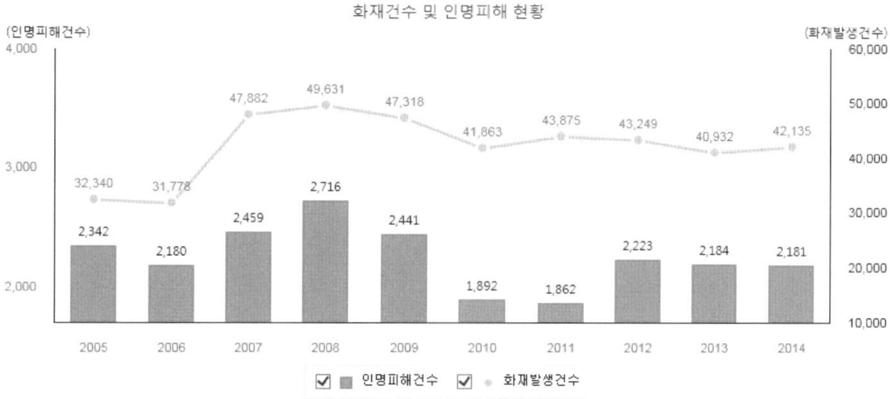

그림 1.7 우리나라 화재 및 인명피해 현황『출처 : 국민안전처』

- 우리의 '빨리 빨리', '앞만 보는' 사고관 덕에 빚어진 참사
- 사태의 불확실한 측면을 세심히 살피거나 남을 배려하는 관점을 견지하지 않고, 수단방법을 가리지 않고 목표를 성취하려는 태도가 부실을 가져오고 대형재난을 일으키는 원인
- 한국적 위험사회의 전형적인 또 다른 모습은 바로 '미래에 대해 무관심이다.' 압축적 근대화로 돌진한 한국사회의 주요 초점 바로 현재의 성장
- 전후좌우를 골고루 살피지 않고 오로지 앞만 보고 질주하는 일면적인 사고방식이 우리 사회에 팽배

1.1.5 우리나라 재난의 요인

우리나라의 재난발생의 원인과 현상들은 사회경제 발전과정에서 자연히 발생한 것이 아니라 정부의 강력한 개입 주의적 '관리국가'에 의한 부정적 형태로 나타나게 되었다는 것이다. 이 과정에서 부정적 형태의 재난요인의 내재 혹은 부정적 형태의 현상들이 발생했다. 이와 같은 부정적 형태의 행정적·정치적 요인을 정리하면 다음과 같다.

압축적 근대화는 국가의 시장 육성·지원을 위해 사회 전반에 대한 강력한 통제를 행사한 반민주적 개발독재(開發獨裁, 1961~1979)[4)]에 힘입어 수행되었다. 강력한 통제의 반민주적 개발독재는 강력한 지도자의 결의에 따라 시장에 대한 체계적인 개입과 규제를 단행하는 것이다. 중앙정부는 부족한 시간과 가용자원을 확보하고 낭비를 방지하기 위해 국가와 대기업, 금융 간의 공적 관계뿐만 아니라 노동자, 심지어 언론도 국가의 정책목표의 지침에 따라 동원하고 통제한다. 권력이 과도하게 중앙에 집중되어 중앙정부는 산업화와 관련된 거의 모든 영역에 개입하여 정책결정을 내렸으며, 대기업과 금융의 안정성도 중앙정부의 정치적 지시에 의해서만 보장한다. 집중된 권력과 그에 기반을 둔 규제와 통제는 세계시장의 다국적 기업들과의 경쟁에서 열악한 경제적 조건을 극복하기 위해 저임금, 공기단축 등 비용절약의 위험성이 높은 전략을 유도한다. 기업은 안전을 원시하기보다 비용으로 치부하게 되며, 국가는 최단 시일에 선진국으로 진입하려는 속도효율에 집착하여 위험

용어정리

- 개발독재(開發獨裁, 1961~1979) : 독재권력 주도로 경제개발을 최우선 목표로 삼아 시민사회와 민주주의 발전을 억압·통제하는 국가주의적 산업화의 수동혁명 체제.

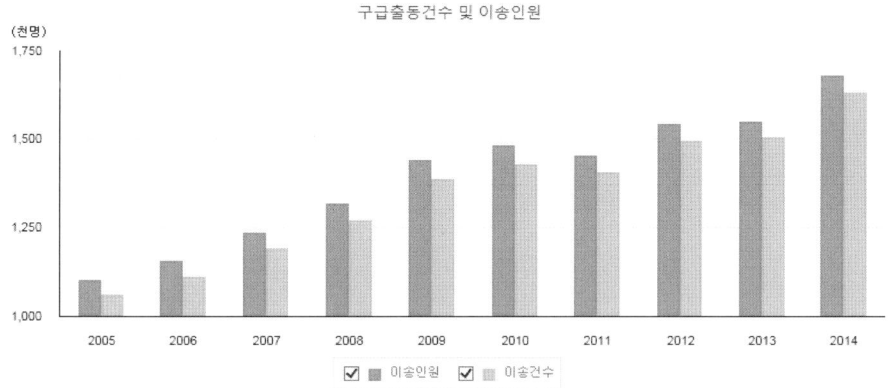

그림 1.8 우리나라 구급활동 현황『출처 : 국민안전처』

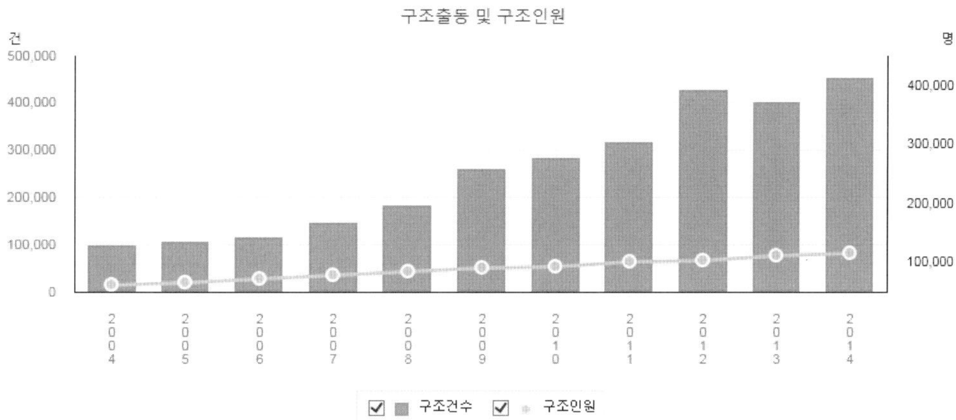

그림 1.9 우리나라 구조활동 현황『출처 : 국민안전처』

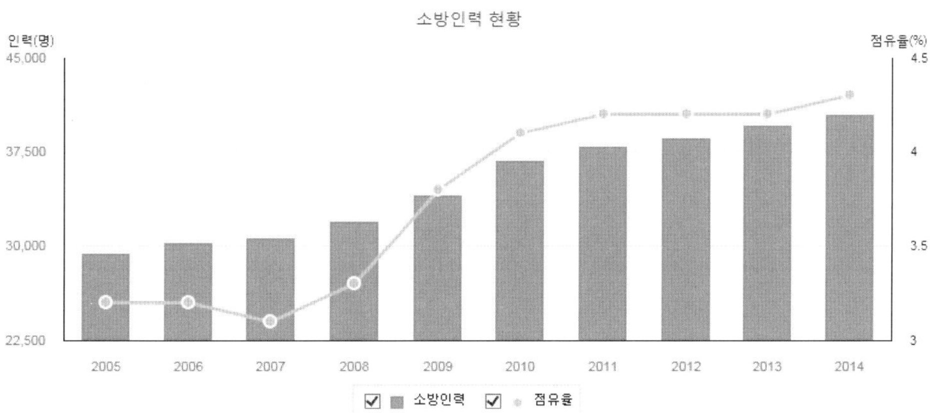

그림 1.10 우리나라 소방인력 현황『출처 : 국민안전처』

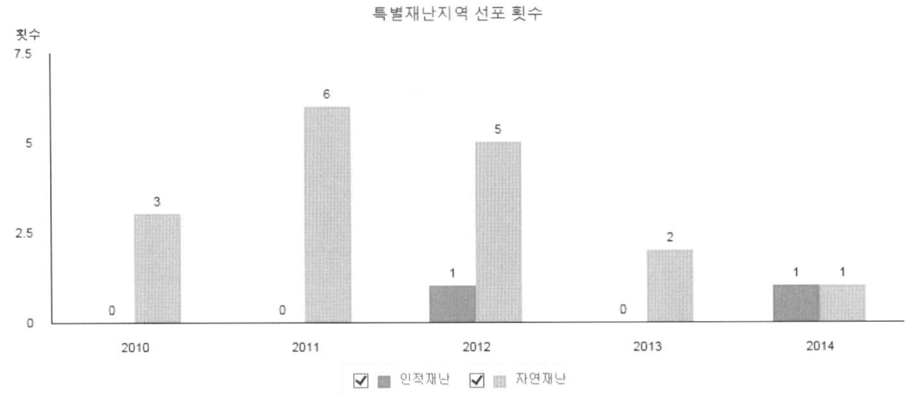

그림 1.11 우리나라 특별재난지역 현황 『출처 : 국민안전처』

관리에는 상대적으로 소홀히 한다. 정부 내의 정책결정에 있어서 관료조직은 강압적 권력에 의해 시민사회의 감사와 견제로부터 보호되어 있었기 때문에, 관료들은 자신이 내린 결정이 미칠 부정적인 결과를 심각하게 고려하지 않고 현재의 이익을 위해 결정한다.

관료조직의 사회 전반에의 개입은 수입규제, 수출촉진, 특정 산업의 보호 및 육성, 자본의 조달과 배분, 노동통제, 사회통제 등 여러 가지 정책의 단계별 결정과 집행과정에서 각종 특혜와 부조리, 부패가 개입될 가능성이 잠재되었다. 국가는 조국 근대화라는 국가주의적 공익의 이름으로 그들을 결정을 합리화한다.

정리하면, 우선 압축적 근대화 패러다임5)이란 짧은 시간 동안의 경제적 성취를 위하여 강력한 국가가 지배자를 통해 국민의 자율과 참여는 배재한 채, 국민 대중을 동원한 발전모델이라고 할 수 있다. 이 패러다임은 필연적으로 인간의 삶의 질에는 큰 관심을 기울이지 않는다. 왜냐하면 국민들이 느끼는 행복감과 같은 삶의 질적인 측면들이 고려되고 측정되기 이전에 수치상으로 정해진 목표를 달성하는 것이 우선적 과제로 설정되기 때문이다. 이러한 논리와 상황에서 인간의 안전문제에 대한 인식은 낮은 단계에 머물러 있게 되고 사후의 대책에 치중하는 요인이 된다고 할 수 있다.

용어정리

- 패러다임(paradigm) : 어떤 한 시대 사람들의 견해나 사고를 근본적으로 규정하고 있는 테두리로서의 인식의 체계. 또는 사물에 대한 이론적인 틀이나 체계.

1.2 재난의 관리

1.2.1 재난관리의 개념

재난관리란 각종의 재난을 관리하는 것으로써 재난으로 인한 피해를 최소화하기 위하여 재난의 예방, 준비 계획, 대응, 복구에 관한 정책의 개발과 집행 과정을 총칭하는 것(김태윤, 2002 ; UNDP/UNDRO, 1991)으로서 광의의 개념과 협의의 개념으로 분리하여 정의해 볼 수 있다.

재난은 발생 원인이나 규모에 상관없이 우리의 생활과 사회에 영향을 주어 원래의 기능과 질서가 무너지게 만드는 피해로 나타난다. 따라서 재난관리의 피해규모는 물론 이러한 사회적 파급효과와 현상까지 고려하여 인간존엄성을 포함한 국민의 복지와 삶의 수준 향상에 밀접하게 연관된 복합적인 개념으로 다루어져야 하며, 재난으로부터 국민의 신체, 생명과 재산을 최우선적으로 보호하는, 즉 재난의 예방·대비·대응 및 복구를 위하여 행하는 모든 활동을 재난관리라고 정의할 수 있다.

재난관리 과정의 예방 및 완화(Mitigation), 준비(Preparedness), 대응(Response), 복구(Recovery) 단계는 각 단계마다의 활동이 요구된다.

재난관리 활동 단계를 배양 단계와 예방 활동 - 발발 단계와 준비 활동 - 진행 단계와 대응 활동 - 소멸 단계와 복구 활동으로 나누기도 한다.

복구의 4단계 과정으로 분류된 것은 자연재해의 관리를 염두에 두고 분류한 것이지만 특정이 다른 인적 재난의 관리, 폭등과 테러리즘 등 위기의 관리에도 적용될 수 있다.

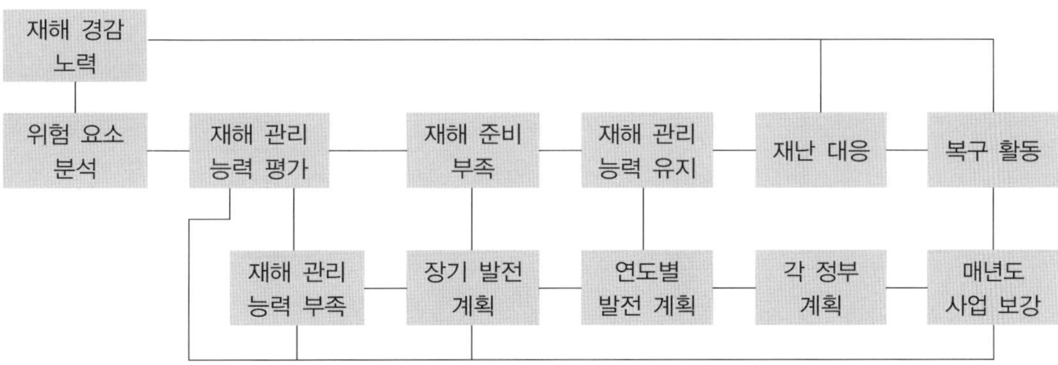

그림 1.12 McLoughlin의 통합적 재난관리 과정

1) 예방 및 완화 단계

① 예방 및 완화 단계의 활동은 미래에 발생할 가능성이 있는 재난을 사전에 예방하고, 재난 발생 가능성을 감소시키며, 발생 가능한 재난의 피해를 최소화시키기 위한 활동을 말한다.

② 사회와 그 구성원의 건강, 안전, 복지에 대한 위험이 있는지 알아보고 위험 요인을 줄여서 재난 발생의 가능성을 낮추기 활동을 수행하는 단계로 장기적 관점에서 장래의 모든 재난에 대비하고자 하는 것으로서 정치적, 정책 지향적 기술이 필요하다는 점에서 다른 단계의 활동들과 구분될 수 있다.

2) 준비(대비) 계획 단계

① 예방 및 완화 단계의 제반 활동에도 불구하고 재난 발생 확률이 높아진 경우, 재난 발생 후에 효과적으로 대응할 수 있도록 사전에 대응 활동을 위한 메커니즘을 구성하는 등 운영적인 준비 장치들을 갖추는 단계이다.

② 각 재난 상황에 적절한 재난 계획을 수립하고, 부족한 대응 자원에 대한 보강 작업, 비상 연락망과 통신망을 정비하여 유사 시 활용할 수 있는 경보 시스템 구축, 일반 국민에 대한 홍보 및 대응 요인에 대한 훈련과 재난 발생 시 실제적인 대응 활동을 통한 현장 대응상의 체제 보완 등이 준비 계획 단계의 활동에 속한다.

3) 대응 단계

① 일단 재난이 발생한 경우 신속한 대응 활동을 통하여 재난으로 인한 인명 및 재산 피해를 최소화하고, 재난의 확산을 방지하며, 순조롭게 복구가 이루어질 수 있도록 활동하는 단계이다.

② 여기에서는 준비 단계에서 수립된 각종 재난관리 계획 실행, 대책 본부의 활동 개시, 긴급 대비 계획의 실천, 긴급 의약품 조달, 생필품 공급, 피난처 제공, 이재민 수용 및 보호, 후송, 탐색 및 구조 등의 활동이 포함한다.

4) 소멸 단계 및 복구 활동

① 이 단계는 재난 상황이 어느 정도 안정된 후 취하는 활동 단계로 재난으로 인한 피해 지역을 재난 이전의 상태로 회복시키는 활동을 포함한다.

② 단기적으로는 피해 주민들이 최소한의 생활을 영위할 수 있도록 지원하고 장기적으로는 피해 지역의 원상 복구 또는 개량 복구 추구한다.

표 1.5 재난관리 단계별 활동 내용

구분	내 용
예방 및 완화 단계	위험성 분석 및 위험 지도 작성, 「건축법」 정비 제정, 재해 보험, 토지 이용 관리, 안전 관련법 제정, 조세 유도 등
준비 단계	재난 대응 계획, 비상경보 체계 구축, 통합 대응 체계 구축, 비상 통신망 구축, 대응 자원 준비, 교육 훈련 및 연습 등
대응 단계	재난대응 계획의 적용, 재해의 진압, 구조 구난, 응급 의료 체계의 운영, 대책본부의 가동, 환자 수용, 간호, 보호 및 후송 등
복구 단계	잔해물 제거, 전염병 예방, 이재민 지원, 임시 주거지 관련, 시설 복구 등

1.2.2 재난관리 유형의 대표적 이론

재난의 유형을 알기 위해서는 재난의 기본적인 이론들을 토대로 인식하는 것이 문제 해결의 중요한 단초가 될 수 있을 것이다. 재난 발발의 원인과 배경에 관하여는 세 가지 대표적인 이론적 접근이 있다. 각각의 이론적 접근마다 재난을 이해하는 관점이 다르기 때문에 재난관리에 대한 기본적인 관점도 다르다.

1) 재난 배양 이론(Disaster Incubation Theory)

① 재난 배양 이론은 Barry Turner의 1978년 저작 <인위재난(Man-Made Disaster)>에서 제기된 것으로, 주로 재난 발생의 사회적, 문화적 측면에 주목한다.

② 터너의 주된 관심은 재난 발전의 초기 단계인 배양(Incubation) 단계에서부터 사회 속에 재난이 잠재적으로 누적되어 가고 있다는 것

③ 재난 그 자체보다는 재난을 야기하는 사회적 상황에 대하여 사전적인 관심이 필요

④ "위험 평가"에서 흔히 무시되었던 것에 대한 성찰의 필요성 강조

- 사회문화적인 조건들을 제대로 인식
- 위험과 관련된 조직문화의 맹점
- 부적절한 정보
- 의사소통의 문제점

- 오차 수정의 실패
- 안전 규제 도입의 실패
- 불확실성(애매성, 복잡성)

2) 정상 사건 이론(Normal Accidents Theory)

① 정상 사건 이론은 Perrow의 1984년 저작 <정상 사건(normal Accident)>에 처음으로 소개되었다.

② 현대사회의 기술적, 조직적 시스템의 특성을 복잡하고 꽉 짜여진 것에서 찾으며, 복잡하고 꽉 짜여진 기술적 체계는 필연적으로 사고를 발생시킨다는 것이다.

③ 복잡하고 꽉 짜여진 체계는

- 예기치 않은 조그만 사건이 발생하게 되면 그것은 곧 가속화의 과정을 거쳐 거대한 재난으로 확대되는 경향이 존재하고,
- 사고의 발생을 불가피하게 만들며 사고의 확대를 촉진한다.
- 재난 발생의 필연성을 강조하는 것으로 그 관리에 대하여는 일종의 비관적 자세를 취한다.

3) 고도 신뢰 이론(High Reliability Theory)

① 고도 신뢰 이론은 미국 버클리(Berkely) 학파에 의해서 연구된 것으로 뛰어난 안전 기록을 성취하고 있는 조직들이 지니고 있는 독특한 조직 전략에 중점을 두고 있다.

② 고도 신뢰 이론은 사고는 예방될 수 있고, 복잡성과 꽉 짜여진 체계에서 사고 발생 가능성을 낮출 수 있어서 조직의 안전에 관한 신뢰성도 높일 수 있다는 것으로

③ 정상 사건 이론의 비관적 측면에 대한 반발과 과거 결정론적인 세계관을 근거한 합리적 의사 결정의 전통에 대한 수정을 근간으로 한다.

④ 고도 신뢰 이론의 위기관리 전략은 현대 재난관리의 핵심적인 내용으로

- 가외성의 전략 : 보완적, 실패나 오류방지
- 의사결정 분권화의 전략(신속성) : 문제 발생 지점으로부터 가장 근접해 있는 부서가 문제 해결을 담당
- 관점의 유연화 전략 : 다양한 이론을 조직의 기술과 생산 과정에서 동시에 수용(긴밀한 토론과 협상을 통해 최종 행동 양식 결정)

• 조직 학습 전략 : 학습 과정을 통해 신뢰도가 높은 성취를 이룸

4) 재난발생단계이론

가. 하인리히 5단계 이론(구 도미노 이론)

• 1931년 허버트 윌리엄 하인리히(Herbert William Heinrich)[6]가 재난이 일어나는 단계를 5단계로 구분하였다.

• 위의 5단계 중 어느 하나에 문제가 발생하면 연쇄적으로 영향을 미치는 도미노 현상이 발생한다는 것이다.

• 1~2단계는 간접 원인이며, 재해 발생비로 1 : 29 : 300의 법칙을 제시하였다.

▶ 1(사망 또는 중상) : 29(경상 ; 인적·물적 수반) : 300(무상해 사고 ; 고장 포함)

• 이 이론의 핵심은 가장 쉽고 효율적으로 제거할 수 있는 3단계의 불안전한 상태 또는 거동을 제거하면 사고는 일어나지 않는다.

표 1.6 하인리히 법칙 5단계 이론

단계	구분	내용
1단계	사회적 또는 가정적 결함 (Social or family defects)	바람직하지 못한 사회적 또는 가정환경에 의한 결함 인명 경시 풍조, 공중도덕 및 준법정신의 결의 등
2단계	개인적 결함 (personal defects)	개인적으로 정신적·신체적 결함이 있거나 안전에 대한 의식이 미흡하여 기능이 부족한 경우 등
3단계	불안전한 상태 또는 거동 (unsafe conditions or behavior)	불안전한 상태라 위험물이 방치되어 있다든가 위험한 장소가 있다든가 안전장치가 구비되어 있지 않는 상태 불안전한 거동(행동)은 안전 수칙을 지키지 않거나 기계 등을 잘못 사용하는 경우
4단계	사고(accidents)	-
5단계	재해(causalities)	-

용어정리

• 하인리히 법칙(Heinrich's law) : 1920년대 미국 보험사 직원인 허버트 하인리히가 발견한 법칙으로 대형 사고가 1번 발생하기 이전에 이와 관련 있는 소형 사고가 29번 발생하고, 소형사고 전에는 같은 원인에서 비롯된 사고한 징후들이 300번 나타난다는 것이다. 이것을 일명 1대 29대 300 법칙이 라고도 불린다.

- 재해는 항상 사고한 것들을 방치할 때 발생한다.
- 사소한 문제들이 발생하였을 때 이를 면밀히 살펴 그 원인을 파악하고 잘못된 점을 시정하면 대형 사고나 실패를 방지할 수 있지만 징후가 있음에도 이를 무시하고 방치한다면 돌이킬 수 없는 대형 사고로 번질 수 있다.

나. 프랭크 버드 이론(최신 도미노 이론)

- 재해 방지를 위해서는 반드시 기본 원인을 제거해야 한다는 이론
- 재해 발생비로 1 : 10 : 30 : 600의 법칙을 제시하였다.

▶ 1(중상 ; 폐질) : 10(경상 ; 인적 · 물적 손실) : 30(무상해 사고 ; 물적 손실) : 600(무상해, 무사고 고정 ; 위험 순간)

표 1.7 프랭크 버드 법칙

제 1단계	제어의 부족 - 관리
제 2단계	기본 원인 - 기원
제 3단계	직접 원인 - 징후
제 4단계	사고 - 접촉
제 5단계	상해 - 손실

1.2.3 재난관리의 유형

재난관리는 재난유형별 관리방식의 분산관리방식과 모든 재난에 대해 통합적으로 관리하는 통합재난관리방식으로 구분된다.

1) 분산 관리 방식

풍수해, 폭설, 화재, 지진, 낙뢰, 폭발, 환경오염 등 재난의 유형별 다른 대응 방식을 설정한다.

재난유형별로 계획된 재난 대응에 따라 책임기관도 각각 배정된다.

재난발생 시 재난대응 관련기관의 중복적인 대응으로 과잉대응의 문제가 발생하여 현실적으로 재난대응의 효율성이 낮다.

일본, 중국 등과 함께 우리나라에서는 분산관리방식을 유지한다.

가. 재난관리의 의의

1930년대 전통적 조직 이론의 등장과 함께 합리성을 목표로 하는 조직이 전문화의 원리를 택하도록 하는 행정 이론적 환경과 일치하는 시기에 생겨났다. 따라서 분산 관리방식은 전통적 재난관리 제도로서 재난의 유형별 특징을 강조하며, 재난의 종류에 따라 대응 방식에 차이가 있다는 것을 강조하기 때문에 재난 계획과 대응책임 기관도 각각 다르게 배정되어 관리하는 방식이다.

나. 특징 및 장점

① 재난의 유형별 특징을 강조하는 전통적 관리 방식이다.
② 재난의 종류에 따라 대응 방식에 차이가 있다는 것을 강조한다.
③ 재난 계획과 대응책임 기관도 각각 다르게 배정되어 관리하는 방식이다.
④ 다수 부처 및 기관이 단순 병렬 방식이다.
⑤ 정보 전달이 다원화되어 있고 소관 재난에 대한 관리 책임 및 부담이 분산되어 있다.
⑥ 소관 부처에서 해당 재해만을 담당하므로 경험 축적 및 전문성이 향상된다.

다. 문제점

① 재난 대응 기관의 중복이 일어난다.
② 복잡한 재난에 대한 대처 능력에 한계가 있다.
③ 각 부처 간 업무의 중복 및 연계가 미흡하다.
④ 과잉 대응 및 지휘 체계의 분산을 가져온다.
⑤ 난해한 계획서의 비현실성과 다수 기관의 조정, 통제에 대해 여러 가지 반복되는 문제를 일으킨다.
⑥ 자원 준비와 배분의 복잡성을 존재한다.

2) 통합 관리 방식

1979년, 미국 연방위기관리청의 창설 근거로 제시한다.
완화 · 준비 · 대응 · 복구활동의 단계로 재난에 대한 통합적 관리를 말한다.

가. 의의

모든 재난은 피해 범위, 대응 자원, 대응 방식에 있어 유사하며, 재난 유형별 재난

계획이 실제 재난 상황에서 적응성이 거의 없다는 것이 제시되었다. 이에 따라 재난 대응에 참가하는 모든 일상적 비상 대응 기관 단체들을 통합 관리함으로써 효과적으로 대응할 수 있다는 것이 통합 관리 방식이다.

나. 특징 및 장점

① 지휘 체계가 단일화되어 있다.
② 단일 부처 중심으로 조정이 이뤄지며 병렬식 다수 부처 및 기관이 움직이게 된다.
③ 기능별 책임 기관을 지정하고 통합적인 조정, 통제 및 지휘 체계를 갖는다.
④ 모든 재난을 계획, 대응 자원, 대응 방식에 있어서 유사하다.

다. 문제점

① 모든 재난에 대한 관리 책임과 과도한 부담을 갖게 된다.
② 부처 이기주의 및 기존 조직들의 반대 가능성이 높다.

표 1.8 재난관리 단계별 활동 내용

구 분	분산 관리 방식	통합 관리 방식
성 격	유형별 관리	통합적 관리
재난 인지 능력	미약 · 단편적	강력 · 종합적
효율성	낮음	높음
책임성	책임의 분산	과도한 책임(부담)
신속성	낮음	높음
총체성	산만한 관리	통합적 관리
활동 범위	특정 재난	모든 재난
관련 부처 (기관)의 수	다수 부처(기관)	소수 부처(기관)
정보의 전달 (지휘 체계)	다양화	단일화
제도적 장치 (관리 체계)	복잡	보다 간편
장점	- 전문성 제고에 용이 - 한 사안에 대한 업무의 과다 방지	- 총괄적 자원 동원과 신속한 대응 - 자원봉사자 등 가용 자원을 효율적으로 활용
단점	- 각 부처 간의 업무의 중복 및 연계 미흡 - 재원 마련과 배분의 복잡성	- 시스템 구축의 어려움 - 부처 이기주의 작용과 기존 조직들의 반발 가능성이 높음

표 1.9 재난관리책임기관

구 분		주관기관	유관기관	비고
자연재난	풍수해	소방방재청	국토부, 교과부, 기재부, 산자부, 복지부, 국방부, 농림부, 환경부, 문화부, 경찰청, 기상청, 산림청, 방통위, 해경청, 농진청, 지자체	해일, 설해 포함
	낙뢰	소방방재청	농림부, 기상청, 지자체	
	가뭄	소방방재청	국토부, 농림부, 환경부, 기상청, 지자체	
	지진	소방방재청	국방부, 산자부, 국토부, 복지부, 문화부, 교과부, 농림부, 노동부, 환경부, 경찰청, 방통위, 해경청, 문화재청, 기상청, 지자체	
	황사	환경부	산자부, 교과부, 복지부, 소방청, 기상청, 산림청, 농진청, 지자체	
	적조	농림수산식품부	환경부, 국방부, 해경청, 기상청, 지자체	
인적재난	산불	산림청	국방부, 법무부, 외교부, 노동부, 복지부, 경찰청, 소방청, 방재청, 기상청, 지자체	
	교통재난	국토교통부 해양경찰청	국방부, 외교부, 법무부, 복지부, 노동부, 경찰청, 방재청, 기상청, 지자체	항공, 철도, 도로, 해재난, 교통, 시설안전, 다중이용선박안전 포함
	폭발 대형화재	소방방재청	복지부, 산자부, 국방부, 환경부, 문화부, 노동부, 방재청, 경찰청	
	건축물 등 시설물 재난	소방방재청	복지부, 국토부, 경찰청, 지자체	초고층 대규모 지하 연계 복잡건축물안전, 다중이용업소안전 포함

표 1.10 재난관리 유형별 담당 행정기관

구분		주관기관	유관기관	비고
인적재난	독극물 환경오염	환경부 해양경찰청	농림부, 국방부, 국토부, 방재청, 경찰청, 지자체	해양오염 포함
	산업재해	노동부	복지부, 국토부, 환경부, 방재청, 경찰청	건설사업장안전, 유해성물질안전 포함
해외재난	해외재난	외교통상부	국정원, 경찰청, 외교부, 문화부, 복지부, 국토부, 통일부	
재난지원	재난방송	방송통신위원회	방재청, 기상청, 방송사, 지자체	
	방재기상	기상청	농림부, 방통위[7], 방재청, 방송사	

표 1.11 안전관리 분야 분류

구 분	주관기관	유관기관	비고
보행자안전	안전행정부	교육청, 경찰청, 지자체[8]	
승강기안전	안전행정부	방재청[9], 경찰청	
어린이놀이시설안전	안전행정부	교육부, 경찰청	
여름철 물놀이안전	소방방재청 해양경찰청	안행부[10], 교육부, 경찰청, 지자체	
사회복지시설안전	보건복지부	안행부, 방재청, 경찰청, 지자체	보육시설안전, 청소년수련시설 안전 포함
교육시설안전	교육부	안행부, 방재청, 교육청, 경찰청	유치원시설안전, 연구실안전, 학교시설안전 포함
유도선안전	소방방재청	안행부, 경찰청	
자전거이용안전	안전행정부	국토부, 경찰청, 교육청, 지자체	
문화체육시설안전	문화체육관광부	안행부, 경찰청, 방재청, 지자체	유원시설안전, 공연장안전, 체육시설안전 포함
등산사고안전	산림청	안행부, 경찰청, 방재청, 지자체	
수상레저안전	해양경찰청 소방방재청	안행부, 경찰청	
문화재안전	문화체육관광부	안행부, 방재청, 산림청, 경찰청	
사이버안전	안전행정부	방통위, 국정원, 경찰청	

용어정리

- 방통위 - 방송통신위원회 : 방송위원회의 방송 정책 및 규제, 정보통신부의 통신서비스 정책과 규제를 총괄하는 대통령 직속 기구이다.
- 지자체 - 지방자치단체 : 국가 아래에서 국가영토의 일부를 구성요소로 하고 그 구역 안의 주민을 법률이 정하는 범위 안에서 지배할 수 있는 권한을 가진 단체.
- 방재청 - 소방방재청 : 소방과 방재, 민방위 운영 및 안전 관리에 관한 사무를 권장하던 중앙행정기관으로 안전행정부 산하의 외청이었다.
- 안행부 - 안전행정부 : 국민의 안전과 재난에 관한 정책을 수립 · 총괄하고, 중앙정부의 행정관리 및 지방자치단체에 대한 관리 · 조정 기증을 관장하는 중앙행정기관.

표 1.12 안전관리 분야 분류

구 분	주관기관	유관기관	비고
전염병	보건복지부	안행부, 외교부, 법무부, 미창부, 국방부, 농림부, 환경부, 국토부, 지자체, 방재청, 해경청, 소방청, 국가정보원	
가축질병	농림수산지원부	안행부, 외교부, 복지부, 국방부, 환경부, 경찰청, 해경청, 관세청, 농진청[11], 지자체	

- 농진청 - 농촌진흥청 : 농촌진흥을 위한 사무를 관장하는 중앙행정기관이다.

2장 자연재난

2.1 자연재난이란?

2.2 자연재난의 유형별 행동요령

2.1 자연재난이란?

2.1.1 자연재난의 개념

자연재난(natural disaster)이란 자연현상으로 인하여 발생하는 재해를 말하며, 다양한 형태의 원인과 결과에 따라 여러 가지 자연재난으로 나뉠 수 있다. 우리나라 자연재난은 태풍 · 홍수 · 호우 · 폭풍 · 해일 · 폭설 · 가뭄 · 지진 · 황사 · 적조 그 밖에 이에 준하는 자연현상으로 인하여 발생한 피해라고 정의하고 있다.

인간은 자연재난을 극복하며 인류문명을 발전시켜 왔으며, 본능적으로 재난을 극복하기 위하여 행동하였다. 태풍이나 호우를 피하기 위하여 동굴에 들어가고 우물을 만들어 가뭄에 대처하였으며 병충해를 극복하기 위하여 약초를 먹었다.

이러한 자연재난은 불가항력적인 요소를 지니고 있어 인위적으로 안전히 근절시킬 수는 없다. 그러나 재난발생을 사전에 예측하여 이에 따른 예방 · 대비 조치와 방어 · 보호시설물의 구축 등 재난이 발생하였을 시의 신속한 복구대책 수립으로 피해를 최소화하고 피해 확대를 방지하기 위한 노력을 함으로써 재해를 최소화하거나 막을 수 있다.

- 자연재난의 관리(목적) : 「자연재해대책법」 제1조에서 규정하고 있는 자연재난관리는 태풍, 홍수 등 자연현상으로 인한 재난으로부터 국토를 보존하고 국민의 생명 · 신체 및 재산과 주요 기간시설을 보호하기 위하여 자연재해의 예방 · 복구 및 그 밖의 대책을 강구하는 것을 말한다.

자연재난은 크게 두 가지 현상에 의하여 발생하는데 그 하나는 기상현상이고 다른 하나는 지구의 지질작용이다. 따라서 자연재난은 크게 지진 · 화산활동 등에 의한 지질재난과

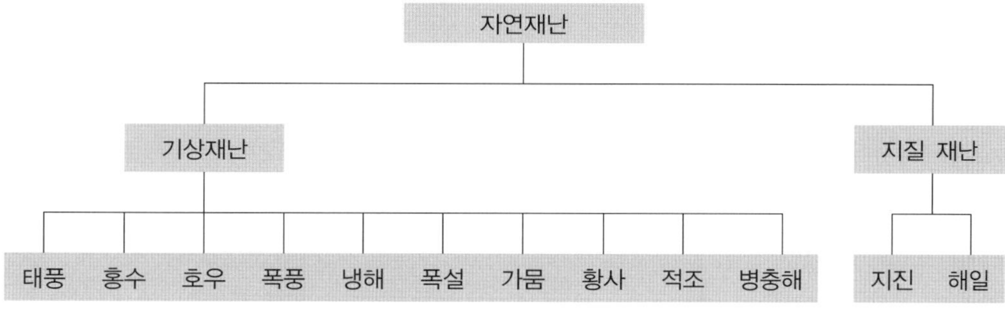

그림 2.1 자연재난의 분류

기상요인에 의한 기상재난으로 구분된다. 우리나라의 경우 대부분 발생하는 자연재난은 이상기상현상에 의해 발생하는 기상재난에 해당한다.

2.1.2 우리나라 자연재난

우리나라 역시 자연재난의 발생빈도가 꾸준히 증가하고 있으며 피해 또한 계속적으로 증가하고 있다. 우리나라의 경우 전 국토의 70% 이상이 산지로 구성되어 있어 강우발생 시 유출량이 급속하게 하류부에 있는 하천으로 도달하기 때문에 자연재난 중에서도 태풍이나 호우 등으로 인한 홍수재해의 위험성이 가장 크게 나타난다. 또한 지질 상태로 대부분 화강암과 편마암으로 구성되어 있기 때문에 수목의 생장이 어려워 강우발생 시 산사태가 발생할 가능성이 크다 이에 따라 기상학적 요인에 의해 강수량이 집중되는 6~9월 사이에 홍수에 의한 피해가 자주 발생하였다.

따라서 국가는 자연재난으로 인한 자연재해로부터 국민의 안락한 삶을 보장하기 위하여 피해의 잠재력 증가를 억제하는 대책과 다각적인 재해방지사업 및 사후복구계획 등을 수립해야 한다. 또한 국민은 개인적으로도 이러한 재난의 발생 원인이 무엇이며 재난예방 및 대비법, 재난발생 시 대응 및 대처법, 행동요령을 숙지하여 피해를 예방하고 최소화해야 한다.

자연재난의 발생은 특정 지역의 지형 및 기후적인 환경과 매우 밀접한 관계가 있다. 특정한 자연환경을 특정한 자연재난을 매년 발생시키고 있으며, 본서에서는 태풍, 홍수, 가뭄 등 다양한 자연재난의 기본적인 이해와 각 유형별 자연재난 시 지역과 환경, 장소 등에 따라 행동요령을 알아보기로 한다.

2.2 자연재난의 유형별 행동요령

2.2.1 태 풍

세계기상기구(WMO)는 열대성 저기압 중에서 중심 부근의 최대풍속이 33m/s 이상인 것을 태풍(TY), 25~32m/s인 것은 강한 열대폭풍(STS), 17~24m/s인 것을 열대폭풍(TS), 그리고 17m/s 미만인 것을 열대저압부(TD)로 구분한다.

우리나라와 일본에서도 태풍을 이와 같이 구분하지만, 일반적으로 최대 풍속이 17m/s

이상인 열대성 저기압 모두를 태풍이라고 한다.

1) 태풍의 생성

위도 5~25도 해역에서 발생하며, 해면 부근의 기온이 27도 이상일 때만 발생한다. 열대 지방의 지면이 더워지면 심한 상승기류가 나타나 비가 오게 되고 상승기류가 생긴 곳을 보충하기 위해 주위로부터 공기가 몰려오며, 몰려든 공기는 지구 자전의 영향으로 오른쪽으로 맴돌기 시작한다. 이렇게 모여든 공기는 상승하여 다시 바깥쪽으로 흘러나가며 그 양은 들어오는 공기의 양보다 많으므로 중심부는 공기가 희박해져서 강한 열대 저기압(태풍)이 된다.

2) 우리나라의 주요 태풍 피해 사례

연 대	태풍 이름	인명 피해	재산 피해	강우량/풍속
1980년대	베라 (86.08.27~29)	34명 사망 및 실종	372여억 원	일최대강우량 192mm
	셀마 (87.07.15~16)	345명 사망 및 실종	5,969억 원, 이재민 99,570명	서울 70mm, 강릉 270mm
1990년대	글래디스 (91.08.23~26)	103명 사망 및 실종	2,630억 원, 이재민 2만여 명	최대 500mm
	로빈호 (93.08.21)	69명 사망 및 실종	2,596억 원	최대풍속 45m/s
	재니스 (95.07.24~28)	157명 사망 및 실종	7,364억 원	보령 최대 361.5mm
2000년대	프라피룬 (02.08.23~09.01)	35명 사망 및 실종	6,295억 원	최대풍속 58.3m/s
	루사 (누리로 대체) (02.08.30~09.01)	262명 사망 및 실종	5,479억 원, 이재민 63,000여 명	강릉 일강수량 870.5mm
	매미 (03.09.12~13)	132명 사망 및 실종	47천여억 원, 이재민 61,000여 명	최대풍속 75m/s
	민들레 (04.07.04)	60여 명 사망 및 실종	이재민 40여만 명	목포 시간당 64mm
	나비 (05.09.06)	6명의 사망 및 실종	1,38억 원	570mm, 40m/s

3) 태풍의 강도 분류

구 분	최대풍속	풍속 15m/s 이상의 변경
약한 태풍(소형)	17m/s 이상~25m/s 미만	300km 미만
중간 태풍(중형)	25m/s 이상~33m/s 미만	300km 이상~500km 미만
강한 태풍(대형)	33m/s 이상~44m/s 미만	500km 이상~800km 미만
매우 강한 태풍(초대형)	44m/s 이상	800km 이상

4) 태풍이 오기 전 재난관리

- TV나 라디오, 인터넷을 통해 태풍의 이동경로 등의 정보를 숙지한다.
- 가정과 집 주변의 하수구, 배수구, 빗물받이 등을 점검 및 정비한다.
- 생필품인 비상식량, 식수, 응급약품, 손전등 등을 사전에 준비 및 비치한다.
- 거주지역이 상습침수지역이나 저지대에 위치해 있는지 사전에 확인한다.
- 태풍에 의해 날아갈 위험이 있는 지붕이나 물건 등을 점검하고 단단히 고정한다.
- 비상시 대처방법을 사전에 숙지하고 비상연락망을 구축한다.

5) 태풍주의보 때 재난관리

가. 모든 지역

① TV나 라디오를 수신하여 태풍의 진로와 도달 시간을 숙지한다.
② 가정의 하수구나 집 주변의 배수구를 점검하고 막힌 곳을 뚫는다.
③ 침수나 산사태가 일어날 위험이 있는 지역에 거주하는 주민은 대피 장소와 비상 연락 방법을 미리 알아두도록 한다.
④ 하천 근처에 주차된 자동차는 안전한 곳으로 이동시킨다.
⑤ 응급 약품, 손전등, 식수, 비상식량 등의 생필품을 미리 준비한다.
⑥ 바람에 날아갈 위험이 있는 지붕, 간판, 창문, 출입문 또는 마당이나 외부에 있는 헌 기구, 놀이기구, 자전거 등은 단단히 고정한다.
⑦ 공사장 근처는 위험하니 가까이 가지 못하도록 한다.
⑧ 전신주, 가로등, 신호등은 손으로 만지거나 가까이 가지 않는다.
⑨ 감전의 위험이 있으니 집 안팎의 전기 수리는 하지 않도록 한다.
⑩ 운전 중일 경우 감속 운행한다.

⑪ 천둥・번개가 칠 경우 건물 안이나 낮은 곳으로 대피한다.
⑫ 송전철탑이 넘어졌을 때는 119나 시・군・구청 또는 한전에 신고한다.
⑬ 문과 창문을 잘 닫아 움직이지 않도록 하고, 안전을 위해 집안에 있도록 한다.
⑭ 낡은 창호는 강풍으로 휘어지거나 파손될 위험이 있으니 미리 교체하거나 창문을 창틀에 단단하게 고정시켜 틈이 생기지 않도록 보강한다.
⑮ 테이프를 붙일 때에는 유리가 창틀에 고정되도록 해 유리가 흔들리지 않도록 한다.
⑯ 창틀과 유리 사이의 채움재가 손상되거나 벌어져 있으면 유리창이 깨질 위험이 있으므로, 틈이 없도록 보강해 준다.
⑰ 노약자나 어린이는 집 밖으로 나가지 않도록 한다.
⑱ 물에 잠긴 도로로 걸어가거나 차량을 운행하지 않도록 한다.
⑲ 대피할 때에는 수도와 가스 밸브를 잠그고 전기 차단기를 내린다.
⑳ 어업 활동을 하지 않고 선박을 단단히 묶어 둔다.
㉑ 집주변이나 경작지의 용・배수로를 점검한다.
㉒ 어로 시설을 철거하거나 고정한다.
㉓ 주택 주변에 산사태 위험이 있으면 미리 대비한다.
㉔ 위험한 물건이 집 주변에 있다면 미리 제거한다.
㉕ 논둑을 미리 점검하고 물꼬를 점검한다.
㉖ 선박을 단단히 묶어두고 어망・어구 등을 안전한 곳으로 옮긴다.

나. 도시지역

① 간판 등 떨어지거나 날아갈 위험이 있는 물건을 단단히 고정한다.
② 아파트 등 대형 및 고층건물의 출입문・창문 등은 닫고 잠근다.
③ 고층건물 등의 옥상에 낙하위험 시설물을 제거 또는 결속한다.
④ 고층건물 등의 옥상 출입을 삼간다.

다. 농촌지역

① 농경지의 용・배수로를 점검 및 정비를 한다.
② 논둑을 미리 점검하고 물꼬를 조정한다.
③ 병충해 방제를 위한 조치가 필요하다.
④ 산간계곡의 야영객은 안전한 곳으로 대피한다.

⑤ 비닐하우스 등의 농업시설물 점검 및 정비를 한다.
⑥ 집 주면의 산사태 등 사전징후를 숙지하고 관찰한다.
⑦ 농기계와 가축 등을 안전한 장소로 이동한다.

라. 해안지역

① 바닷가 근처나 저지대에 있는 주민은 대피 준비를 한다.
② 선박에 고무타이어를 충분히 부착한다.
③ 어업활동을 금지하고 선박을 단단히 고정한다.
④ 임시 시설물을 철거하고 해수욕장 이용을 금지한다.
⑤ 해안저지대 위험지역 경계 및 예찰활동을 강화한다.

6) 태풍경보 때 재난관리

가. 모든 지역

① TV나 라디오, 인터넷을 통해 기상예보 및 태풍상황을 수시로 확인한다.
② 상습침수지역이나 저지대 등 재해위험지구 주민은 대피한다.
③ 옥내·외 전기설비 고장 시 수리를 금지한다.
④ 모래주머니나 튜브 등을 이용하여 물이 넘쳐서 흐르는 것을 방지한다.
⑤ 바람에 날아갈 물건이 주변에 있다면 사전에 제거한다.
⑥ 운전 중일 경우 감속운행하며 친숙한 도로를 이용한다.
⑦ 다리는 안전한지 확인한 후에 이용한다.
⑧ 천둥·번개가 칠 경우 가로수 주변은 피하고 건물 안이나 낮은 곳으로 대피한다.
⑨ 정전 시 사용가능한 손전등을 주변에 비치하고 비상상활에 대비한다.
⑩ 가족이나 이웃 간의 연락망을 점검하고 비상시 대피방법을 재차 확인한다.
⑪ 각종 공사장의 안전조치 및 작업을 중단한다.

나. 도시지역

① 침수가 예상되는 건물의 지하공간에는 주차를 금지한다.
② 지하에 거주하고 있는 주민은 대피를 한다.
③ 전시주, 가로등, 신호등을 손으로 만지거나 가까이 가지 않는다.
④ 천둥·번개가 칠 경우에는 건물 안이나 낮은 곳으로 대피한다.

⑤ 건물의 간판 및 위험시설물 주변으로의 이동 및 접근 금지한다.
⑥ 고층아파트 등 대형 · 고층건물에 거주하고 있는 주민은 유리창에 신문지나 테이프를 붙여 파손에 대비한다.
⑦ 아파트 등 고층건물 옥상, 지하실 및 하수도 맨홀에 접근 금지한다.
⑧ 라디오, TV, 인터넷을 통해 기사예보 및 태풍상황을 잘 알아둔다.

다. 농촌지역

① 산사태 위험이 있는 주택의 경우 사전에 대피한다.
② 고압전선이 있는 근처에는 가까이 가지 않는다.
③ 집 안팎의 전기 수리를 하지 않는다.
④ 천둥 번개가 칠 경우 건물 안이나 낮은 곳으로 대피한다.
⑤ 농경지 침수 예방을 위해 모래주머니 등을 이용하여 하천의 물이 넘치는 것을 방지한다.
⑥ 농작물의 보호 조치 및 용 · 배수로 수시로 점검한다.
⑦ 논둑을 수시로 점검하고 물꼬를 조정한다.
⑧ 산사태가 일어날 수 있는 비탈면 근처에 접근 금지한다.
⑨ 비닐하우스나 인삼재배시설 등을 단단히 고정하고 보강한다.

라. 해안지역

① 해안가나 항구 등에서 접근 금지한다.
② 해안가 위험시설물을 점검 및 임시 철거한다.
③ 해안도로는 차량운행을 통제한다.
④ 해안가의 저지대 주민은 안전한 곳으로 대피한다.
⑤ 선박을 단단히 고정하고 어망 · 어구 등을 안전한 곳으로 이동한다.
⑥ 선박출항은 통제하고 안전결박 및 조업어선 신속대피 조치한다.
⑦ 철거 가능한 어로시설 및 수산증식시설을 철거한다.

7) 태풍이 멈춘 후

- 파손된 상하수도나 도로를 발견하면 시 · 군 · 구청이나 읍 · 면 · 동사무소에 연락한다.
- 비상식수를 모두 마셨더라도 아무 물이나 마시지 말고 물은 꼭 끓여서 섭취한다.

- 전기, 가스, 수도시설은 손대지 말고 전문 업체에 연락하여 점검 후 사용한다.
- 침수된 집안은 가스가 차 있을 수 있으니 환기시키도록 한다.
- 연약해진 제방이 붕괴될 수 있으니 제방 근처에 접근하지 않는다.
- 파손된 전기시설은 손으로 만지거나 접근하지 않는다.
- 늘어진 고압선이나 전선줄에 접근하지 않는다.
- 태풍이 멈추었다고 해서 방심은 절대 금물이다.

2.2.2. 호 우

일반적으로 많은 비가 오는 것을 대우(大雨)라 말하며, 강우(强雨) 등과 같은 뜻으로 사용된다. 단시간에 많은 비가 오는 것을 강우 또는 집중호우라고 하고, 반드시 단시간에 한하지 않고 총강수량이 많은 것을 호우라고 하며 홍수 및 침수 등의 피해를 발생하게 하는 정도의 많은 비를 뜻한다.

한반도의 호우는 주로 여름철 장마전선 상에서 나타나는 경우가 많고 태풍 내습 시에도 호우를 동반한다. 봄철에 발달한 저기압이 한반도를 통과할 때도 많은 비가 오는 경우가 많다.

1) 호우의 종류

- 장마 : 대체로 여름철 우리나라 정체전선의 형태로 머물면서 오랫동안 비를 내리거나 흐린 날씨가 지속될 때
- 집중호우 : 보통 한 시간에 30mm 이상이나 하루에 80mm 이상 또는 하루 강수량이 연 강수량의 10% 이상의 비가 내릴 때
- 국지성 집중호우 : 시간당 최고 80mm 이상의 비가 순식간에 직경 5km의 좁은 지역에 양동이로 퍼붓듯이 쏟아지는 폭우
- 게릴라성 집중호우 : 오랜 기간 빠른 속도로 비구름을 진행시키며 동시다발적으로 넓은 지역에 비를 내리게 하는 현상

2) 호우의 통보

- 호우정보 : 호우의 발생이 예상되어 사전에 주의를 환기시킬 필요가 있을 때

- 호우주의보 : 24시간 강우량이 80mm 이상 예상되고 재해가 일어날 우려가 있을 때
- 호우경보 : 24시간 강우량이 150mm 이상 예상되고 재해가 일어날 우려가 있을 때

3) 호우가 오기 전 재난관리

- TV나 라디오, 인터넷을 통해 호우정보를 숙지한다.
- 가정과 주변의 하수구, 배수구, 빗물받이 등을 점검 및 정비한다.
- 생필품인 비상식량, 식수, 응급약품, 손전등 등을 사전에 준비해 둔다.
- 지붕이나 벽의 틈새로 빗물이 새는 곳이 있는지 점검 및 정비한다.
- 빗물받이 덮개를 제거하고 주변을 점검 및 정비한다.
- 거주지역이 상습침수지역이나 저지대에 위치해 있는지 사전에 확인한다.
- 비상시 대처방법을 사전에 숙지하고 비상연락망을 구축한다.

4) 호우주의보 때 재난관리

가. 모든 지역

① TV나 라디오, 인터넷을 통해 기상예보 및 호우상황을 숙지한다.
② 가정과 집 주변의 하수구, 배수구, 빗물받이 등을 수시로 점검한다.
③ 상습침수지역이나 저지대에 거주하고 있는 주민은 대피 준비한다.
④ 공사장 근처는 여러 위험이 발생할 수 있으므로 접근 금지한다.
⑤ 고압전선, 전신주, 가로등, 신호등에 접근이나 접촉 금지한다.

⑥ 옥내·외 전기수리는 감전의 위험이 있으므로 금지한다.

⑦ 운전 중일 경우 감속운행하며 친숙한 도로를 이용한다.

⑧ 천둥·번개가 칠 경우 건물 안이나 낮은 곳으로 대비한다.

⑨ 물에 떠내려갈 위험이 있는 물건은 안전한 장소로 이동한다.

⑩ 바람에 지붕이 날아가지 않도록 점검 및 정비한다.

⑪ 송전철탑이 넘어졌을 경우 119나 시·군·구청 또는 한전에 즉시 연락한다.

⑫ 집안의 창문이나 출입문을 잠근다.

⑬ 외출을 삼가며 특히 어린이나 노약자는 집안에 머무른다.

⑭ 각종 공사장은 안전사항을 수시로 점검 및 정비한다.

나. 도시지역

① 아파트 등 대형 및 고층건물의 출입문·창문 등을 닫고 잠근다.

② 건물의 지하주차장에는 주차를 삼간다.

③ 지하에 거주하는 주민은 대피 준비한다.

다. 농촌지역

① 농경지의 용·배수로를 점검 및 정비한다.

② 비닐하우스 등의 농업시설물을 점검 및 정비한다.

③ 농작물을 보호하기 위한 조치를 한다.

④ 소하천 및 간이 취입보 등의 점검 및 정비한다.

라. 해안지역

① 해안가나 항구 등 접근 금지한다.

② 해안도로는 차량운행 통제한다.

③ 해안가의 저지대 주민은 안전한 곳으로 대비한다.

④ 선박을 단단히 고정하고 어망·어구 등을 안전한 곳으로 이동한다.

⑤ 선박출항은 통제하고 안전결박 및 조업어선 등 신속대비 조치한다.

5) 호우가 멈춘 후

• 파손된 상하수도나 도로가 있다면 시·군·구청이나 읍·면·동사무소에 연락한다.

- 비상식수를 모두 마셨더라도 아무 물이나 마시지 말고 물은 꼭 끓여 섭취한다.
- 전기, 가스, 수도시설은 손대지 말고 전문 업체에 연락하여 점검 후 사용한다.
- 침수된 집안은 가스가 차 있을 수 있으니 환기한다.
- 물에 젖었던 가스보일러는 반드시 점검을 받은 후 사용한다.
- 사유시설 등에 대한 보수·복구 시에는 반드시 사진 촬영한다.
- 연약해진 제방이 붕괴될 수 있으니 제방 근처에 접근 금지한다.
- 파손된 전기시설은 손으로 만지거나 접근 금지한다.
- 늘어진 고압선이나 전선줄에 접근 금지한다.
- 습기 찬 곳에서 가전도구를 건조 금지한다.
- 물에 몸이 젖은 경우 깨끗이 샤워한다.
- 호우가 멈추었다고 해서 방심은 절대 금물이다.

2.2.3 홍 수

비가 많이 와서 강이나 개천에 갑자기 크게 불어난 물에 의해 하천이나 강이 범람하여 주변 지역에 물에 의한 피해를 입히는 재해를 말한다.

우리나라의 경우 우기에 해당하는 3개월(7～9월)의 강수량은 약 720mm로 연강수량의 약 60%를 차지한다. 여름철 강우는 장마전선이 정체할 때, 온대성저기압이 이동하여 올 때, 그리고 태풍이 내습할 때 많은데 특히 피해가 큰 홍수는 태풍과 관련된다.

대체로 홍수는 단기간의 집중호우나 장기간 지속적으로 내리는 강우의 결과로 발생하며, 봄에 기온이 급격히 상승하여 겨울철에 쌓였던 눈이 일시에 녹을 때에도 발생한다.

1) 홍수의 영향

- 홍수가 발생하면 농작물·토지·공작물·가옥 및 가축 등이 침수되거나 유실되어 재산상의 피해를 입히기도 하고 때로는 인명의 손실을 가져온다.
- 홍수 피해액이 가장 큰 지역은 낙동강과 한강 유역이다. 왜냐하면 이곳에는 서울·부산 등 대도시와 많은 중소 도시와 많은 중소 도시가 산재하고 중요한 산업 시설 및 방대한 농경지가 펼쳐져 있음에도 불구하고 홍수량을 적절히 조절하거나 억제할 수 있는 홍수 방어 태세가 미비하기 때문이다.

2) 홍수의 종류

- 해안홍수 : 태풍이나 강력한 호우, 또는 쓰나미에 의해 바닷물이 땅 위로 올라오는 현상
- 돌발홍수 : 경사가 급한 계곡에서, 고지대에 모인 빗물이 순식간에 저지대로 흘러가며 발생
- 하천홍수 : 강을 따라 발생하는 자연적인 홍수
- 도시홍수 : 각종 지하 시설, 도로와 건물이 있는 도시에서는 흐르는 빗물이 배수 처리 문제로 자연스럽게 땅속으로 스며들기 어려워 발생

3) 홍수가 오기 전 재난관리

- 기상 자료를 신속, 정확하게 분석, 검토하여 홍수의 규모 및 발생 시간을 예보한다.
- 하천 상류부의 산림을 보호, 육성하여 수원(水原)을 함양하고 토양 보전 기능을 증대한다.
- 하천의 중·상류부에 다목적댐을 건설하여 홍수를 저장함으로써 하류부 홍수량을 감소한다.

4) 홍수주의보 때 재난관리

가. 모든 지역

① TV나 라디오, 인터넷을 통해 기상상황을 수시로 확인한다.
② 상습침수지역이나 저지대 등 재해위험지구 주민 대비한다.
③ 물에 떠내려갈 위험이 있는 물건은 안전한 장소로 이동 및 고정한다.
④ 대피 시 수도, 가스, 전기는 완전히 차단한다.
⑤ 외출을 삼가며 특히 어린이나 노약자는 집안에 머무른다.
⑥ 피해가 예상되는 지역의 주민은 대피준비를 하고 물이 집안으로 흘러가는 것을 막기 위한 모래주머니나 튜브 등을 준비한다.
⑦ 하천의 물이 갑자기 불어나는지 주의 깊게 관찰한다.
⑧ 홍수에 의하여 밀려온 물에 가까이 가지 않도록 주의한다.
⑨ 자동차의 연료를 확인하고 충분히 확보하며 비상시 대비한다.
⑩ 상수도가 오염되거나 공급이 차단될 경우를 대비하여 욕조에 물을 저장한다.

나. 도시지역

① 침수가 예상되는 건물의 지하공간에서 주차를 금지한다.
② 지하 거주자는 신속히 대피한다.
③ 침수 예상 건물의 지하공간은 영업중지 및 대피 조치한다.
④ 침수도로 구간의 보행 및 접근 금지한다.

다. 농촌지역

① 농경지의 용·배수로를 점검 및 정비한다.
② 논둑을 미리 점검하고 물꼬를 고정한다.
③ 농경지 침수 예방을 위하여 모래주머니 등을 이용하여 하천의 물이 넘치는 것을 방지한다.
④ 집 주변의 산사태 등을 점검하고 주민대피를 준비한다.
⑤ 농기계나 가축 등을 안전한 장소로 이동한다.
⑥ 소하천 및 간이 취입보 등을 점검 및 정비한다.

라. 해안지역

① 해안가 근처나 저지대에 있는 주민은 대피 준비한다.
② 해안시설물에 대해 수시 점검 및 정비한다.
③ 해안저지대 위험지역에 대해 경계 및 예찰활동을 강화한다.
④ 수산, 양식시설물을 점검한다.
⑤ 해안가 위험축대 등 시설물을 점검 및 임시 철거한다.
⑥ 해안도로는 차량운행을 통제한다.

5) 홍수가 멈춘 후

- 물이 빠져나가고 있을 때는 기름이나 오수로 오염되었을 경우가 많으므로 물에서 접근 금지한다.
- 흐르는 물에서는 약 15cm 깊이의 물에도 휩쓸려 갈 수 있으므로 주의한다.
- 홍수가 지나간 지역은 도로가 약화되어 무너질 수 있으므로 주의한다.
- 물에 젖었던 가스보일러는 반드시 점검을 받은 후 사용한다.
- 사유시설 등에 대한 보수·복구 시에는 반드시 사진 촬영한다.

- 제방이 붕괴될 수 있으므로 제방 근처에 접근 금지한다.
- 하천제방 및 축대붕괴, 산사태 발생 우려가 있으므로 주의한다.
- 전선이 떨어진 지역을 조심해야 하며, 이러한 지역을 발견한 경우에는 즉시 관련기관에 신고한다.
- 수돗물이나 저상식수도 오염 여부를 반드시 조사 후에 사용한다.

6) 집중호우나 홍수 피해 사례

① 1980년 7월 21일

3일 동안 중부지방 집중 호우로 인해 인명 피해 160명, 재난 피해 1255억 원이 발생했다. 제주 일 최대 강수량 217mm에 달했다.

② 1984년 8월 31일~9월 4일

5일 동안 서울, 경기, 강원 일대 및 한강유역에 발생한 대홍수이다. 경기도 서울 마포구의 피해가 컸다. 속초의 경우 최대 일강우량 314mm, 사망 189명, 실종 150명에 재산 피해 2502억 원을 기록하였다. 이때 북한이 수재 물자를 보내어 이를 계기로 남북한 경제 회담이 개최되었다.

③ 1999년 7월 23일

집중호우가 쏟아지다가 28일부터 태풍 올가(Olga)의 내습이 겹쳐 8월 4일까지 경기, 강원을 중심으로 큰 피해를 입혔다. 철원 지역은 하루 강우량 280mm를 기록하였고 사망 실종 67명, 피해액 1조 855억여만 원에 이르렀다.

2.2.4 낙 뢰

번개의 종류 가운데 구름과 대지 사이에서 발생하는 방전현상이다. 벼락이라고도 칭하며 번개와 천둥을 동반하는 급격한 방전현상이다. 공중에 대전한 전기와 지면에 유도된 전기 사이에서 순간적으로 방전하는 현상이다. 여름철 적란운 속에는 수많은 물방울과 얼음 알갱이들이 있고, 또 그 안에는 양전기와 음전기들이 있는데, 이 구름 속에 있는 양전기와 음전기 사이에서 발생하는 불꽃 방전현상이다.

천둥이란, 번개가 공기 중을 이동할 때 번개가 가지고 있는 매우 높은 열로 인해 공기가 급격히 팽창하게 되는데, 이때 그 공기가 팽창하는 힘을 이기지 못해 터지면서 나는 소리이다.

1) 낙뢰의 종류

- **열뢰**(熱雷) : 지표면이 강한 햇빛으로 데워져 대기 하층의 기온 감률(減率)이 100m에 대해 1℃ 이상 커지며, 격렬한 상승기류를 생기게 하는 낙뢰이다. 여름철 오후에 육지, 특히 산간에서 가장 많이 발생하는데, 이 경우 상공에 차가운 공기가 들어오면 대기 상태가 한층 불안정해지며 강한 열뢰가 된다.
- **계뢰**(界雷) : 한랭전선이 발달한 곳에서 적란운이 발생하여 일어나는 낙뢰이다. 드물게 온난전선의 전선면을 따라 상승하는 따뜻한 공기가 불안정해질 때 계뢰가 발생하는 경우도 있다. 일반적으로 전선 가까이에서 발생하는 낙뢰를 말하는데, 이런 경우 지표면의 가열이 있으면 대기의 상태가 한층 불안정해져서 대규모 낙뢰가 발생한다. 이를 열계뢰라고 한다.
- **전도뢰**(顚倒雷) : 단순히 강한 차가운 공기가 흘러들어 대기의 상태가 불안정해져서 일어나는 낙뢰이다.

2) 낙뢰의 원인 : 뇌운

- 천둥, 번개, 즉 뇌 방전의 발생원인이 되는 가장 보편적인 구름 뇌운이다.
- 뇌운은 전기로 충전되어 있고 대체로 상단부는 양전하를 띤 얼음결정을 이루고 하단부는 음전하를 띤 물방울로 구성된다.
- 뇌운 속의 전하 축적에 의한 불꽃 방전으로 낙뢰가 자주 나타나며 강한 소나기가 내린다.

3) 낙뢰의 위험성

- 낙뢰는 빛의 속도의 $\frac{1}{10}$ 정도로 빠르며, 전압은 1억 볼트로 집에서 쓰는 전기의 50만 배에 달한다.
- 섬광이 지나가는 곳의 온도는 태양 표면보다 4배나 뜨거운 27000°C에 달한다.
- 일반적으로 사람이 낙뢰를 맞게 되면 약 80%는 즉사한다.
- 낙뢰 전류가 인체를 통과해 호흡과 심장이 4~5분 이상 지속적으로 멈출 경우 즉사하게 된다. 약 20%는 치료 후에 생명을 건질 수 있다.

- 직격뢰(direct strike) : 낙뢰가 직접 사람을 통해 대지로 흐르는 것으로 심장마비, 호흡정지, 훼손 등으로 대부분이 증상을 입거나 사망한다.
- 접촉뇌격(contact strike) : 사람이 지닌 물체에 낙뢰가 떨어졌을 때, 전류는 물체로부터 사람을 거쳐 땅으로 흐른다.

4) 낙뢰가 오기 전 재난관리

- 야외활동을 할 경우에는 낙뢰에 대한 기상정보를 사전에 확인한다.
- 낙뢰가 예상될 때는 우산보다는 비옷을 준비한다.
- 낙뢰 발생 시 행동요령 및 대처법을 사전에 숙지한다.

5) 낙뢰 시 재난관리

가. 산에서

① 산은 낙뢰의 안전지대가 아님을 인지하고 가능한 등산을 삼간다.
② 높은 물체에 떨어지기 쉬우므로 정상부에서는 낙뢰 발생 때 신속히 저지대로 이동한다.
③ 낙뢰 발생 시 즉시 몸을 낮추고 움푹 파인 곳이나 계곡, 동굴 안으로 대피한다.
④ 정상부 암벽 위에서는 즉시 안전한 장소로 이동한다.
⑤ 키 큰 나무 밑은 낙뢰가 떨어지기 쉬우므로 피한다.
⑥ 등산용 스틱이나, 우산 같이 긴 물건은 땅에 뉘어 놓고, 몸에서 떨어뜨린다.
⑦ 야영 중일 때는 침낭이나 이불을 깔고 앉아 몸을 웅크리는 것이 좋다.

나. 야외에서

① 평지에서 낙뢰가 칠 때는 몸을 가능한 한 낮게 하고 움푹 파인 곳으로 대피한다.
② 평지에 있는 나무나 키 큰 나무에는 낙뢰의 가능성이 크므로 피한다.
③ 골프장에서는 골프를 즉시 중단해야 하며, 골프채, 골프카트는 몸에서 떨어뜨리고 건물이나 낮은 장소로 대피한다.
④ 농촌에서는 삽, 괭이, 트랙터 등 농기구는 몸에서 떨어뜨리고 몸을 낮게 한다.
⑤ 자동차에 타고 있을 때는 차를 세우고 차 안에 그대로 있는 것이 안전하다. 차에 번개가 치면 전류는 도체인 차 표면을 따라 흘러 타이어를 통해 지면에 접지된다.
⑥ 낚시꾼은 낚싯대를 몸에서 떨어뜨리고 몸을 낮게 한다.

⑦ 물가 또는 소형보트 주위는 위험하므로 떨어진다.

⑧ 펜스, 금속파이프, 레일, 철제난간 등의 전기 전도체가 되는 물건과는 떨어져야 한다.

다. 가정에서

① TV, 라디오 등을 통하여 낙뢰 정보를 파악하고 될 수 있으면 외출을 자제한다.

② 집에 번개가 치면 TV 안테나나 전선을 따라 전류가 흐를 수 있으므로 주의한다.

③ 가옥 내에서는 전화기나 전기제품 등의 플러그를 빼어 두고, 전등이나 전기제품으로 1m 이상의 거리를 유지해야 한다.

6) 낙뢰를 맞았을 때

- 낙뢰로부터 안전한 장소로 옮긴다.
- 구조한 후에는 이름을 부르는 등 의식 여부를 살핀다.
- 의식이 없으면 즉시 기도를 열어 호흡을 하는지 확인하고, 호흡을 하지 않으면 인공호흡과 함께 심장마사지를 한다.
- 감전 후 대부분 환자가 전신 피로감을 호소하기 마련이므로 의식이 있는 경우에는 자

신이 가장 편한 자세로 안정한다.

- 환자가 흥분하거나, 떠는 경우에는 말을 걸든지 침착하게 한다.
- 사고가 등산 중에 발생해서 의사의 치료를 받을 수 없는 장소에서 일어나더라도 절대로 단념하지 말고 필요하다면 인공호흡, 심장 마사지 등의 처치를 계속 한다.
- 설사 환자의 의식이 분명하고 건전해 보여도, 감전은 몸의 안쪽 깊숙이까지 화상을 입는 경우가 있으므로 응급하게 병원에서 진찰을 받을 필요가 있다.

2.2.5 강 풍

강풍이란 10분간 평균 풍속이 초속 14m(28kt) 이상인 바람을 말한다. 이 풍속은 보퍼트 풍력 계급표(Beaufort wind scale)[12)]에서 7 이상으로서, 수목 전체가 흔들리고 해상에서의 파도는 대략 5.5~7.5m이며, 바람을 안고 걷기가 힘들게 된다. 이 풍속은 기상청에서 발표하는 폭풍주의보의 최저 기준 풍속이다.

태풍이나 발달한 저기압 등의 영향으로 바람과 함께 비바람(風雨)이 매우 강해 심각한 피해를 발생시키는 기상상태이다. 기상특보 측면에서 볼 때 육상에서 부는 강한 바람을 말하며 최대 풍속 13.9m/s인 바람을 말한다.

1) 강풍경보와 강풍주의보

- **강풍경보**(强風警報) : 기상경보의 하나로 육상은 풍속이 21m/s 이상 또는 순간 풍속이 26m/s 이상이 예상될 때, 산지는 풍속이 24m/s 이상 또는 순간 풍속이 30m/s 이상이 예상될 때 발표한다.
- **강풍주의보**(强風注意報) : 기상주의보의 하나로 육상은 풍속이 14m/s 이상 또는 순간 풍속 20m/s 이상이 예상될 때, 다만 산지는 풍속이 17m/s 이상 또는 순간 풍속이 25m/s 이상이 예상될 때 발표한다.

용어정리

- **보퍼트 풍력 계급표**(Beaufort wind scale) : 1805년 영국 해군 제독, 프라니스 보퍼트가 만들었다.
  - 풍력을 13개 계급으로 분류한다(0~12).
  - 1923년에 표준화되었다.

구 분	육 상		산 간	
	보통(풍속)	순간풍속	보통(풍속)	순간풍속
주의보	14m/s 이상	20m/s 이상	17m/s 이상	25m/s 이상
경 보	21m/s 이상	26m/s 이상	24m/s 이상	30m/s 이상

2) 바람의 종류

- **무역풍** : 위도 5°~30° 지역의 지상 1.5km보다 낮은 곳에서 연중 적도를 향해 부는 바람이다.
- **편서풍** : 위도 30°~60°의 중위도 지방에서 고위도 저압대로 부는 바람. 우리나라는 대체로 편서풍 영향권에 속한다.
- **북서계절풍과 남동계절풍** : 계절에 따라 바람의 방향이 바뀌는 바람으로 우리나라의 경우 겨울철에는 시베리아대륙의 차갑고 건조한 고기압이 발생하여 강력한 북서계절풍이 불고, 여름철에는 북태평양의 따뜻하고 습한 고기압이 발생하여 남동계절풍이 분다.
- **해풍과 육풍** : 낮과 밤을 경계로 바람의 방향이 바뀌는 바람으로 낮에는 육지가 바다보다 열을 흡수하여 공기가 더워지므로 바다에서 육지로 바람이 부는데 이를 해풍이라 하며, 반대로 밤에는 육지가 바다보다 냉각되는 속도가 빨라 육지에서 바다로 바람이 부는데 이를 육풍이라 한다.

3) 태풍이 오기 전 재난관리

- 강풍이 예상되는 지역의 주민은 TV나 라디오, 인터넷을 통해 강풍에 관한 기상정보를 숙지한다.
- 물건들은 사전에 안으로 이동하여 날아가는 것을 방지한다.
- 외출을 삼가며 특히 어린이나 노약자는 집안에 머무른다.
- 젖은 신문지, 테이프 등을 붙여 유리 파손으로 인한 피해를 줄인다.
- 만일에 대비하여 대피장소를 정하고 대피경로를 실제 도보로 확인한다.
- 비상시를 위한 손전등 등을 준비 및 비치한다.
- 간판 등과 같은 바람에 날아갈 위험이 있는 물건은 단단히 고정한다.

4) 강풍주의보 때 재난관리

가. 모든 지역

① TV나 라디오, 인터넷을 통해 강풍정보를 수시로 확인한다.
② 가능하면 외출을 자제하고 특히 장애인, 노약자, 어린이는 외출을 삼간다.
③ 창가의 화분 등을 집안으로 옮긴다.
④ 지붕 등 지상보다 높은 곳에서는 가능한 작업 및 접근 금지한다.
⑤ 출입문을 굳게 닫고 창문에 테이프를 붙이거나 커튼, 블라인드 등을 치고 창문에서 멀리 떨어진 화장실, 골방 등으로 피신한다.
⑥ 누전, 방전사항 발견 시 관련기관이나 한전에 즉시 연락하고 송전탑 주변에 접근 금지한다.

나. 도시지역

① 간판 등은 단단히 고정하여 날아가는 것을 방지한다.
② 놀이시설 등은 즉시 운행을 중지하고 대피한다.
③ 대형 공사장의 위험축대 등 시설물 주변 접근 금지한다.
④ 대형·고층 건물의 유리창에 테이프나 신문을 이용하여 대비한다.
⑤ 낙하위험 시설물을 제거하거나 결속한다.
⑥ 아파트 등 고층 건물의 옥상에서 출입을 삼간다.

다. 농촌지역

① 비닐하우스, 인삼재배시설, 버섯재배시설 등 농업시설을 결박 및 보강한다.
② 농작물 보호 및 훼손 방지를 위한 조치 실행한다.
③ 비닐하우스는 방풍벽이나 그물을 이용한 파풍망을 설치한다.
④ 비닐하우스는 서까래 사이에 나선형 말목을 박아 고정밴드로 고정한다.
⑤ 비닐이 찢어진 부분은 빨리 보수하여 바람의 피해를 예방한다.
⑥ 강풍이 불 때에는 비닐하우스를 밀폐시킨 다음 환풍기 가동한다.

라. 해안지역

① 바닷가 근처는 가급적 접근을 삼간다.
② 해안도로의 차량운행을 제한한다.

③ 선박에 고무타이어를 충분히 부착한다.
④ 어망 부설중지 및 철거 가능한 어로시설의 철거한다.
⑤ 이전 가능한 시설은 안전지대로 이전한다.
⑥ 선박의 출항은 철저히 통제한다.

5) 강풍이 멈춘 후

- 피해를 조사하고 사진을 촬영한다.
- 가스, 수도, 전기 등 공급 관을 조사하고 작동 여부를 확인한다.
- 시 · 군 · 구, 읍 · 면 · 동 등 관청에서 내리는 지시에 따른다.
- 자신의 집에 피해가 크더라도 절대 흥분하지 말고 침착하게 처리한다.

2.2.6 풍 랑

바람과 물결을 아울러 이르는 말이다. 해상에서 바람이 강하게 불어 일어나는 물결[13]을 말한다. 일반적으로 바람으로 인해 해수면이 거칠어지고 높아져서 뾰족한 삼각형을 이루는 경우가 많다. 바람에 따라 미세한 파도가 나타나다가 풍속이 1~2m/s 이상이 되면 보통 풍랑이라고 하는 파도가 된다.

1) 풍향과 풍속

- 바람이란 공기의 흐름을 말하며 공기는 압력의 차이가 생기면 고기압에서 저기압으로 이동하여 같은 압력을 만들려는 성질이 있다.
- **풍속** : 바람이 압력이 높은 고기압에서 압력이 낮은 저기압으로 향해서 이동하는 공기의 속도이다.

용어정리

- **너울성 파도** : 일반 파도는 멀리서는 크게 보이지만 지면 가까이 오게 되면 크기가 줄어드는 파도인데 너울성 파도는 멀리서는 작게 보이지만 점차 다른 파도와 반동을 함께하게 되어 점점 세력이 커져서 큰 피해를 입히는 파도이다.
  그래서 바다 가까이 인접해 있는 사람이나 상점이 너울성 파도에 휩쓸려 피해를 입는 경우가 종종 있다. 너울성 파도는 일정한 속도로 바람이 필요하다.

- 풍향 : 바람이 불어오는 방향이다.
- 최대풍향·풍속 : 하루(00~24시) 중 임의 10분간 평균적으로 가장 세게 불었던 풍속과 그때의 풍속이다.
- 최대순간풍향·풍속(최대돌풍속) : 하루(00~24시) 중 바람이 순간적으로 가장 세게 불었던 때의 풍향·풍속이다.

2) 풍랑의 통보

- 풍랑주의보 : 이전 명칭은 '파랑주의보'였으나, 2004년 7월 1일부터 현재의 명칭으로 변경되었다. 해상에 10분 동안의 평균 풍속이 14m/s 이상 상태가 3시간 이상 지속되거나 유의파고가 3m를 초과할 것으로 예상될 때를 말한다.
- 풍랑경보 : 해상에서 10분 동안의 평균 풍속 21 이상인 상태가 3시간 이상 지속되거나 유의파고가 5m를 초과할 것으로 예상될 때에 발표한다.

3) 풍랑이 오기 전 재난관리

- TV나 라디오, 인터넷을 통해 풍랑의 정보를 숙지한다.
- 풍랑발생 시 어떠한 상황이 예상되는지 사전에 숙지한다.
- 비상시를 대비하여 대피장소와 대피로를 숙지한다.
- 생필품인 비상식량, 식수, 응급약품, 손전등 등을 사전에 준비 및 비치한다.
- 소형어선은 안전한 육지로 인양하고 결박 및 고정 조치한다.
- 인양 가능한 시설물은 신속히 인양하여 안전한 곳으로 이동한다.
- 해안가 시설물은 사전에 점검 및 정비한다.
- 비상시 대처방법을 사전에 숙지하고 비상연락망을 구축한다.

4) 풍랑주의보 때 재난관리

가. 해안가에서

① TV나 라디오, 인터넷을 통해 풍랑정보를 수시로 확인한다.

② 관공서의 재난 예·경보를 주의 깊게 청취한다.

③ 외출을 삼가며 특히 어린이나 노약자는 집안에 머무른다.

④ 해안가의 접근을 삼가고 낚시객이나 야영객은 인근의 안전한 장소로 대피한다.

⑤ 방파제나 방조제 등 높은 파도가 발생할 경우 위험하므로 접근을 삼간다.
⑥ 해안가 주택이나 영업점을 신속한 대피를 위한 사전에 준비를 한다.
⑦ 해안도로는 위험하니 통행을 삼간다.
⑧ 해안가의 작업자는 작업을 중단하고 안전한 장소로 대피한다.
⑨ 대피방송이 없더라도 위험을 느낄 때에는 신속히 대피한다.

나. 해상에서

① 항해 중이거나 조업어선은 주의하여 신속히 대피한다.
② 해상의 선박은 관련기관과 수시로 연락하며 대피한다.
③ 어망 설치를 중지하고 철거한다.
④ 항구에 어선이나 선박은 충돌 및 침몰방지 조치한다.
⑤ 소형어선을 안전한 육지로 옮겨 결박 조치한다.

다. 수산시설

① 양식장 등 수산시설 점검 및 정비하여 시설의 유실을 방지한다.
② 이동 가능한 양식자내·해상작업대 등은 안전한 장소로 이동한다.
③ 항구나 포구, 어선 등에 적재된 어구는 안전한 장소에 비치한다.
④ 인양 가능한 시설물은 안전한 곳으로 이동한다.
⑤ 양식장에 보호망을 보강하여 어류 도피를 방지한다.

라. 항만시설

① 크레인 등 하역장비가 넘어지는 것을 방지하고 안전장치를 점검 및 정비한다.
② 컨테이너 등 적재화물을 결박하고 접근 금지한다.
③ 항만공사 중인 현장은 보강 및 붕괴방지 조치한다.
④ 항만공사장의 공사 장비를 안전한 장소로 옮기며 작업 인부도 안전한 장소로 대피한다.

5) 풍랑이 멈춘 후

• 사유시설 등에 대한 보수·복구 시에는 반드시 사진 촬영한다.
• 관청에서 내리는 지시에 따라 순차적으로 복구한다.

- 파손된 전기시설은 손으로 만지거나 접근을 삼간다.
- 피해가 크더라도 절대 흥분하지 말고 침착하게 처리한다.

2.2.7 산사태

산사태란 폭우나 지진 또는 화산 폭발, 눈사태 따위로 인하여 산 중턱의 바윗돌이나 흙 따위가 갑자기 무너져 내리는 현상을 말한다. 우리나라는 여름철 우기에 집중호우나 태풍으로 인한 산사태의 발생 빈도가 높다. 특히 지형적, 기상학적 영향으로 산지의 경사가 급하고 계곡이 짧아 산사태의 가능성과 빈도가 높은 편이다.

일반적으로 흙 입자들은 서로 점착력이나 마찰력으로 인해 어느 정도 결속력을 가진다. 그러나 강우로 인해 흙 입자 사이에 간극수의 형태로 존재하는데, 이러한 간극수의 부력으로 인해 흙 입자 간의 결속력이 약해지면서 하층을 견디지 못해 경사면이 붕괴되는 것이다.

1) 산사태의 발생원인

- 산사태는 집중호우 등 지하수위가 상승하는 경우이다.
- 경사도가 높은 하천과 계곡의 사면 하부가 침식되는 경우이다.
- 풍화가 심한 지질 상태와 지진의 진동에 의해 지반이 약해지는 경우이다.
- 사면선단의 굴착, 사면 또는 사면상단의 하중 증가, 저수지의 배수, 벌목 및 벌초, 관개, 광업, 인공진동, 각종 시설물로부터의 누수, 등 인간 활동에 의해 발생할 수 있는 모든 원인을 포함한다.

2) 산사태의 사전징후

- 습윤하지 않던 지역에 물이 솟아 나오거나 물이 새는 경우
- 잘 나오던 샘물이나 지하수가 갑자기 멈추는 경우
- 갑자기 산허리의 일부가 균일이 가거나 내려앉는 경우
- 바람이 불지 않는데도 나무가 흔들거리거나 넘어지고 산울림이나 땅울림이 들리는 경우
- 도로 등에 새로 균열이 생기거나 비정상적으로 부풀어 오른 경우
- 비가 그친 지 얼마 지나지 않았거나 비가 계속 내리는데도 계곡의 물이 급격히 줄어든 경우

3) 산사태가 오기 전 재난관리

- 거주지역이 산사태 취약지역인지 사전에 확인한다.
- 산사태 취약지역은 사전에 숙지해두고 대피로와 대피장소를 사전에 확인한다.
- 산사태 사전징후와 산사태 단계별 행동요령을 사전에 숙지한다.
- 주택 주변의 배수로, 산림 등의 점검 및 정비한다.
- 가족이나 이웃 간의 연락망을 점검하고 비상시 대피방법을 숙지한다.

4) 산사태 때 재난관리

가. 모든 지역

① TV나 라디오, 인터넷을 통해 기상정보를 숙지한다.
② 산사태 관련 행정기관의 안내를 관심 있게 청취한다.
③ 산사태가 일어날 위험이 있는 장소에는 접근 금지한다.
④ 산사태 사전징후와 행동요령을 재차 확인한다.
⑤ 등산객이나 산간계곡의 야영객은 안전한 장소로 대피한다.

나. 산사태 취약지역

① 기상상황을 수시로 확인하고 위험상황에 대한 SMS 및 방송정보를 지속적으로 확인한다.
② 산사태 취약지역 주민은 대피 준비한다.
③ 대피로와 대피장소를 확인하고 생필품 등을 준비한다.
④ 외출을 삼가며 특히 어린이나 노약자는 집안에 머무른다.
⑤ 비상연락이 가능한 장소에서 상황을 예의 주시한다.
⑥ 산사태 징후가 있을 경우 즉시 대피하고 관련 기관에 신고한다.

다. 산사태가 멈춘 후

① 산사태 발생 지역 근처에 접근을 삼간다.
② 안전한 장소에서 상황 파악한다.
③ 부상자나 고립된 사람이 있는지 철저히 수색한다.
④ 건물은 안전점검을 실시한 다음 출입한다.

⑤ 피해를 입은 시설을 발견하면 관련기관에 신고한다.
⑥ 산사태 피해 지역에서 돌발홍수를 일으킬 수 있으므로 나무를 다시 심는 것이 좋다.

2.2.8 가 뭄

오랜 기간 비가 내리지 않아 메마른 날씨. 일반적으로 평균 이하의 강수량이 지속적으로 보이는 현상을 말하며, 가뭄은 크게 기후학적, 기상학적, 수문학적, 농업적 가뭄으로 분류된다.

우리나라는 일일 강수량이 5mm 이하의 일수가 15일 이상 지속되고 1개월 강수량이 50mm 이하인 조건을 말한다. 파머가뭄지수, 평균강수지수, 평균치비율 등의 가뭄지수를 활용한다. 또한 강수량에는 차이가 없어도, 물의 증발이 많아 물 공급이 힘든 상황도 가뭄으로 분류한다.

가뭄은 갑작스럽게 타격을 입히는 지진이나 홍수 같은 재해와는 달리, 눈에 띄지 않게 오랫동안 지속되는 '조용한 재해'로, 가뭄이 언제 시작되었는지 시기를 파악하는 것조차 불가능하다. 그러나 가뭄이 닥치면 농작물은 엄청난 피해를 입고, 그에 따르는 식량난 때문에 상상할 수 없을 정도의 끔직한 상황이 만들어지기도 한다.

1) 가뭄의 분류

- **기후학적** : 사용 가능한 물로 전환된 강수량이 기후학적 평균에 미달하는 것을 뜻한다.
- **기상학적** : 강수량을 중시한다는 점에서 기후학적 가뭄과 같으나 강수량 외에 증발량, 증산량 등을 고려한다는 점에서 차이가 있으며 각 나라별 상황에 따라 정의가 다르게 적용된다.
- **수문학적** : 흔히 단순한 물 부족 현상을 수문학적 가뭄이라 칭하기도 하며 수문학적 가뭄은 가뭄이라고 하기 보다는 그냥 물 부족이라 함이 타당하다.
- **농업적** : 특수농작물 성장에 필요한 토양수분이 확보되지 못하는 것을 말하므로 오로지 토양수분에만 의존하여 결정한다.

2) 가뭄의 특이성

- 가뭄은 진행 속도가 늦다. 가뭄은 수개월에서 수십 년까지 형성이 느리다.
- 가뭄은 최악의 결과를 초래한다. 물에 대한 경쟁하는 사람들, 사회, 정부 간의 갈등,

경제에 미치는 영향 등 매우 광범위하다.

- 가뭄은 비용 손실이 크다. 가뭄은 개인이나 국가에 막대한 손실을 가져다준다.
- 가뭄은 대책을 수립하기가 어렵다. 지하수를 양수하는 방법이나 인공 강우를 조성하는 방법 등이 있는데 근본적인 대책이 되지 못하고 있다.
- 가뭄의 심각한 피해는 간접적인 요소이다. 가뭄은 직접적으로 인명 피해를 주는 경우가 드물다.
- 가뭄은 갈등을 초래한다. 가뭄은 개인 간, 조직 간, 지역 간, 사회 간, 국가 간의 갈등까지 파급될 수 있다.

3) 각 나라별 기상학적 가뭄의 기준

- 미국 : 48시간 이내에 강우가 2.5mm보다 적은 경우
- 영국 : 일강우가 2.5mm보다 적은 날이 연속으로 15일 이상인 경우
- 리비아 : 연강우량이 180mm 이하인 경우
- 인도 : 실제 계절강우량이 평균 편차의 2배보다 부족한 경우
- 발리 : 비가 없는 날이 6일 이상 지속될 경우

표 2.1 가뭄판단지수

단계	지수 범위	색 상	가뭄 상황
매우 위험	−2.0미만	빨 강	작물 손실, 광범위한 물 부족 및 제한 급수
가 뭄	−2.0∼−1.0	주 황	작물에 다소 피해 발생, 물 부족 시작, 자발적 절수 요구
정 상	−1.0∼−1.0	노 랑	식물 성장에 필요한 정도로 강수가 충분함
습 함	1.0 이상	파 랑	충분한 강수로 인해 가뭄 상황 없음

2016.04.26. 중국

2016.03.10. 베트남

2012.08.03. 미국 텍사스 주

4) 가뭄의 영향

가. 산 불

① 지구온난화로 높아진 기온 때문에 토양과 나무의 수분이 증발하여 건조해지면 산불도 자주 발생한다.

② 게다가 따뜻한 공기가 대기를 불안정하게 만들어 번개가 잦아지면, 이것 역시 화재의 원인이 된다.

③ 화재의 첫 번째 신호는 냄새와 연기이지만, 그 전에 동물들의 비정상적인 행동을 보고도 산불을 짐작할 수 있다.

나. 제(諸) 피해

① 물 부족은 공업용수의 부족과 연결되어 생산을 저하시킬 뿐만 아니라, 농작물의 피해로 심각한 식량난 문제를 유발하며, 하천수의 감소, 지하수 및 토양의 수분을 고갈시켜 식수난을 겪게 된다.

표 2.2 가뭄으로 인한 피해

직접적 피해	간접적 피해
– 농업용수 부족에 기인한 농작물피해, 수산·양식업피해 및 가축 피해 – 공업용수 부족에 의한 생산중단에 대한 손실 – 생활용수 공급 부족에 따른 생활불편 및 피해 – 각종 용수 판매량의 감소에 따른 손실 – 재난복구, 보조 및 지원	– 수자원 개발을 위한 추가경비 – 사회적 불안감 – 각종 생산품의 공급 부족에 따라 물가상승효과 – 물 부족으로 인한 질병의 증가와 이에 따른 피해 – 수질오염에 증가에 따른 정수시설의 추가 경비

5) 산불화재 시 대피요령

가. 대피로 찾기

① 연기를 보고 바람의 방향을 파악하여, 불길이 사그라질 수 있는 쪽으로 대피한다.

② 옷은 불이 내뿜는 열기로부터 우리 몸을 보호해 주기 때문에, 옷이 거치적거린다고 벗어 던져서는 안 된다.

③ 불길은 오르막을 향해 더 빨리 올라가므로, 높은 곳으로 피하는 것은 위험하다.

④ 가장 좋은 대피 장소는 강이며, 산불이 강에 도달하더라도 물속에서 침착하게 머

문다면 위험을 피할 수 있다.

나. 자동차 안에서

① 자동차를 타고 가다 산불을 만났을 때는 창문을 모두 닫고 통풍 시스템을 완전히 끈 상태로 차를 운전해서 산불을 벗어나야 한다.

② 탈출이 불가능할 때는 자동차가 산불의 열기를 어느 정도 차단해주기 때문에 차라리 제자리에 머무는 것이 낫다.

③ 일반적인 산불의 진행 속도라면, 창문이 녹기 시작할 즈음엔 불길이 차를 지나쳐 가 재난을 피할 수 있는 가능성이 높기 때문이다. 하지만 그전에 두려움에 질려 차 밖으로 뛰쳐나오는 것은 매우 위험하다.

다. 땅속으로

① 저절로 불길이 멈출 만한 장소를 찾지 못했을 때는 땅을 파고 안으로 들어가서 입구를 옷으로 펼치고 위에 흙을 덮어, 불이 그 위를 지나가도록 한다.

② 그러나 화재 시에는 열에 의한 피해뿐 아니라 질식의 위험도 있으므로, 가능한 구덩이를 깊게 파고 손으로 입과 코를 막은 상태에서, 조심해서 숨을 쉬어야 한다.

③ 불이 지나갈 때는 호흡 기관이 열에 상처를 입을 수 있으므로 숨을 참도록 한다.

6) 가뭄이 오기 전 재난관리

가. 도시지역

① 물 절약 습관을 생활화한다.

② 다른 용도로 재사용 가능한 물은 최대한 재사용한다.

③ 변기에 벽돌 등을 넣어 물을 절약한다.

④ 설거지나 샤워는 물을 받아서 사용한다.

⑤ 빨래는 한 번에 모아서 세탁한다.

⑥ 절수형 샤워기도 사용한다.

⑦ 다량을 물을 사용하는 목욕탕이나 세차장은 절수기를 설치한다.

⑧ 폐수를 버리거나 하천을 오염시키는 행위는 금지한다.

양치컵 사용하기

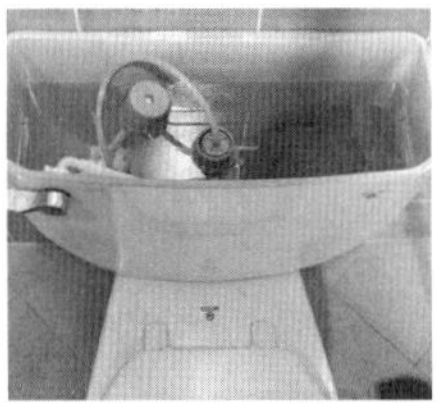
변기에 벽돌 넣기

물 받아서 사용하기

절수형 샤워기 사용하기

나. 농·어촌지역

① 영농기 전에 수로나 양수기 등을 점검 및 정비한다.
② 논이나 밭의 수분 정도와 농작물 상태를 유심히 관찰한다.
③ 우물 등 용수원을 가뭄이 오기 전에 개발한다.
④ 논물가두기 등 철저한 물 관리로 용수를 확보한다.
⑤ 가뭄 상습지에서는 내만식성 품종을 재배한다.

7) 가뭄 단계별 대책

가. 가뭄 1단계

① 10% 감량 공급 시

- 급수 부족 지역이나 고지대의 경우 운반급수를 실시한다.
- 방송이나 캠페인 등을 통한 물 절약 홍보를 한다.

② 10~30% 감량 공급 시

- 물을 많이 사용하는 업소의 경우 영업시간 단축으로 물 절약한다.
- 대형건물이나 공공건물의 물 절약을 확대한다.
- 2일에 한 번이나 3일에 한 번으로 제한하여 급수한다.

나. 가뭄 2단계

① 30~50% 감량 공급 시

- 공장 등 물을 많이 사용하는 경우 조업을 단축한다.
- 군부대의 인력이나 장비를 활용하여 비상 급수를 실시한다.

다. 가뭄 3단계

① 50~60% 감량 공급 시

- 상황에 따라 3~5일에 한 번 급수한다.
- 산업용수의 공급을 중단하거나 감축하여 공급한다.
- 개인이나 군부대의 활용 가능한 관정과 전용 상수도를 공동으로 사용한다.

② 60% 이상 감량 공급 시

- 생활용수를 최소한으로만 공급한다.
- 물을 많이 사용하는 업소의 경우 격일제로 영업을 단축하여 물을 절약한다.

라. 가뭄 4단계

① 급수 중단

- 마실 수 있는 샘물을 공급한다.
- 식수배급제를 실시하여 최소한의 물만 공급한다.

표 2.3 가뭄대책

예방과 대비 대책	간접적 피해
-시설물별, 용수 관리 시스템을 운영한다. -수리 시설, 양수 시설 정비 점검 및 부족한 장비의 사전 보충을 실시한다. -가뭄 해소 중·장기 계획 수립을 추진한다. -물 절약 대책 추진한다. -가뭄 대책에 관한 연구 개발 및 조사 활성화한다. -가뭄 발생 예상 지역을 관리한다.	-가뭄 대응 활동 체계를 확립한다. -단계별 제한 급수 대책을 수립한다. -긴급 식수원 확보 및 생활용수를 공급한다. -절수 운동 전개 등 대국민 홍보한다. -피해 농작물에 대한 복구비를 지원한다. -가뭄 대책 장비 및 시설 구입비 및 동력비 등의 지원을 한다. -『재난구호 및 재난 복구비용 부담 기준 등에 관한 규정』에 의한 지원을 한다. -가뭄 대책에 관한 연구 개발 및 인공 강우개발 등

2.2.9 폭 염

폭염(暴炎)은 갑작스럽게 찾아오는 심한 더위를 말한다. 또는 불볕더위라고도 한다. 국가 및 지역에 따라 차이가 있지만 보통 30℃ 이상의 불볕더위가 지속되는 현상을 말한다.

우리나라의 경우 폭염주의보는 일일 최고기온이 33℃ 이상이고, 일일 최고 열지수(Heat Index)가 32℃ 이상인 상태가 2일 이상 지속될 것으로 예상될 때이다. 폭염경보는 6~9월에 일일 최고기온이 35℃ 이상이고, 일일 최고 열지수(Heat Index)가 41℃ 이상인 상태가 2일 이상 지속될 것으로 예상될 때로 정하고 있다.

1) 폭염의 주요 원인

- 지구온난화 : 온실가스 배출 증가에 따른 지구온난화로 향후 100년간 최대 6℃ 이상 상승할 것으로 전망된다.
- 엘니뇨 현상 : 엘리뇨 해류의 의한 태평양의 에너지 분포와 대기흐름 변화로 북태평양 고기압이 수축 또는 팽창되면서 발생하는 이상기후현상이다.
- 티벳 고원의 적설량 : 아시아 대륙의 서쪽에 위치한 티벳 고원의 적설량과 우리나라 여름철 기온이나 강수량은 밀접한 상관관계가 있다.
- 열섬현상 : 콘크리트나 아스팔트 구조물은 태양열에 쉽게 달궈지며 밤에 열을 서서히 방출하는 현상으로 다른 지역보다 건축물이 밀집되어 있는 도심지역에 더 많은 영향을 준다.
- 한편, 폭염의 원인을 대기 흐름에 의한 자연스러운 일반적인 현상에서 찾는 의견도 있다.

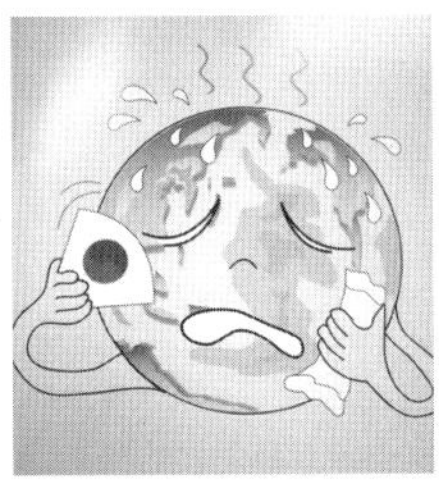

2) 폭염이 오기 전 재난관리

- TV나 라디오, 인터넷을 통해 폭염에 관한 기상정보를 숙지한다.
- 가족과 본인의 열사병 등 증상을 확인하고 가까운 병원의 위치와 연락처를 사전에 숙지한다.
- 생수를 준비하고 단수에 대비하여 욕조 등에 생활용수를 미리 저장한다.
- 과부하를 대비하여 변압기를 사전점검 및 정비한다.
- 직사광선을 차단하기 위하여 커튼 등을 설치한다.

3) 폭염 주의보 때 재난관리

가. 모든 지역

① 옷차림을 가볍게 하고 가능한 야외활동은 삼간다.

② 수분을 주기적으로 섭취하고 음주나 카페인성 음료는 삼간다.

③ 열사병 등의 증상을 사전에 숙지하고 증상이 있을 시에는 바로 병원을 방문한다.

④ 낮 12시~오후 4시 사이에는 2시간 정도 냉방이 가능한 건물에서 활동한다.

⑤ 운동 등의 야외활동은 최대한 삼간다.

⑥ 점심시간 등을 활용하여 잠깐의 수면을 취한다.

⑦ 음식은 오래 보관하지 말고 식중동에 주의한다.

표 2.4 폭염 관련질환의 증상과 응급조치

질환	증 상	응급조치
열경련	근육경련, 피로감	시원한 장소에서 휴식을 취하고 이온음료를 섭취한다.
열부종	발이나 발목이 부음	시원한 장소에서 발을 높인 자세로 휴식을 취한다.
열실신	일시적 의식소실	평평한 곳에 눕힌다.
열탄진	피로감, 두통, 오심, 구토	시원한 장소에서 휴식을 취하고 수분을 섭취한다.
열사병	뜨겁고 건조한 피부, 빠르고 강한 맥박, 두통, 어지러움, 의식저하	환자를 그늘로 옮기고 119에 즉시 신고하며 구급차를 기다리는 동안 물과 음식을 함부로 주지 말고 환자를 물에 담그거나 적셔 체온을 저하시킨다.

나. 도시지역

① 야회행사나 야외활동은 삼간다.

② 편안하고 시원한 복장으로 근무환경을 개선한다.

③ 급식소나 음식점 등 식중독 사고가 발생하지 않도록 주의한다.

④ 밀폐된 실내 작업장은 피하고 야외에서 장시간 근무 시에는 조끼 등에 아이스팩을 부착한다.

⑤ 그늘 등에서 짧은 휴식을 자주 취하도록 한다.

다. 농촌지역

① 병충해[14]를 방지하기 위한 조치를 한다.

② 스프링클러 등을 설치하여 재배채소를 관리한다.

③ 차광시설 등을 설치하여 하우스 재배식물의 피해를 예방한다.

④ 축사 천장에 단열재를 부착하고 선풍기 등을 이용하여 축사를 환기한다.

⑤ 축사를 소독하고 모기퇴치를 위한 방안을 마련한다.

라. 해안지역

① 양식장에 액화산소를 공급하여 수온상승에 따른 산소부족을 예방한다.

② 육상 양식장에 차광막을 설치하고 창문을 열어 통풍이 잘되게 한다.

③ 지하해수를 가용한 곳에서는 수온이 낮은 지하해수를 공급한다.

④ 폭염으로 양식어류가 생리적으로 약화되기 때문에 병에 걸리지 않도록 예방한다.

마. 가정에서

① 야외 활동을 자제하고 외출 시 옷차림은 가볍게 한다.

② 카페인성 음료나 주류는 피하고 물을 많이 마시도록 한다.

③ 냉방이 안 되는 실내는 햇볕을 차단하고 맞바람이 불 수 있도록 환기시킨다.

④ 자동차 안에 노약자나 어린이를 홀로 남겨둬서는 절대 안 된다.

⑤ 탈수 등으로 소금을 섭취 시에는 의사의 조언을 듣는다.

⑥ 현기증, 메스꺼움, 두통, 근육 경련 등의 증세가 나타나면 가까운 의료 기관에 문의한다.

⑦ 오전 12시~오후 4시 사이에는 냉방이 가능한 건물에서 2시간 정도 머물도록 한다.

바. 직장에서

① 친목 도모를 위한 스포츠 경기 등 야외 행사는 자제한다.

② 점심시간 등을 이용해서 가벼운 낮잠을 청한다.

③ 자율 복장으로 근무하도록 환경을 개선한다.

용어정리

• 병충해 : 식물이 병균이나 벌레에 의해 입는 해.
병해와 충해로 나뉘는데, 병해는 곡물・채소・과수・꽃・임목 등 농작물을 포함한 모든 유용식물이 병균에 의해 고사・부패되어 수확량이 줄어들거나 품질이 떨어지는 것을 말한다. 충해는 벌레에 의해 식해(食害)・흡수해(吸收害)등을 입는 것을 말한다.

사. 학교에서

① 초등·중·고등학교에서는 수업 단축을 검토한다.

② 운동장에서의 체육 활동 및 소풍 등 각종 야외활동을 자제한다.

③ 학교 급식 시 식중독 사고가 발생하지 않도록 주의한다.

표 2.5 폭염으로 인한 온열질환 신고현황 (질병코드 분류)

분류	주요증상	질병코드
열사병	- 중추신경 기능장애(의식장애/혼수상태) - 땀이 나지 않아 건조하고 뜨거운 피부 (>40℃) - 심한 두통 / 오한 - 빈맥, 빈호흡, 저혈압	T67.0
열탈진	- 체온은 정상, 혹은 상승 (≤40℃) - 땀을 많이 흘림 (과도한 발한) - 극심한 무력감과 피로 - 창백함, 근육경련 - 오심 또는 구토	T67.3 T67.4 T67.5
열경련	- 근육경련(어깨, 팔, 다리, 복부, 손가락)	T67.2
열실신	- 실신(일시적 의식소실) - 어지러움증	T67.1
열부종	- 손, 발이나 발목의 부종	T67.7
기타	- 기타 열 및 빛의 영향 - 상세불명의 열 및 빛의 영향	T67.8 T67.9

2.2.10 황 사

중국대륙이 건조해지면서 고비사막, 타클라마칸사막 등 중국과 몽골의 사막지대 및 황하 상류지대의 흙먼지가 강한 상승기류를 타고 3,000~5,000m 상공으로 올라가 30m/s 정도의 편서풍에 실려 우리나라로 날아와서 지면 가까이 내리는 현상이다.

황사 알갱이 크기는 약 10~1,000μm(마이크로미터)까지 다양하고, 1,000μm의 입자는 황사라 칭하며 10μm의 입자는 황진아라 칭한다. 우리나라에서는 주로 4월에 관측되며 “아시아먼지”라고 칭하기도 한다. 사막지대의 황사는 석영(규소)이, 황토지대의 황사는 장석(알루미늄)이 주성분이다. 철 성분도 많이 함유되어 있다.

1) 나라에 따라 황사의 명칭

- 우리나라 : '흙이 비처럼 떨어진다.'하여 예로부터 '우토', '토우', '흙비'로 칭하였으나 일제 강점기부터 '황사'라고 칭하였다.
- 북한 : '흙비' 또는 '비흙'이라 칭하였다.
- 중국 : 중국의 경우 바람과 함께 나타나는 모래폭풍을 뜻하는 '사천바오'라 칭하였다.
- 일본 : 상층의 먼지라는 뜻으로 '코사'라 칭하였다.
- 미국 : 서쪽에서 온 먼지라는 뜻으로 'dust from the west'라 칭한다.
- 전 세계 : 아시아의 먼지라는 뜻으로 'Asian dust'로도 칭한다.
- 2001년 4월부터 한・중・일은 황사의 명칭을 '모래먼지(sand dust)'로 공식 표기하되, 괄호 안에 'yellow sand'도 병기한다.

2) 황사의 발생 원인과 과정

- 우리나라에 영향을 미치는 황사의 주요 발원지는 중국과 몽골의 사막지대(타클라마칸, 바다인자단, 텐겔, 오르도스, 고비지역, 만주)와 황하 중류의 황토지대이다. 이런 중국의 서북 건조지역은 연강수량이 400mm 이하(우리나라의 연강수량은 약 1100～1700mm)이고 사막이 대부분이어서 모래먼지가 많이 발생한다.
- 발원지에서 배출되는 먼지 중 보통 30%가 발원지에 다시 가라앉고, 20%는 주변지역으로 수송되며, 50%는 장거리까지 수송돼 한국, 일본, 태평양 등에 침전된다.
- 봄에는 겨울 내내 얼어있던 건조한 토양이 녹으면서 잘게 부서져 크기 20μm 이하의 작은 모래먼지가 발생한다. 이렇게 발생한 모래먼지 위에 저기압이 지나가면 강한 상승기류에 의해 3,000～5,000m의 높은 상공으로 올라간 뒤 30m/s 정도의 편서풍과 제트류를 타고 이동한다.
- 이후 풍속이 느려지는 한국과 일본에서 하강하고 간혹 미국 (1998년 4월)까지도 이동하기도 한다. 발원지에서 한반도까지 오는 데 걸리는 시간은 2～3일 정도이다.

표 2.6 황사의 특보

구 분	내 용
황사주의보	1시간 평균 미세먼지 농도가 400～800$\mu g/m^3$ 범위로 2시간 이상 지속될 것으로 예상될 경우
황사경보	1시간 평균 미세먼지 농도가 800$\mu g/m^3$ 이상 2시간 이상 지속될 것으로 예상될 경우

3) 황사가 오기 전 재난관리

가. 모든 지역

① TV나 라디오, 인터넷을 통해 기상정보를 확인한다.
② 창문 등을 점검 및 정비하여 황사가 실내로 들어오는 것을 예방한다.
③ 사전에 실내공기정화기와 가습기 등을 준비한다.
④ 황사발생 시 외출에 필요한 보호안경, 마스크 등을 사전에 준비한다.
⑤ 황사세척용 장비를 사전에 점검 및 정비한다.
⑥ 귀가 후에는 손발을 깨끗이 씻는 습관을 들인다.

나. 가정에서

① 텔레비전, 인터넷, 라디오를 통해 기상 정보를 확인한다.
② 황사는 알레르기성 결막염, 비염, 기관지 천식 등을 유발하므로 노약자, 어린이는 가능한 한 외출을 자제한다.
③ 노약자, 호흡기 지환자 등은 실외 활동을 자제한다.
④ 귀가하면 손발을 깨끗이 씻는다.
⑤ 채소나 과일은 더욱 깨끗이 씻는다.
⑥ 황사가 실내로 들어오지 못하도록 창문 등을 점검한다.
⑦ 실내 공기 정화기, 가습기 등을 준비한다.
⑧ 외출할 때는 보호 안경, 마스크, 긴 소매 의복 등을 준비한다.
⑨ 포장되지 않은 식품은 오염되지 않도록 위생 용기 등에 넣는다.

다. 학교에서

① 기상청에서 발표한 기상예보를 분석하여 지역 실정에 맞게 휴업 또는 단축 수업을 신중히 검토한다.
② 학생들의 비상연락망을 점검하고 연락체계를 유지한다.
③ 휴업 조치 시 맞벌이 부부 자녀에 대해서는 학교에서 자율학습을 하도록 한다.
④ 학생과 학부모를 대상으로 황사 피해 예방 행동요령을 지도·홍보한다.

라. 축산·시설원예 등에서

① 운동장과 방목장에 있는 가축을 대피시킬 수 있도록 준비한다.

② 노지에 방치·야적된 사료용 볏짚 등을 덮을 피복물을 준비한다.
③ 동력 분무기 등 황사 세척용 장비를 점검한다.
④ 비닐하우스, 온실 등 시설물의 출입문과 환기창을 점검한다.
⑤ 제조업체 등 사업장에서는 자재와 생산제품의 야적을 억제하고, 어쩔 수 없는 경우 포장을 덮는다.

4) 황사 주의보 때 재난관리

가. 모든 지역

① TV나 라디오, 인터넷을 통해 황사정보를 숙지한다.
② 황사는 비염이나 기관지 천식 등을 유발하므로 가능한 외출을 삼간다.
③ 노약자나 어린이, 호흡기질환자 등은 외출을 삼간다.
④ 가능한 외출을 삼가고 외출 시에는 마스크, 보호안경 등을 착용한다.
⑤ 창문 등 개구부를 막아 황사가 실내로 침입하는 것을 방지한다.
⑥ 외출 뒤 집에 들어오면 손발을 깨끗이 세척한다.
⑦ 과일이나 채소 등은 평소보다 더욱 신경을 써서 씻은 후 조리한다.
⑧ 집안 습도를 일정하기 위해서 가습기 등을 이용한다.

나. 도시지역

① 각종 야외행사 일정은 취소 조치한다.
② 운동 등의 야외활동은 최대한 삼간다.
③ 급식소나 음식점 등은 요리재료를 깨끗이 씻고 청결에 주의한다.
④ 출장이나 외근 등 외출 시에는 마스크나 보호안경 등을 착용한다.
⑤ 아파트나 대형 건물 등 개구부가 많은 건물은 개구부를 철저히 점검하고 폐쇄한다.

다. 농촌지역

① 황사의 노출을 방지하기 위하여 방목되어 있는 가축은 축사 안으로 대피한다.
② 황사의 유입을 최고화하기 위하여 축사의 출입문이나 창문 등을 폐쇄한다.
③ 비닐이나 천막을 이용하여 실외에 사료용 볏짚이나 건초를 덮는다.
④ 온실이나 비닐하우스의 출입문 등을 폐쇄한다.

라. 어촌지역

① 육상양식장의 출입문이나 창문 등을 폐쇄한다.
② 어류 건식장의 황사 대처를 위한 조치를 한다.
③ 야외의 어망 등의 어구 정비를 삼간다.
④ 해변 등으로 외출을 삼간다.

마. 가정에서

① 황사가 들어오지 못하도록 창문을 닫고 노약자, 호흡기 질환자 등은 실외 활동을 삼간다.
② 가능한 한 외출을 삼가고 외출 시에는 보호 안경, 마스크, 긴 소매 의복을 착용하고 귀가 후에는 손발 등을 깨끗이 씻고 양치질을 한다.
③ 물을 자주 마시고 공기정화기와 가습기를 사용하여 실내 공기를 쾌적하게 유지한다.
④ 황사에 노출된 채소, 과일, 생선 등 농수산물은 충분히 세척 후 요리한다.
⑤ 2차 오염을 방지하기 위하여 식품 가공·조리 시 손을 철저히 씻는다.

바. 학교에서

① 유치원생과 초등학생들의 실외 활동을 금지하고 수업 단축 또는 휴업을 고려한다.
② 실외 학습, 운동 경기 등을 중지하거나 연기한다.

사. 축산·시설원예 등에서

① 운동장이나 방목장에 있는 가축은 축사 안으로 신속히 대피시켜 황사에 노출되지 않도록 한다.
② 축사의 출입문과 창문을 닫아 황사 유입을 최소화하고 외부의 공기와 접촉을 가능한 한 적게 한다.
③ 야외에 야적된 사료용 건초, 볏짚 등을 비닐이나 천막으로 덮는다.
④ 비닐하우스, 온실 등 시설물의 출입문과 환기창을 닫는다.

5) 황사가 멈춘 후 재난관리

- 창문 등을 열어 실내공기를 환기시키고 먼지제거 등 청소를 실시한다.
- 황사에 노출된 물품은 오염가능성이 높으므로 충분히 세척하여 사용한다.

- 급식소나 음식점 등은 소독을 실시하여 청결에 주의하도록 한다.
- 황사로 인한 전염병을 방지하기 위하여 예방접종을 실시한다.
- 황사에 노출된 시설물들은 세척이나 소독을 실시한다.
- 축사나 가축을 철저히 소독하고 세척하여 질병 예방을 한다.

2.2.11 지 진

지진이란 오랫동안 누적된 변형 에너지가 갑자기 방출되면서 지각이 흔들리는 것을 말한다. 지학(地學)에서는 지구 내부의 한 곳에서 급격한 움직임이 일어나 그 곳에서 지진파가 시작되어 지표(地表)까지 전하여지는 것을 말한다. 진도(震度)에 따라 미진, 경진, 약진, 중진, 강진, 열진, 격진으로 구분한다.

지진은 지하에 축적된 탄성에너지의 급격한 방출에 의해 지구가 진동하는 현상이다. 지각과 상부 맨틀은 탄성체인 암석으로 되어 있기 때문에 탄성한도 이내에서 변형되면 지각 표층부는 판유리처럼 어느 한도까지는 구부러지다가 힘이 사라지면 원래대로 돌아간다. 그러나 탄성 한도를 넘으면 암석은 깨지게 되고 이때 생겨난 진동이 전달되어 땅이 흔들리게 되는데 이것을 지진이라 한다.

땅이 움직이고 암석이 깨지는 이유는 판구조론에 의하면 지구의 외각부는 80~100km 두께의 단단한 여러 개의 판으로 되어 있는데 커다란 7개의 판과 여러 개의 작은 판으로 구성되어 있다. 판은 지각과 상부 맨틀로 된 암석권인데 이판들은 맨틀의 대류에 의해 서로 이동한다. 판은 서로 경계를 맞대고 있는데 판의 경계에는 발산 경계인 중앙 행령, 보존 경계인 변환 단층, 수령 경계인 해구 등이 있다. 판의 경계는 판이 서로 멀어지거나 부딪치며 이동하는 곳이므로 지진이 많이 발생하게 된다.

1) 지진의 분류

- 천발지진 : 진원의 깊이가 70km 이하인 지진
- 중발지진 : 진원의 깊이가 70km~300km 사이인 지진
- 심발지진 : 진원의 깊이가 300km 이상인 지진

2) 지진재해 영향

- 지반진동 : 지진의 가장 중요한 1차적 효과

표 2.7 지진파의 종류와 특성

<table>
<tr><th colspan="2">지진파의 종류</th><th>지진파 특성</th></tr>
<tr><td rowspan="2">실체파</td><td>P파 : 종파
(primary wave)</td><td>–밀도의 소·밀에 의한 지각변화 파이다.
–음파와 같은 소밀파로써 모든 매질에서 전파된다.</td></tr>
<tr><td>S파 : 횡파
(secondary wave)</td><td>–밀도의 변화 없이 지각의 변형만 있다.
–진행방향에 수직인 횡 운동에 의해 액체 내부(지구의 외핵과 내핵)는 통과할 수 없다.</td></tr>
<tr><td rowspan="2">표면파</td><td>LQ파
(love wave)</td><td>–하층은 파동이 없고 윗부분만 파가 전달되며 밀도의 변화는 일어나지 않는다.
–러브파는 S파의 수평운동 성분인 SH파로써, 수직운동 성분 지진계에는 거의 기록되지 않는다.</td></tr>
<tr><td>LR파
(Rayleigh wave)</td><td>–밀도의 변화가 심하며 파동형식의 S파, P파의 복합적 성질이 보인다.
–P파와 S파의 숙직운동 SV파가 조합된 성질을 가지며 수평 운동성분 지진계는 거의 기록되지 않는다.</td></tr>
<tr><td>기타</td><td>자유진동
(free oscillation)</td><td>–큰 규모의 지진이 발생한 이후, 종이 울리고 난 것처럼 몇 주간에 걸쳐 나타나는 지구 전체의 진동
–체적변화를 수반하는 구상진동과 체적변화가 없는 뒤틀림진동으로 구분된다.</td></tr>
</table>

- **단층작용과 지반균열** : 단층작용으로 지반에 균열이 발생하면 단열부위 주변으로 피해가 확산되며, 주로 소규모 지진에 해당된다.
- **여진** : 지진 직후 발생하는 작은 지진에 의한 여진으로 피해 확대된다.
- **화재** : 2차적 영향으로 심각한 피해가 발생한다.
- **산사태** : 급경사 지역에서 절벽의 붕괴, 토석류의 급속한 유동이 발생한다.
- **액상화** : 지반이 전단강도를 상실하고 액체와 같이 유동하여 침하가 발생하는 현상이다.
- **지반고 변화** : 지반의 연직 변위(침강, 융기)
- **해일** : 지진의 2차적 영향. 해저지진

3) 지진이 오기 전 재난관리

- 냉장고나 장롱 등의 대형 가구는 넘어지지 않도록 사전에 고정 조치한다.
- 안전한 공간을 확보할 수 있도록 가구를 배치한다.
- 찬장 등의 문을 고정기구로 고정하여 물건이 쏟아지는 것을 방지한다.
- 투명 필름 등을 이용하여 창문의 유리가 깨졌을 때 흩어지는 것을 방지한다.

- 평소 실내용 슬리퍼를 준비하여 유리 등이 깨졌을 시를 대비한다.
- 높은 곳에 물건을 정리하여 지진에 의해 낙하하면서 피해 예방한다.
- 수면 시 머리를 두는 위치에는 무겁거나 깨지기 쉬운 물건을 사전에 제거한다.
- 열기구 등은 각별히 주의하여 안전한 장소에 보관 및 관리한다.
- 소방기구는 불을 사용하는 장소의 주의나 비상시 신속하게 사용할 수 있는 장소에 비치한다.
- 생필품인 비상식량, 식수, 응급약품, 손전등 등을 사전에 준비한다.
- 비상시 대처방법을 숙지하고 가족이나 이웃 등 비상연락망을 구축한다.
- 비상시 대피 장소와 대피로를 사전에 숙지한다.

4) 지진 주의보 때 재난관리

가. 가정에서

① 책상이나 테이블 아래로 몸을 피신하고 테이블 등이 없을 때에는 방석 등을 이용하여 머리를 보호한다.

② 지진발생 시 소방차의 출동이 어려우므로 화재가 발생하면 가족 및 이웃과 협력하여 적극적으로 화재를 진압한다.

③ 유리창이나 간판이 지지진에 의해 떨어질 수 있으므로 무작정 밖으로 대피하는 것은 위험하다.

④ 냉장고나 장롱 등의 대형가구가 넘어질 수 있으므로 접근 금지한다.

⑤ 지진에 의해 출입문이 변형되어 열리지 않을 수 있으므로 신속히 출구를 확보한다.

나. 길에서

① 블록담장이 무너지면서 깔릴 수 있으므로 접근 금지한다.

② 자판기 등 고정되어 있지 않은 대형 물건에 접근 금지한다.

③ 번화가는 대형건물의 유리창 파편이나 간판이 낙하할 수 있으므로 신속히 대피한다.

④ 가방 등으로 머리를 보호하여 대피한다.

다. 대형건축물에서

① 혼란을 일으키거나 혼란에 휩쓸리지 말고 침착하게 안내자의 지시에 따라 대피한다.

② 화재발생 시에는 자세를 낮추어 신속히 대피한다.

③ 승강기는 여러 위험요소가 있으므로 사용 금지한다.

라. 승강기에서

① 승강기 탑승 중 지진이 발생하면 가장 먼저 평정심을 유지한다.
② 현재 위치에서 가장 가까운 층에 내려 신속하게 대피한다.
③ 승강기에 갇혔을 시에는 인터폰으로 구조 요청한다.

마. 도시철도에서

① 손잡이나 기둥을 잡아 넘어지거나 고꾸라지는 것을 방지한다.
② 선박 위의 물건이 낙하하는 것에 주의하여 몸을 보호한다.
③ 혼란을 일으키거나 섣불리 행동하지 말고 안내방송을 따라 침착하게 행동한다.
④ 출구로 무작정 뛰어나가면 더 큰 위험이 발생할 수 있으므로 안내방송이나 안내자의 지시에 따라 대피한다.

바. 도로에서

① 지진에 의해 자유로운 운전이 불가능하므로 교차로를 피해 길 오른쪽에 정차한다.
② 긴급차량이나 대피자들이 통행할 수 있도록 도로 중앙에는 정차 금지한다.
③ 자동차의 라디오 등 안내방송에 따라 행동한다.
④ 대피 시에는 차키를 꽂아두고 문을 잠그지 말고 신속히 대피한다.

사. 산에서

① 안전한 장소로 신속히 대피하여 산사태나 절개지 붕괴에 의한 피해를 방지한다.
② 낙석 등에 위험이 있으므로 머리를 보호하며 신속히 대피한다.

아. 해변에서

① 안내방송이나 안내자의 지시에 따라 행동한다.
② 어업 등 항해 중인 선박은 라디오 등 방송을 청취하며 안전한 장소로 대피한다.
③ 지진해일이 발생할 수 있으므로 라디오나 안내방송에 집중한다.
④ 지진해일 특보가 발령되면 안내에 따라 신속하게 안전한 장소로 대피한다.

자. 부상자 발생 시

① 지진이 발생하면 구조대나 의료기관도 평소처럼 활동하지 못한다는 것을 인지한다.
② 부상자의 위치가 안전한 장소라면 이송을 삼가고 응급 처치한다.
③ 부상자의 위치가 안전하지 못한다면 부상자를 안전한 장소로 이송하고 응급 처치한다.
④ 당황하지 말고 사전에 숙지해둔 응급처치를 침착하게 실시한다.

5) 지진이 멈춘 후

- 지진에 의해 약해진 건물은 여진에도 취약할 수 있으므로 긴장을 늦추지 말고 여진에 대피한다.
- 정전이 되었다면 손전등을 사용하고 가스가 누출되었을 수도 있으므로 라이터 등은 사용 금지한다.
- 유리파편 등 잔해물의 위험이 있으므로 반드시 신발을 착용한다.
- 안전점검을 받은 후 건물 안으로 진입한다.
- 지진으로 인한 각종 피해상황을 파악하고 사진 등 기록을 남긴다.
- 가스냄새나 가스 새는 소리가 나면 창문과 밸브를 잠그고 대피한 후 안전점검을 받은 후 사용한다.
- 수도관이나 하수관 등 피해여부를 확인한 후 사용한다.
- TV나 라디오, 인터넷 등을 활용하여 지진 관련사항을 파악한다.
- 외출은 가급적 삼가며 반드시 나가야 할 경우에는 지진피해로 인한 각종 위험에 주의한다.
- 피해지역을 구경하거나 접근하는 행위는 금지한다.

2.2.12 해 일

해일은 폭풍 · 지진 · 화산폭발 · 빙하 붕괴 등이 원인이 되어 바다의 큰 물결이 육지로 갑자기 넘쳐 높은 파도가 밀려오는 자연현상이며, 발생하는 원인에 따라 크게 폭풍해일과 지진해일로 나뉜다.

해일의 주기는 십여 분에서 수십 분이며 파장은 수백km에 달한다. 태평양(평균 수심

4,000m) 위를 진행하고 있을 때는 파장이 항상 깊이의 20배 이상 되기 때문에 장파를 유지한다. 속도는 깊이가 4,000m일 때 시속 약 720km에 달한다. 해안에 가까워지면 바다 수심이 얕아져 속도가 줄어듦에 따라 파도의 앞부분이 느려지고 뒷부분이 따라와 에너지가 좁은 범위로 압축한다. 먼 바다에서는 대수롭지 않았던 파도가 해안에서는 높이가 수십 미터의 큰 파도가 된다.

1) 해일의 종류

- **지진해일** : 해저지진이나 해저화산의 폭발 또는 해저 산사태 등이 발생하면 그 파동으로 인한 긴 파도가 해안에 밀려오는데 이를 지진해일(쓰나미)이라 한다. 지진해일은 육지에 가까이 밀려올수록 파도가 높아져 해안지방에 큰 피해를 입힌다.
- **폭풍해일** : 태풍이나 저기압 중심에 접근할 때 기압차로 인하여 강한 바람이 해안을 향해 불어오면 해안지대의 해면이 높아져 일어나는 해일이다.
- **얼음해일** : 빙하의 붕괴로 일어나는 해일이다.

2) 해일의 특성

가. 폭풍해일

① 폭풍해일은 태풍이나 발달한 저기압에 동반되며, 기압이 낮아지거나 해면의 유동으로 해수면이 높아질 때 발생한다.

② 해수위의 상승 정도는 대체로 풍속의 제곱에 비례하나, 해안선의 형태나 길이, 물의 깊이 등에 따라 달라진다. 보통 기압이 1hPa 하강하면 해면은 약 1cm 높아진다.

③ 천문조에 의한 만조와 중첩될 경우 수위는 더욱 상승하는데, 특히 우리나라 서해안과 남해안은 조석 간만의 차가 커서 해일이 새이기 쉽다.

④ 폭풍에 의한 해일은 태풍·강풍·강풍고조 등이 원인이 되어 발생한다.

⑤ 폭풍해일 중 태풍해일은 남해에서 가장 많았고, 동해·황해의 순서로 발생되었다. 강풍에 의한 해일은 동해안은 겨울철에, 강풍고조에 의한 해일은 서해에서 여름철 만조시간에 가장 많이 발생한다.

나. 지진해일

① 지진해일은 해저 지진이나 해저 화산 분화 등에 의해 해저가 융기하거나 침강하

면서 발생한다.

② 해저 땅속의 대규모 지진으로 단층 현상이 발생할 경우 그 위의 바닷물이 출렁이며 사방으로 너울을 전파시킨다.

③ 규모 6.3이상의 해저 지진이나 진원의 깊이가 80km 이내, 그리고 수직적인 단층 운동인 경우에 많이 발생한다.

④ 지진해일의 전파 속도는 바다의 깊이가 깊을수록 빠르고, 얕을수록 느리다.

⑤ 해저지진이나 화산폭발에 의한 해일은 쓰나미라고 하는데, 전파속도가 빠르고 파장과 존속기간이 길어 광범위하게 피해를 준다.

⑥ 지진해일은 해안에 도달하면 그 파고가 수심과 같아지고, 파도의 산이 무너지며, 벽 모양이 되어 밀려온다.

⑦ 이때, 파고 10m이고, 속도가 10m/s이면, 그것이 물체에 충돌할 때의 압력은 $5t/m^2$이 된다.

3) 해일이 오기 전 재난관리

- TV나 라디오, 인터넷을 통해 기상상황을 수시로 확인한다.
- 비상시를 대비하여 피난 가능한 대피소와 대피로를 사전에 숙지한다.
- 비상시를 대비하여 양수기, 손전등, 비상식량, 식수, 등을 사전에 준비 및 비치한다.
- 헬기장을 반드시 알아두고 전화, 확성기 등 통신수단을 준비한다.
- 비상시 대처방법을 사전에 숙지하고 비상 연락망을 구축한다.
- 가정과 집 주변의 하수구, 배수구 등의 점검 및 정비한다.
- 해안지역의 주민들은 평상시에도 지진해일에 관심을 가져야 한다.
- 헬기장을 반드시 알아두고 전화, 확성기 등 통신수단을 준비한다.

4) 해일 주의보일 때 재난관리

가. 지진해일의 경우

① 지진해일의 정보를 가족이나 이웃 등 지역주민들에게 모든 토신수단을 동원하여 전파한다.

② 일본의 서해안지역에서 지진이 발생하게 될 경우, 우리나라의 동해안에는 약 1~2시간 뒤에 해일이 도달하게 되므로 위험물을 안전한 장소로 이동 및 고정한다.

③ 선박은 가능하다면 항외로 대피시키고 불가능하다면 고정 및 파손방지 조치한다.
④ 해안가에서 강한 진동을 느낄 경우 2~3분 이내에 국지적인 해일이 내습할 수 있으므로 대피방송이 없더라도 신속히 고지대로 대피한다.
⑤ 항해 중인 선박은 항구로 복귀하지 말고 수심이 깊은 바다로 대피한다.
⑥ 방파제의 안쪽은 지진해일 영향이 크므로 선박의 정박을 피한다.
⑦ 물에 떠내려갈 위험이 있는 물건은 안전한 장소로 이동 및 고정한다.
⑧ 대피 시 수도, 가스, 전기는 완전히 차단한다.

나. 폭풍해일의 경우

① 태풍 등의 기상상황을 숙지하며 태풍으로 인한 폭풍해일의 정보를 숙지한다.
② 폭풍해일주의보나 경보 등 정확한 정보에 따라 신속히 대피한다.
③ 비상시를 대비하여 양수기, 손전등, 비상식량, 식수, 등을 사전에 준비 및 비치한다.
④ 물에 떠내려갈 위험이 있는 물건은 안전한 장소로 이동 및 고정한다.
⑤ 해안가 근처나 저지대에 있는 주민은 대피 준비한다.
⑥ 해안도로는 차량운행은 통제한다.

5) 해일이 멈춘 후 재난안전

- 물이 빠져나가고 있을 때는 기름이나 오수로 오염되었을 경우가 많으므로 접근하지 않는다.
- 해일이 지나간 지역은 도로가 약화되어 무너질 수 있으므로 주의한다.
- 물에 젖었던 가스보일러는 반드시 점검을 받은 후 사용한다.
- 사유시설 등에 대한 보수·복구 시에는 반드시 사진 촬영한다.
- 집에 도착 후에는 들어가지 말고 붕괴 가능성을 반드시 점검한다.
- 제방이 붕괴될 수 있으므로 제방 근처에는 접근하지 않는다.
- 고압전선, 전신주, 가로등, 신호등에 접근이나 접촉 금지한다.
- 해일로 밀려온 물에 몸이 젖은 경우 비누를 이용하여 깨끗이 씻는다.
- 습기 찬 곳에 진압하면 가스가 새어 축적되어 있을 수 있으므로 성냥불이나 라이터 불을 사용하지 말고 창문을 열어 환기한다.
- 집안에 진입하면 가스가 새어 축적되어 있을 수 있으므로 성냥불이나 라이터 불을 사용하지 말고 창문을 열어 환기한다.

- 하천제방 및 축대붕괴, 산사태 발생 우려가 있으므로 주의한다.
- 침투된 오염물에 의해 침수된 음식이나 재료를 먹거나 요리재료로 사용하는 것을 금한다.
- 전선이 떨어진 지역을 조심해야 하며, 이러한 지역을 발견한 경우에는 즉시 관련기관에 신고한다.
- 수돗물이나 저장식수도 오염 여부를 반드시 조사 후에 사용한다.

2.2.13 대 설

대설이란 아주 많이 오는 눈을 뜻한다. 24절기 중 21번째 절기로 소설과 동지 사이에 위치한 절기이다. 연중 눈이 가장 많이 내리는 절기로 음력 11월, 양력으로는 12월 7일~8일 무렵에 해당하며 태양의 황경은 255°에 도달한 때를 말한다.

그러나 이는 중국 화북지방의 기후를 기준으로 한 것으로 우리나라의 경우 눈이 많이 내리지 않은 경우도 많다. 우리나라의 경우 12월보다 오히려 1월이나 2월에 평균적으로 더 많은 눈이 내린다.

저기압이 우리나라를 통과할 때 남풍으로 유입된 온습한 수증기가 차가운 공기와 만나는 저기압의 북동쪽에서 주로 많이 눈이 내린다. 동해안 지방은 지형적 영향이 가세하여 동해상의 수증기가 유입되며 지속적으로 많이 눈이 내린다. 시베리아 고기압이 확장하며 한파가 몰려올 때 매우 찬 공기가 서해상의 따듯한 해수면 위를 지나면서 낮은 눈구름들이 발달하고 북서풍을 따라 서해안과 전라도 서해안으로 밀려와 해안지방을 중심으로 지속적인 눈이 내린다. 특히 영동지방의 경우 태백산맥을 넘는 습윤공기와 동해에 위치한 찬 북동기류가 만나 대설의 원인이 된다.

1) 대설주의보와 대설경보

- 대설주의보 : 24시간 신적설량이 5cm 이상 예상될 때
- 대설경보 : 24시간 신적설량이 20cm 이상 예상될 때, 다만 산지는 30cm 이상 예상될 때

2) 대설이 오기 전 재난관리

- TV나 라디오, 인터넷을 통해 대설정보를 숙지한다.
- 교통통제 및 교통상황 파악을 생활화한다.

표 2.8 대설주의보와 대설경보

구 분	대설주의보	대설경보
대도시(특별시 · 광역시)	5cm 이상일 때	20cm 이상일 때
일반 지역	10cm 이상일 때	20cm 이상일 때
울릉도 지방	20cm 이상일 때	50cm 이상일 때

- 지하철이나 버스 등 대중교통 이용을 생활화한다.
- 노후화된 아파트나 건축물의 안전점검 및 정비를 한다.
- 녹은 눈의 원활한 배수를 위해 배수로 점검 및 정비를 한다.
- 자택이나 이동로 제설을 위한 염화칼슘이나 모래 등을 준비한다.
- 자택 앞의 제설을 위한 눈삽 등의 제설장비를 사전에 준비한다.
- 생필품인 비상식량, 식수, 응급약품, 손전등 등을 사전에 준비한다.
- 비상시를 대비하여 피난 가능한 대피소와 대피로를 사전에 숙지한다.
- 비상시를 대비하여 손전등, 비상식량, 식수 등의 생필품을 사전에 준비한다.

3) 대설주의보 때 재난관리

가. 모든 지역

① TV나 라디오, 인터넷을 통해 대설상황을 파악한다.
② 제설장비와 염화칼슘 등을 사용하기 용이한 장소에 비치한다.
③ 노후하거나 약한 주택의 거주자는 이웃이나 친척 집으로 대피한다.
④ 가능한 외출을 삼가고 특히 노약자나 어린이는 집안에 머무르도록 한다.
⑤ 외출 시에는 행선지와 일정한 가족이나 동료에서 미리 일러둔다.
⑥ 옥내 · 외 전기수리는 감전의 위험이 있으므로 금지한다.
⑦ 각종 공사장은 안전사항을 수시로 점검 및 정비한다.

나. 도시지역

① 출퇴근은 가능한 자가용 대신 버스나 지하철 등 대중교통 이용한다.
② 원활한 제설작업을 위하여 도로변에 차량을 주차하지 않는다.
③ 평소보다 일찍 출근 및 등교하고 일찍 귀가한다.
④ 아파트나 대형건물의 과도한 난방으로 인한 전열기 과부화를 주의한다.

다. 농촌지역

① 비닐하우스 등 작물재배시설의 붕괴를 방지하기 위하여 받침대를 보강하는 등의 조치를 실시한다.
② 하우스의 골조를 보호하기 위하여 작물을 재배하지 않은 빈 하우스는 비닐을 걷어낸다.
③ 외진 장소에 위치한 이웃은 수시로 연락하여 안전을 확인한다.
④ 온실작물의 동해방지를 위해 적절한 보온을 실시한다.
⑤ 하우스나 온실 주변의 배수로를 정비하여 녹은 눈이 스며들지 않도록 예방한다.
⑥ 축사 등의 붕괴를 방지하기 위하여 안전점검 및 정비 실시한다.

라. 해안지역

① 대설에 따른 한파를 대비하기 위하여 월동장을 설치한다.
② 보온장비나 방풍망을 설치하여 육상양식장의 보온 조치한다.
③ 육상양식장의 붕괴를 방지하기 위하여 안전점검 및 정비를 실시한다.
④ 양식어류가 동사 시 냉동 저장하여 판매함으로써 피해를 최소화한다.
⑤ 각종 선박의 화물을 내리고 대설로 인한 위험 예방을 조치한다.
⑥ 주민이나 낚시객 등 해안가에 접근을 삼간다.
⑦ 선박의 입·출항을 통제하고 결박 조치한다.

4) 대설이 멈춘 후 재난관리

- 가스, 수도, 전기 등 공급 관을 조사하고 작동 여부를 확인한다.
- 파손된 상하수도나 도로를 발견하면 시·군·구청이나 읍·면·동사무소에 연락한다.
- 부상자나 고립된 사람이 있는지 철저히 수색한다.
- 사유시설 등에 대한 보수·복구 시에는 반드시 사진 촬영을 한다.
- 파손된 전기시설은 손으로 만지거나 접근 금지한다.
- 자신의 집 피해가 크더라도 절대 흥분하지 말고 침착하게 처리한다.
- 대설이 멈추었다고 해서 방심은 절대 금물이다.

2.2.14 한 파

뚜렷한 저온의 한랭기단이 위도가 낮은 지방으로 몰아닥쳐 급격한 기옥의 하강을 일으키는 현상이다. 우리나라는 서고동저의 전형적인 겨울형 기압배치에 있을 때 북서계절풍이 강하게 불고 영하의 추운 날씨가 전국에 몰아닥쳐 한파현상이 발생한다.

주로 겨울철에 우세한 시베리아의 한랭한 대륙성 고기압이 바이칼 호 부근에 중심을 두고 남동쪽으로 그 세력을 강하게 확장하고 있고, 동해 해상에는 발달한 저기압이 있는 경우, 즉 서고동저(西高東低)[15]의 전형적인 겨울형 기압 배치 하에 있을 때 한반도는 북서계절풍이 강하게 불고 한파가 몰아닥쳐 전국이 영하의 추운 날씨가 되는 경우가 많다. 이런 현상이 뚜렷한 경우에는 한파주의보를 발표하는데, 그 기준은 최저기온이 전일보다 10℃가 낮거나 낮을 것이 예상될 때이다.

한파라는 용어는 원래 미국에서 사용되었는데, 한파에 대하여 그 방재조치를 취할 필요가 있기 때문에 그 정의가 분명히 주어지고 있다. 24시간 이내의 기온 강하량이 일정 값 이상이 되고, 동시에 최저기옥이 정해진 한계 값 이하로 내려가는 두 가지 조건을 만족하는 경우가 한파이다.

표 2.9 한파주의보와 한파경보의 발령 기준

	발령 기준 (10～4월 사이의 기간에 다음 중 어느 하나에 해당하는 경우)
한파주의보	· 아침 최저기온이 전날보다 10℃ 이상 하강하여 평년값보다 3℃가 낮을 것으로 예상될 때 · 아침 최저기온이 −12℃ 이하가 2일 이상 지속될 것이 예상될 때 · 급격한 저온현상으로 중대한 피해가 예상될 때
한파 경보	· 아침 최저기온이 전날보다 15℃ 이상 하강하여 평년값보다 3℃가 낮을 것으로 예상될 때 · 아침 최저기온이 −15℃ 이하가 2일 이상 지속될 것이 예상될 때 · 급격한 저온 현상으로 광범위한 지역에서 중대한 피해가 예상될 때

용어정리

- 서고동저(西高東低) : 지형이나 기압 따위가 서쪽지역은 높고 동쪽지역은 낮은 상태. 기상학에서는 겨울에 우리나라에 형성되는 기압 배치를 이른다.

1) 한파의 발생원인

- 지구온난화로 북극에 이상고온현상이 나타나면서 제트기류가 약해지고 그 결과 북극의 한기가 시베리아 지역으로 이동한다.
- 북극해의 이상고온으로 우랄산맥 일대에 따뜻한 고기압이 형성되었고 이 고기압 때문에 대기의 흐름이 굽이치면서 만들어진 강한 기압골이 공기를 우리나라로 끌어내린다.

2) 한파가 오기 전 재난관리

- TV나 라디오, 인터넷을 통해 한파정보 숙지한다.
- 동파를 방지하기 위하여 보일러나 수도계량기에 보온 조치한다.
- 온열기나 전기장판 등을 사전에 준비하여 비상시에 대비한다.
- 한파 관련기관의 연락처를 사전에 숙지하고 잘 보이는 장소에 비치한다.

3) 한파주의보 때 재난관리

가. 모든 지역

① 신체말단 부위인 손가락이나 발가락 동상에 주의한다.

② 손가락, 발가락 등 감각이 없거나 창백해지는 경우 동상 예방 조치한다.

③ 저체온증의 증상인 심한 한기, 피로, 불분명한 발음 등의 증상이 나타나면 즉시 병원을 방문한다.

④ 심장이 약하거나 혈압이 높은 사람은 머리 부분과 노출 부분의 보온에 각별히 주의한다.

⑤ 독감 예방접종을 받으며 당뇨나 만성폐질환자는 반드시 예방접종을 한다.

⑥ 가정 난방에 유의하여 급작스런 기온 강하에 의한 심장 및 혈관계통, 호흡기계통, 신경계통 등의 악화를 방지한다.

⑦ 동상 시에는 동상부위를 깨끗이 씻고 잘 말린 후 따뜻하게 하되 너무 뜨겁게 하지 않게 계속 주물러 혈액순환을 유도한다.

⑧ 보일러 등의 노출된 배관이나 수도관은 보온재나 헌옷 등을 이용하여 보온 조치한다.

⑨ 장기간 외출 시에는 동파를 방지하기 위하여 온수를 약하게 틀어 아주 조금씩 흐르게 조치한다.

⑩ 환기구나 배기통이 막혀 있지는 않은지 확인 후 가스보일러를 사용한다.
⑪ 유류시설 장치의 동파로 인한 위험물질의 누출이나 화재, 폭발 등의 재해가 발생하지 않도록 관련시설을 보온 조치한다.
⑫ 한파로 인한 정전에 대비하여 손전등이나 라디오, 유류연료 온열기를 준비한다.

나. 도시지역

① 아파트가 복도식인 경우 수도계량기의 동파발생이 쉬우므로 헌옷 등으로 감싸고 테이프 등으로 외부의 찬 공기가 유입되는 것을 방지한다.
② 아파트나 대형건물의 과도한 난방으로 인한 전열기 과부하를 주의한다.
③ 회사나 공사현상 등 과도한 전열기 사용을 금지하고 전열기 과부하를 주의한다.
④ 회사나 공사현장 등 과도한 전열기 사용을 금지하고 전열기 주위에는 인화물질 비치를 금지한다.
⑤ 회사나 업소 등에서 여러 대의 전열기를 사용하기 위하여 하나의 콘센트에 여러 개의 콘센트를 연결하여 사용하는 행위를 금지한다.

다. 농촌지역

① 각종 과일이나 패소 등 종류에 따라 적절한 보온 조치를 한다.
② 난방 온실커튼 등을 화용하여 온실작물 동해를 예방한다.
③ 온실에 보온벽과 방풍벽을 설치하고 출입문은 2중으로 하여 보온 조치한다.
④ 온실에 보온덮개나 단열재를 사용하여 보온 조치를 한다.
⑤ 정전으로 인한 난방시설 가동 불능에 대비하여 난로를 준비한다.
⑥ 축사 등에 외풍방지 조치를 하고 보온재와 난방기를 준비한다.
⑦ 축사나 온실 등의 급수시설을 사전점검 및 보온하여 동파를 방지한다.

라. 해안지역

① 한파를 대비하기 위해 월동장 설치를 한다.
② 보온장비나 방풍망을 설치하여 육상양식장의 보온 조치를 한다.
③ 한파정보를 수시로 확인하여 양식 어류의 동사 예방을 한다.
④ 양식 어류가 동사 시 냉동 저장하여 판매함으로써 피해를 최소화한다.
⑤ 양식 어류의 동사피해 발생 시에는 행정기관에 신고를 한다.

⑥ 방파제나 선착장 등으로 접근을 삼간다.

⑦ 바다낚시는 자제하고 낚시 시에는 안전장비를 완비한다.

4) 한파가 멈춘 후 재난관리

- 가스, 수도, 전기 등 공급관을 조사하고 작동 여부를 확인한다.
- 파손된 상하수도나 도로를 발견하면 시 · 군 · 구청이나 읍 · 면 · 동사무소에 연락한다.
- 사유시설 등에 대한 보수 · 복구 시에는 반드시 사진 촬영을 한다.
- 파손된 전기시설은 손으로 만지거나 접근을 금지한다.

3장 사회재난

3.1 사회적 재난

3.1.1 사회적 재난의 개념

사회적 재난이란 자연재난을 제외한 인간에 의해서 인위적으로 발생되는 재난을 말한다. 이는 국가사회에 미치는 영향이 매우 크고 체제 자체를 위협할 소지가 크기 때문에 이에 대한 예방과 대책이 매우 중요하다. 사회재난은 자연재난이나 인적재난으로 파급되는 경우도 있기에 재난을 어느 한 분야만 한정지어 대비를 해서는 곤란하며 통합적 관리 체계와 네트워크를 형성해 나가야 한다. 사회재난 관리의 궁극적인 목적은 국민의 행복을 잃지 않게 하는 것이다. 그러기 위해서는 철저한 체계와 연구가 있어야 하지만 우리나라 실정은 매우 부정적인 실태에 놓여 있다.

「재난 및 안전관리 기본법」이 개정되기 전에는 인적재난과 사회재난으로 구분되었다.

- **인적재난** : 화재 · 폭발 · 붕괴 · 교통사고 · 화생방사고 · 환경오염사고 등 그밖에 이와 유사한 사고로 대통령령이 정하는 규모 이상의 피해를(재난 및 안전관리기본법 제3조) 말한다.
- **사회재난** : 국가기반 체계의 기능 마비와 전염병 등으로 인한 피해를 말한다. 개인 혹은 집단의 정치 · 종교 · 이념 등 목적 달성을 위해 인간의 생명과 재산을 위협하거나 사회질서를 파괴하는 행위로 집단의 이익을 위한 행동으로 인해 발생하는 재난으로 의도성 · 고의적인 특징을 갖는다.
- 지금은 양자를 구분하는 기준이 모호하여 인적재난과 사회재난을 통합하여 사회적 재난으로 하였다.

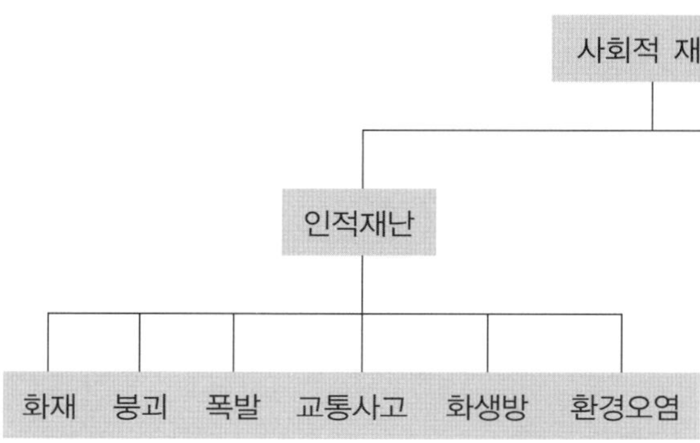

그림 3.1 사회적 재난의 분류

3.1.2 사회적 재난의 특징

1) 복합재난

- 사회현상뿐만 아니라 자연재난과 인위재난에 의해서도 발생한다.
- 사회구성원, 사회집단, 민족·인종·종교간 관계 속에서 주로 발생한다.
- 사회적 재난은 자연재난과 인적재난으로부터 발생 또는 사회적 재난에 의해 인적재난의 발생이 가능하다.

2) 의도성·고의성

- 인간에 의해 발생(인적재난과 유사)
- 종교적·정치적·이념적 목적 달성
- 인간의 부주의, 실수, 무지, 무관심에 의한 인적재난과 다르다.

3) 피해의 대형화

- 과학기술 발달에 의한 사회의 고도화
- 도시화, 정보화, 고속화, 시설의 고밀도화, 산업화 등과 밀접하다.
- 피해규모의 대형화 증가한다.

4) 국가기반시설과 밀접

- 에너지, 정보통신, 교통수송, 보건의료, 환경 등
- 일상생활에 필수적인 기반시설사고는 사회적 재난의 원인이 될 수 있다.

5) 대상별 관리의 중요성

- 사회적 재난의 증가 추세
- 일반인, 정부기관 서비스, 국가의 정체성과 관련한 재난관리방안이 필요하다.

3.2 사회재난의 유형별 행동요령

3.2.1 에너지(원유, 원자력)

1) 에너지 위기

가. 에너지 위기의 정의

에너지 위기는 국내외의 다양한 요인에 의해 에너지 수급차질이 생기거나 공급부족이 되는 상황을 말하는데, 주로 고유가 또는 원유수급차질로 발생되는 위기상황을 말한다.

나. 에너지 위기 상황의 유형

① 유가가 배럴당 300불, 400불처럼 고유가로 인해 정부 통제가 어려운 위기상황

② 원유수급에 차질이 발생하여 근본적인 위기상황이 닥칠 경우

③ 전력이나 원자력 위기상황

다. 문제의 제기

① 최근 미국의 굳건한 에너지 소비추세, 중국, 인도 등 대규모 에너지 소비국의 국제 시장진입에서 발단이 된 석유가격의 급등과 전 세계적인 에너지 위기의 징후는 더욱 심각해지고 있다.

② 한국은 에너지 자급률이 2% 정도에 머무르는 '에너지 최빈국(最貧國)'이며, 에너지 안전보장의 필요성은 더욱 커지고 있다.

③ 에너지자원은 갖고 있지 못한 한국으로서는 절약과 효율화, 비축 및 국제적 스왑[16]가능성, 자원외교를 통한 안정적 수입 환경 개척, 새로운 에너지로의 전환 등 다차원적 노력을 통해 에너지 위기가 가져다 줄 취약성(vulnerability)과 충격을 줄여야만 한다.

④ 에너지 최빈국인 한국으로서는 에너지 안전보장을 위해 자주개발 등 근본적이고 안정적이며 신뢰할 수 있는 공급방안을 확보해야만 한다.

용어정리

- 스왑(swap) : 어떤 것을 주고 다른 것으로 바꾸는 것

2) 에너지 유형과 재난관리 – 원유(原油)

가. 초 고유가 충격 시 핵심 기반에 미치는 영향

① 공항, 항만, 철도 등의 경우 수송 및 운송의 극심한 위축이 예상
② 버스, 택시 등의 대중교통 요금도 80% 가까운 인상이 불가피, 물류파동, 항공운수업과 관련된 관광, 호텔, 여행 사업은 도산 위기
③ 전력산업과 가스 산업의 원가상승 요인은 각각 90%, 172%가 되며, 가정은 물론 산업 활동의 극심한 부담과 위기가 초래
④ 치안불안, 어업이나 농촌의 위기초래 도시경제의 황폐화, 중소기업, 소규모 서비스업 도산, 상하수도, 전력, 가스 등의 소비 위축으로 서민 고통 가중

나. 석유수급 차질 시 에너지 위기상황

① 석유운송과정에서 호르무즈 해협의 봉쇄 가능성과 말라카 해협의 봉쇄 가능성이 상존하며 이것이 장기화 될 때 위기상황
② 장기적 원유수급차질 시 대북 전쟁억제력의 문제발생, 실질적인 전투준비태세의 약화 및 전투지속능력의 약화 초래
③ 국가 에너지 비상사태(국가 전 분야에서 위기가 초래)

다. 재난관리

① 단기적 에너지 위기 상황에 대한 효과적 종합대책 수립이 필요
② 에너지 안보 강화를 위한 범국가 차원의 전략적 로드맵 필요
③ 에너지 해상수송 안보 능력의 강화
④ 에너지 정책을 총괄하는 에너지부 신설이 필요
⑤ 에너지, 개발 협력을 위한 동북아 에너지 허브 창설 주도
⑥ 적극적인 에너지, 자원외교의 확대 및 강화

3) 에너지 유형과 재난관리 – 원자력(原子力) 발전

가. 원자력 발전의 문제점

원자력 발전은 현재 우리나라의 발전량 40% 이상을 책임질 만큼 중요한 위치에 있지만 엄청난 잠재된 위험성을 가지고 있다. 원자력 발전은 핵분열을 통한 열 발생으로

증기를 발생시켜 터빈을 돌려 전기를 얻기 때문에 핵분열을 철저하게 제어하는 안전 관리가 필수적이다.

① **발전소의 시설 고장이나 사고** : 핵분열 과정에서 나오는 방사능이 유출되면 치명적인 인명 피해와 환경파괴를 일으킬 수 있다.

② **발전소 폭발** : 핵폭발과 같은 대형 참사를 일으키게 된다.

③ **환경오염 문제도 심각** : 핵분열이 끝나고 남게 되는 방사능 쓰레기는 철저하게 사람이 없는 깊은 곳에 묻어버려야 한다. 방치 시 모든 생명체를 죽음으로 몰아넣거나 산다고 해도 암에 걸릴 확률이 매우 높다.

④ **지구 온난화의 원인** : 원자력 발전소는 엄청난 열을 발생시키므로 이를 냉각하기위해 항상 바다 근처에 자리를 잡고 바닷물을 냉각수로 사용하게 되는데 이 때 사용하는 바닷물의 양이 엄청날 뿐 아니라 바닷물의 온도가 엄청나게 상승하게 되므로 지구 온난화의 원인이 될 수도 있다고 지적 받고 있다.

나. 구역의 설정 및 관리

① 관리구역

- 벽, 울타리 등으로 구획[17)]하거나 표지[18)]를 하여 다른 장소와 명백히 구분하여 관리한다.
- 바닥, 벽, 그밖에 사람이 접촉할 우려가 있는 물건은 그 표면 오염도가 기준치를 초과하지 않도록 한다.
- 관리구역에서 사람이 나오거나 물품을 반출하고자 할 때는 그 사람의 신체 및 의복, 신발 등 신체에 착용하고 있는 것들이 오염의 기준치를 넘어서는 안 된다.

② 보전구역

- 원자로 건물, 원자로 보조건물 중에서 관리구역 외의 구역과 터빈건물 등을 보전

용어정리

- **구획** : 토지 따위를 경계를 지어 가름. 또는 그런 구역.
- **표지** : 표시나 특징으로 어떤 사물을 다른 것과 구별하게 함. 또는 그 표시나 특징.

구역으로 설정하여 운영한다.

③ 제한구역

- 위험지역이라는 것을 알리기 위해서 울타리나 표지를 명백히 하여 다른 지역과 구별한다.

다. 작업 및 출입관리

① 사람의 출입관리

- 관리구역으로 출입하는 장소에 출입통제시설을 설치하여 미리 지정된 자만이 출입하도록 제한한다.
- 관리구역에 출입하는 사람에게는 포켓선량제와 열혈광선량제 등 개인선량제를 착용하도록 하여 포켓선량제는 매 출입 시마다, 열혈광성량제는 매월마다 종사자의 방사선량을 측정
- 마스크, 공기공급 플라스틱슈트 등 지정된 방호 장비류를 착용하도록 한다.
- 관리구역을 벗어날 때는 신체오염여부를 검사하여 오염된 상태로 관리구역 밖으로 나가는 것을 금지한다.

② 관리구역에서 조치

- 관리구역에서는 방사성 물질을 경구 섭취할 우려가 있기 때문에 음식 섭취 및 흡연을 금지하고 있다.
- 방사성물질에 의한 오염이나 오염 확대방지에 필요한 조치를 취한다.
- 신체나 바닥 등이 오염되어 쉽게 제거할 수 없을 때에는 곧바로 방사선 관리 담당자가 조치를 취해야 한다.
- 오염검사 장비로는 전신오염감지기와 손 발 오염감지기 등을 사용한다.

③ 물품의 반·출입 관리

- 관리구역에서 물품을 반출할 때는 물품과 오염검사를 하고 그 물품의 표면 방사능 오염도가 기준치를 초과하지 않도록 한다.

④ 관리 구역 내의 구분

- 관리구역은 외부 방사선량률, 벽, 바닥의 표면 오염도, 공기 중 오염농도에 따라

공기오염 구역, 표면오염 구역, 방사선 구역, 고방사선 구역 등으로 구분 관리한다.

⑤ 작업관리

• 사전에 개인의 피폭이력, 작업환경 및 그 변화를 고려하여 필요에 따라 일시적인 차폐의 사용, 제염[19] 등 방사선량을 저감할 수 있는 계획 수립한다.

라. 개인 방사선량 관리

① 관리구역의 출입절차

• 건강진단과 전신계측 및 방사선 안전교육을 실시한다.

• 방사선 작업종사자로 지정되어 방사선 관리구역에 들어갈 때는 방사선 작업 허가서를 작성하여 승인을 받은 후 개인 선량제 및 방호용품을 착용하고 성명, 선량제 수치, 출입시간 등을 기제 한 수 관리구역에 출입하게 되며, 관리구역에서 나올 때는 들어가는 절차의 역순으로 하되 방사능 오염검사가 추가된다.

② 건강진단

• 종사자는 매 1년마다 건강진단을 실시하고 최근 3개월간 집적선량이 1.25rem을 초과하였거나 초과할 우려가 있는 종사자는 그때마다 건강진단을 실시 할 수 있다.

③ 안전교육

• 방사선 안전 및 비정상시 행동 지침 숙지와 방사선 방어능력 배양을 위해 신규 및 전입자 교육과 정기 보수교육(연 1회 실시)을 실시한다.

④ 방사선량 관리

• 원자력 발전소에서는 종사자의 자체 피폭선량 기준치(법정 기준치의 80%)를 초과하지 않도록 관리하고 있다.

용어정리

• 제염(decontamination, 除染) : 위험방지를 위해 EH는 실험할 때에 background 계수의 증가를 방지하기 위해서 방사성 폐기물 처리나 RI 조작 등에 있어서 잘못해서 오염된 인체·장치·실내시설 등에서 방사성 물질을 제거하는 것
사용 후 핵연료에서 핵분열 생성물을 제거하는 것과 같이 필요한 물질로부터 그 이외의 방사성 물질을 제거하는 것

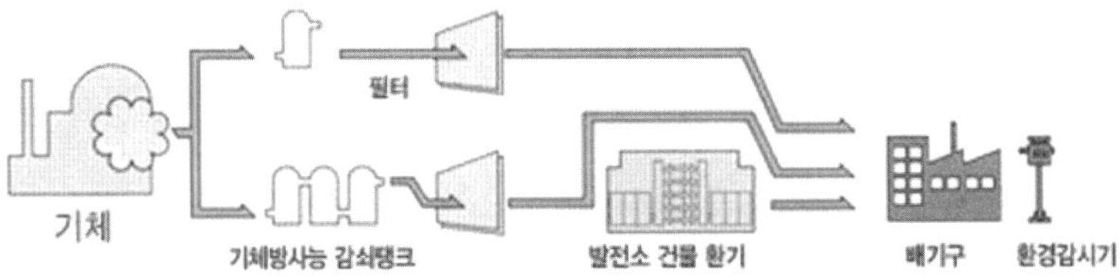

그림 3.2 기체 폐기물 처리과정

마. 방사성 폐기물 관리

① 기체 폐기물

- 원자력 발전소 내의 기체 폐기물은 지연, 붕괴법, 농축법(여과 흡착 등)을 이용한 처리계통에서 방사성물질을 제거한 후 방출 감시기의 연속감시 과정을 거쳐 대기로 방출
- 방출 도중 허용치를 초과할 때는 즉시 방출 면이 자동 차단되도록 운영하고 있다.
- 기체 폐기물 계통에서 발생되는 폐여과제 및 폐수지 등은 방사성 고체 폐기물로 분류하여 처리하고 있다.

② 고체 폐기물

- 기체 방사성 폐기물 및 액체 처리 계통에서 발생하는 폐여과재, 폐수지 등의 처리매체 및 원자력 발전소 운전보수과정에서 발생하는 잡쓰레기를 수집, 분류, 감용, 고화처리 과정을 거쳐 특수하게 설계된 저장고에 옮겨서 안전하게 저장하고 있으며 가연성 폐기물은 소각처리에 대비하여 압축암용 후 별도 관리하고 있다.
- 사용 후 핵연료는 내진 설계된 소내 저장수조에 안전하게 저장 관리되고 있으며 국제원자력기고(IAEA)에서 정기적으로 방문하여 관리 상태를 점검하고 있다.

③ 액체 폐기물

- 액체 폐기물 발생원은 격납용기 바닥집수, 화학배수, 세탁 및 샤워 배수 등이며 여과, 탈염, 증발농축 등의 방법을 이용한 처리계통에서 방사성 물질을 제거한 후 방출 감시기의 연속감시 과정을 거쳐 해양으로 방출
- 방출 중 허용치를 초과할 때 즉시 방출변이 자동 차단되도록 설계 운용되고 있으며 액체 폐기물 계통에서 발생하는 폐여과재, 농축폐액, 폐수지 등은 고체 방사성 폐기물로 분류하여 처리하고 있다.

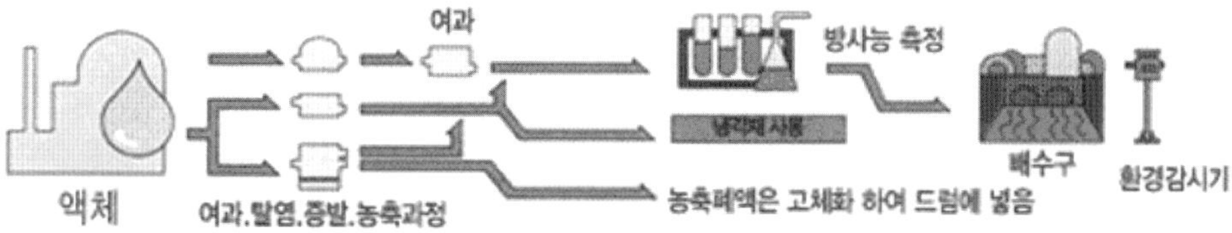

그림 3.3 액체 폐기물 처리과정

바. 환경방사능 관리

원자력발전소 주변의 환경방사능 준위가 일반 공중의 방사선장해를 유발할 수도 있는 최대허용농도 이하임을 확인한다. 주변 환경에서의 방사성 물질 축적 경향을 파악하며 방사성 물질의 방출에 의한 주변 환경의 오염여부를 판단하기 위해 원자력발전소 부지별로 환경 방사능 실험실을 운영한다.

① 환경방사선 감시기의 설치 운영 : 인구 밀집지역, 대기확산, 인자가 최대인 거주 지역, 방사능이 높을 것으로 예상되는 상이한 방향의 3개 지점 및 최소 풍하지역인 2개의 비교지점 등 30km 이내에 10대 이상의 감시기를 설치하여 공간 감마 선량율을 연속 감시하고 있으며 온라인으로 연결하여 중앙제어실과 환경 방사능 실험실에서 감시가 가능하도록 하고 있다.

② 열형광선량계 설치 : 원자력발전소 주변 30km 이내 지역의 방사선량을 측정 평가하기 위해여 40개소 이상의 지점에 열형광선량계(TLD : Thermo Luminescent Dosimeter)를 설치하여 매 분기마다 집적방사선량을 조사하고 있다.

③ 환경방사능 시료 채취, 분석, 평가 : 환경방사능 ocnl 및 분석은 과학기술처 고시 제85－8호 “원자력발전소 주변 환경조사 지침”을 근거로 실시하고 있으며 실제로는 더 많은 지점 및 항목을 조사해 오고 있다.

④ 주변 주민 방사선량 평가 : 의무적으로 실시

사. 방사선 비상대책

원전의 비상대책은 만의 하나 일어날 수 없는 것일지라도 최악의 사태를 고려, 그러한 경우에도 주변 주민, 종사자 및 제반 시설의 피해를 방지하고 보호하는 대책을 강구하는 것이다.

① 방사선 비상훈련 : 비상대응 능력을 향상시키고 비상계획의 유용성을 입증하기 위하

여 정기적으로 훈련을 실시하고 있으며 부지별로 매 3년마다 실시하는 합동훈련에는 관할 도, 군 등 대외기관도 참여하고 있다.

② 비상대응 시설 : 직통전화, 모사전송기(FAX), 방송설비 등 각종 통신설비를 완비한 비상대비설비(ERF)를 확보하여 만일의 사태에 대비하고 있다.

4) 에너지 재난대책(원유, 원자력, 전기, 가스 등)

가. 예방 대책

① 재난관리체계

- 재난유형별 중앙사고수습 본부를 구성하여 운영하여야 한다.
- 재난관리책임기관별 재난대책본부를 구성하고 운영해야 한다.

② 징후 감시 체계 확립 및 과학화

- 재난관리책임기관들은 철저한 사전의 안전점검실시가 필요하다.
- 24시간 상시 취약지를 감시하고 안전관리활동을 강화한다.

③ 재난관리체계의 전산화

- One - Stop Service[20)]나 Non - Stop Service[21)]를 활성화한다.
- 정보화체계를 활용한 신속한 기능을 활성화한다.
- 재난위험 중점관리대상을 데이터베이스(D/B) 구축한다.

용어정리

- One – Stop Service : 흩어져 있는 서비스체계를 하나로 묶어서 일괄 처리하는 방식으로 공간의 제약이 없으며, 관공서를 일일이 찾아다니지 않고 정보통신 네트워크와 연결된 단일창구에서 호적등본 · 토지대장 · 건물 등기부등본 등을 제공 받을 수 있는 서비스를 말한다. 한 장소에서 관련한 업무를 일괄하여 처리하는 방식을 말하는데, 일반 기업의 고객서비스에서는 고객만족을 추구하는 경영전략의 한 방안으로 수요자 중심으로 운영함에 있어 핵심적인 방식이라 할 수 있다.
- Non – Stop Service : 시간의 제약이 없는 서비스로써 공무원의 업무시간에 제한 받지 않고, 공무원이 퇴근한 후라도 신청인이 편리한 시간에 정보통신 네트워크와 연결된 컴퓨터 단말기를 통하여 행정서비스를 받을 수 있는 시스템이다.

나. 대비 대책

① 재난정보 · 상황관리체계 확립

• 상황보고의 신속화 방안을 강구하고 시행해야 한다.
• 상황관리를 위한 부처별 역량강화 제고 지침을 제시한다.
• 통합적인 상황관리를 위한 체계를 확립한다.

② 분야별, 단계별 대비 대책을 수립하도록 한다.

③ 에너지 재난대비 책임기관 및 타기관의 자원동원 계획을 확인한다.

• 에너지 시설 재난대응능력을 제고하기 위한 훈련을 실시한다.
• 에너지 재난안전관리 역량 제고를 위한 교육이나 워크숍을 실시한다.

다. 대응 대책

① 에너지재난 상황보고 및 조기 대응체계 확립

• 에너지재난 상황보고체계를 확립한다.
• 에너지 재난관리를 위한 상시 보고체계와 유관기관과의 협조 체계를 구축한다.
• 에너지 대형 재난 유형별 신속한 대응 및 비상근무체계를 구축한다.

② 유관기관 협조 · 지원 체계구축

• 중앙과 지방간의 유기적인 협조와 지원체계를 구축한다.
• 지역별 · 재난유형별 협조와 지원체계를 구축한다.
• 재정확보를 통한 유관기관 간 협조 체계를 강화한다.

③ 긴급구조 · 구급대책 강화

• 에너지 재난에 대한 긴급구조 업무 추진을 계획한다.
• 긴급구조반 조직 설치 · 임무 부여 계획을 수립한다.
• 긴급구조를 위한 민 · 관 파트너십 구축을 강화한다.

④ 사고수습본부 구성 · 운영

• 에너지 재난대응을 위한 중앙사고수습본부를 구성하여 운영함으로써 재난 상황의 신속한 파악과 복구한다.
• 재난의 초기대응과 신속한 복구활동을 위하여 분야별 사고수습본부와 각 기관별

수습본부를 구성·운영한다.

라. 복구 대책

① 에너지 사고수습·처리를 위한 재난합동조사반 설치·운영

② 에너지재난 피해배상이나 보상 대책 수립

- 에너지재난 발생원인·피해상황·책임소재를 조사한다.
- 피해자 대표와 보상협의 추진 및 보상금을 지급·정산한다.

③ 피해시설에 대한 복구 및 정비대책 수립

- 상황발생단계 출동, 복구 및 지원 대책을 수립한다.
- 상황안정단계 복구 및 안전조치계획을 수립한다.
- 사고현장에 복구지원 대책반을 편성·운영한다.
- 유관기관과 협력을 통해 정상가동을 위한 신속한 후속지원을 조치한다.
- 해당 지자체와 협의하여 이재민 발생 시 임시수용소를 설치 지원한다.

④ 에너지재난 복구 사후평가 및 재발방지 대책

- 에너지 재난피해현황 및 복구 대책 등을 평가한다.
- 피해재해방지를 위한 항구적 복구 대책을 수립한다.

5) 원자력 대책

가. 예방 대책

① 원자력시설의 안전관리강화
② 비상안전운전 관리체계 확립
③ 물리적 방호 및 방사능 테러 예방 체계화
④ 재난상황관리체계 구축

나. 대비 대책

① 국가기반보호 상황실 관련기관 비상대응 협력체계 강화
② 주요 기관 간의 연락체계 강화
③ 비상식량 점검 등 출입봉쇄 사건에 대한 대비책 강구

④ 긴급 상황대비 경찰이나 군 등과 협력체계 강화

다. 대응 대책

① 발전소 출입봉쇄 사태 조기 수습
② 경계시설 및 경계강화 등으로 시위대 발전소 진입금지
③ 발전소 이상상태에 의한 방사능 사고 발생 시 대책 제시
④ 지역사회 일체감 조성 등 지역 합의 경영 적극실천

라. 복구 대책

① 발전소 출입봉쇄 사태 조기 수습
② 경계시설 및 경계강화 등으로 시위대 발전소 진입금지
③ 발전소 이상상태에 의한 방사능 사고 발생 시 대책 제시
④ 지역사회 일체감 조성 등 지역 합의 경영 적극실천

6) 방사능 방재 대책

가. 예방 대책

① 국내 원자력시설 확대에 따른 안전규제 효율화 및 최적화
② 원자력 시설 등의 물리적 방호체계 구축·강화
③ 방사능테러 예방체계 강화
④ 원자력 시설에 대한 물리적 성능기반 규제방안 마련

나. 대비 대책

① 국가 방사능방재체계 정비 및 유관기관 간 협력체계 구축
② 방사선비상대응 인프라 확충
③ 방사능방재와 관련하여 최신 기술 확보
④ 방사능 테러에 대한 대비 대응체계 구축

다. 대응 대책

① 방사선비상 및 방사능재난 신속 보고·전파체계 운영
② 신속한 주민보호조치 이행(의료 및 구호, 출입통제 및 치안유지, 주민구호소 운영)

③ 대국민 홍보 및 정보공개

라. 복구 대책

① 재난조사위원회 구성 · 운영
② 방사능재난 사후대책의 수립과 시행
③ 중장기방사능 영향평가 및 피해복구계획 수립
④ 방사능사고 · 테러 잔존물의 회수 · 처리 · 제염에 대한 대책 수립

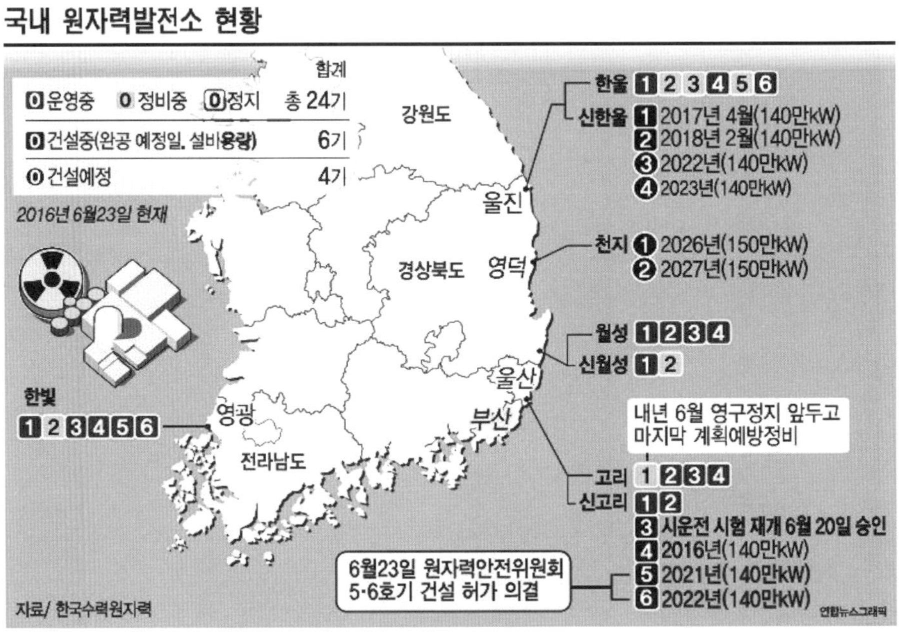

그림 3.4 2016년 신고리 5,6호기 건설 허가로 본 전국적 원전 배치 상황. 영남지방에 전국 원전의 70%에 해당하는 시설이 배치되어 있어서 원자력 안전에 대한 대책이 절실해 보인다.

3.2.2. 금 융

1) 금 융

가. 금융위기의 개념

금융위기란 금융기업들이 연쇄부도를 통해 경제적인 파국을 초래하는 것을 말한다.

나. 금융위기의 원인(IMF를 중심으로)

① 지급준비정책의 변화

- 1990년대 들어 금융자유화 진전 및 금융시장 발전으로 공개시장 조작을 주된 통화정책수단으로 활용함에 따라 지급준비제도의 역할은 크게 축소되었다.
- 1996년 이후 금융기관의 대외경쟁력 제고와 공정경쟁을 위해 9%를 상회했던 지급준비율[22])을 1~5% 수준까지 대폭 인하함으로써 통화정책 수단으로서 지급 준비율의 유용성은 크게 낮아졌다.

② 외환 보유고 관리의 실패

- 당시 태국, 홍콩, 말레이시아, 필리핀, 인도네시아 등 동남아시아의 연쇄적 외환위기 속에 대한민국 정부의 외환관리정책의 미숙과 실패가 IMF환란의 직접적인 원인이다.
- 정상적 경제활동을 위한 국가의 외환보유고를 유지 관리하고 책임을 지는 행정 시스템이 제대로 작동하지 않았다.
- 기업의 부도와 마찬가지로 외환보유고가 하락하여 외환지급 불능사태의 위기를 초래하였다.
- 국가신용도가 하향 조정되었고 원화가치의 환율이 급격히 하락하는 등 연쇄적으로 국제적 경제활동에 막대한 지장을 초래하였다.
- 과도한 해외 단기차입금 : 기업들의 과도한 해외 단기 차입금과 김영삼 정부와 여당의 잘못된 관치 중심의 경제 정책과 불합리한 정치적 판단으로 인해 부실기업이었던 한보와 기아자동차에 대한 처리가 제대로 이루어지지 못했으며 국제적으로 급박하게 움직이는 외환관리에 실패하였다.

③ 환율 운용 정책 실패

- 1997년 말 주변 동남아시아 국가들의 경제가 어려워지자 외국투자기관들은 한국의 경제도 곧 어려워 질거라고 판단하여 투자자금을 대규모로 회수해갔다.

용어정리

- 지급준비율정책 : 은행이 고객예금의 일정액을 은행창고에 보관해 두는 것을 말한다.

- 정부는 1997년 9월 이후 계속된 외환시장 불안정 속에서 원화가치를 지키기 위한 인위적인 환율 방어를 시작하였고 이에 들어가는 비용이 증가함에 따라서 한국의 외화보유고는 급격히 감소하기 시작했다.
- 만기가 돌아오는 해외차입금의 규모는 점차 증가하기 시작하여 외환지급불능사태가 초래하기 직전까지 몰리는 외환위기가 전면적으로 가시화되었다.

④ 금융기관의 부실

- 1996년까지 24개의 투자금융회사가 종합금융회사로 전환되었고 이후 30개로 늘어나서 해외업무를 시작하였다.
- 이들은 외채를 끌어와서 어음교환을 시작하게 되었다. 기업이 부도를 일으키게 되자, 외채를 끌어서 어음을 할인한 이들 종금사(종합금융회사)들이 연쇄적으로 영향을 받게 되었고 특히 한보와 기아의 12조 원 가량의 대형 부도사태는 위기를 결정적으로 악화시키는 결과를 가져오게 되었다.
- 1998년 6월 29일 대동, 동남, 동화, 경기 충청은행 등 5개 퇴출 은행을 발표하고, 국민, 주택, 신한, 한미, 하나은행으로 넘어가게 되었다. 이들은 관치금융의 그늘 아래에서 부실한 경영을 하였으며 이들에게 연관된 작은 관련기업들도 연달아 도산의 위기에 빠지게 되었다.
- 1998년 8월 11일 부실한 4개 생명보험사 영업정지를 발표하고, 고려, 국제, 태양, BYC 등이 알리안츠생명, 삼성생명, 대한생명, 교보생명으로 넘어갔다.
- 1위기의 근본적인 원인은 허술한 관치금융체제, 무능한 정부의 예산 낭비, 대기업들의 분식회계와 과도한 차입 부실 경영 그리고 당시 사회전체에 만연된 경제적 무능력과 부패, 책임의식 실종에 의한 결과였다.

⑤ 대외 금융세력의 공격

- 국가개입 위주였던 아시아 국가들이 개방시장 정책을 시작했지만, 외환관리 능력과 외환보유량이 부족하였기 때문에 대외 금융 세력의 공격에 무력할 수밖에 없었다.
- 고정 환율을 쓰던 태국이 썰물처럼 빠져나가는 외환을 견디지 못해 변동환율로 선회한 것에 아시아 각국의 외국자본들이 빠져나가는 것은 당연한 일이었다.
- 규모가 큰 금융세력들이 약속한 듯이 빠져나가 동아시아 전반에 외환보유량을 부도내려는 의도와 부실기업 뿐 아니라 정상적인 기업까지 인수하려는 의도가 있었다.

다. 금융위기관리 대응전략

① 재벌 지배구조 개혁 : 급진적인 기업부채비율 축소 시책이나 빅딜, 워크아웃 프로그램 등은 재벌구조가 가져온 것으로 여겨지던 증상을 치유하는 조치고 할 수 있다.

라. 금융부문에 대한 구조개혁

① 금융구조조정은 기업구조조정과 함께 한국에 적용된 IMF프로그램의 중요한 축이었다.

② 금융부분에 누적된 부실채권이 금융위기를 불러온 직접적인 원인이다.

③ 금융기관 내에 쌓인 부실채권을 정리하고 다시 부실채권이 누적되는 일이 없도록 구조조정

표 3.1 재벌 지배구조 개혁

항목	주요내용
회계기중	· 불공정 내부거래에 대한 제재 강화 · 계열사 출자총액 그룹 순자산의 25% 이내로 제한 · 계열사 지급보증 금지
금융시장을 통한 통제	· 통합재무제표 도입(내부거래액수, 주식상호<순환> 보유규모를 재벌 내부인 뿐만 아니라 외국인에게도 공개) · 상장사 및 재벌 계열사 외부감사선임위원회 설립의무화 · 은행대출 규제 : 부채자본 비용 200% 실질적 대출 한도상한으로 사용, 계열사 지급보증에 의한 신규대출금지, 신(新)자산분류기준에 의해 기업 위험도 상시감시 · 기업인수합병(M&A)시장 자유화 : 적대적 인수허용(모기업의 주식이 하락할 때 대량으로 사두었다가 회복이 되면 시중가보다 비싸게 파는 것), 외국인 주식보유 규제 철폐
내부 지배 구조	· 사외(社外) 이사제도로 전환 : 전체 이사의 1/4이상 사외이사 임명 의무화 · 대주주 책임강화 : 재벌 소유주 그룹 주요 기업의 이사로 등록 의무화, 회장실 철폐 · 소액주주 권한 강화 : 소액주주소송 및 장부열람권 강화, 소액주주의 이사 및 감사 해고 권한 강화, 누적투표제 도입 · 기관투자가 권한 강화 : 투신 및 은행펀드에 편입되어 있는 주식에 대한 투표권을 인정

표 3.2 금융부문 구조개혁

항목	주요내용
금융감독강화	· 금융감독위원회 신설(1998년 4월) · BIS 비율 금융기관의 건전성 평가기준으로 철저히 적용(상업은행 8% 이상, 중소규모 금융기관 4% 이상)하고 상시감독체계 확립 · '세계적 표준'에 맞춰 1999년 신(新)자산분류기준 도입
부실금융기관 정리 및 합병	· 부실금융기관 폐쇄 · 금융부문에 137조 공적자금 투입과 4개 시중은행과 1개 종금사를 우리금융지주회사에 편입
부분 예금보장제	· 과거 예금 전액보장제도에서 부분 예금보장제도로 전환(보증대상 금융기관이 파산할 때 5,000만 원 한도 내에서만 예금 보장)
지배구조	· 외부이사회 제도 도입 · 행장 선임위원회 구성 의무화 · 외부 신용평가기관 활용 의무화

마. 사회약자의 보호

① 2012년 2월 9일 국회 정무위원회가 부실 저축은행 피해자들을 구제하기 위한 여야 합의에 의한 특별조치법을 통과하였다.

② 피해자 구제를 위한 재원으로 은행과 보험, 증권 등 다른 금융권역에서 각출한 예금보호기금 특별계정이 동원된다는 점에서 채권자 평등원칙, 자기투자 책임원칙 등 사적재산권 침해에 따른 위험 가능성 존재한다.

③ 특정 압권의 부실이 전체 금융업권의 불안요인으로 작요하지 않도록 국회가 앞장서서 예금자보호제도를 공고히 하고, 도덕적 해이가 만연되지 않도록 원칙과 책임에 입각한 제도 운영 환경을 조성이 요구된다.

바. 위기로부터 탈출할 수 있는 대응책

① **정부의 책임 있는 정책실행** : 금융기업의 모럴헤저드 방지와 위험에 대한 경각심 고취 및 투자자에게 위험에 대한 정보를 정부가 제공해야 한다.

② **자생시스템 구축** : 투자자나 금융기관 역시 자체 자생할 수 있는 시스템이나 지역자본의 통합 등을 이루고 미국 월가의 아성에 맹신하며, 쫓아가지 말아야 하며 투자자를 보호하는 데 중점을 두어야 한다.

③ **세계 탈공동화 노력** : 세계시장의 공동화 현상으로 이제는 세계가 하나의 경제권으로 묶여 버렸다는 점이 너무도 위험한 상황으로 우리 경제가 세계탈공동화에 노

력을 경주해야 한다.

3.2.3 화 재

화재란 사람의 의도와는 상관없이 발생하거나 고의에 의해 일어나는 방화로 소화시설 등을 사용하여 소화할 필요가 있는 것을 화재라고 정의한다.

우리나라의 화재발생 추이를 보면 1980년대 중반까지 완만한 증가 추세를 보이던 화재 발생 건수가 1987년 1만 건을 기점으로 급격한 증가 추세를 보이면서 2004년 3만 건 이상으로 증가와 감소를 반복하고 있다. 이는 성장 위주의 경제 산업 정책에 따른 안전의식 미약, 생활환경 변화와 에너지 사용 증가 등 화재 유발인자의 다양화에 기인한 것으로 분석되고 있다.

표 3.3 화재의 유형별 분류

구분	세부내용
건축·구조물 화재	건축물, 구조물 또는 그 수용물이 소손된 것[23]
자동차·철도 차량 화재	자동차, 철도 차량 및 파견인 차량 또는 그 적재물이 소손된 것
위험물·제조소 등 화재	위험물제조소 등, 가스제조소 등 화재
선박·항공기 화재	선박, 항공기 또는 그 적재물이 소손된 것
임야 화재	산림, 야산, 들판의 수목, 잡초, 경작물 등이 소손된 화재
기타 화재	위의 각 호에 해당하지 않는 화재 기타 화재의 예 야외 : 쓰레기, 모닥불 야적장 도로 : 전봇대, 가로등 등

용어정리

- **건축물** : 토지 위에 정착된 공작물 중에서 지붕 및 기둥 혹은 벽을 가진 것
- **구조물** : 토지 위나 아래에 인공적으로 고정시켜 만든 시설물
- **수용물** : 기둥, 벽 등 구획을 중심선으로 둘러싸인 부분에 수용된 물건 또는 그것과 일체가 되어 있는 물건

1) 화재발생 원인

화재가 발생하기 위해서는 나무나 종이와 같은 가연물과 성냥, 라이터와 같은 점화원 및 공기(산소)가 반드시 필요하며 이것을 연소의 3요소라고 한다. 따라서 이 중 하나를 제거하거나 줄이게 되면 화재를 예방하거나 소화할 수 있다.

가. 전기 화재

① 전선의 합선 또는 단락
② 정전기로부터 불꽃이 발생할 경우
③ 규격미달의 전선 또는 전기기계기구 등의 과열
④ 누전
⑤ 배선 및 전기기계기구 등의 절연불량 상태
⑥ 과전류(과부하)

나. 가스 화재

① 사용자에 의한 가스기구 직접 교체로 인한 부주의
② 실내 용기보관 잘못으로 가스누설 및 폭발
③ 점화 미확인으로 인한 가스누설로 폭발
④ 환기불량에 의한 질식
⑤ 가스누설경보기의 미설치로 인한 미인지
⑥ 가스사용 중 장시간 자리를 비웠을 경우
⑦ 성냥불로 누설 확인 중 폭발
⑧ 인화성 물질(연탄 등)을 동시 사용했을 경우

다. 유류 화재

① 석유난로에 불을 끄지 않고 기름을 넣은 경우
② 주유 중 새어나온 유류의 유증기가 공기와 혼합된 상태에서 불씨가 닿은 경우
③ 유류기구를 사용 도중 이동한 경우
④ 불을 켜놓고 장시간 자리를 비운 경우
⑤ 난로 가까이에 불에 타기 쉬운 물건을 놓았을 경우
⑥ 튀김요리 중 튀김 기름이 가열되어 넘치는 경우

라. 기타 화재

① 용접작업 간 부주의 및 안전조치 소홀
② 담배 불씨로 인한 화재
③ 화기 사용 장소 및 위험물저장소 주위의 화기 사용
④ 불장난
⑤ 정신질환 및 싸움 등에 의한 방화

2) 화재발생 원인별 예방사항

가. 전기화재 예방을 위한 조치사항

① 전기기구 구입 시 전기용품 안전인증을 확인한다.
② (전) 또는 KS 마크가 있는 제품을 사용한다.
③ 한 개의 콘센트에 여러 개의 전기기구 플러그를 꽂아 사용하지 않는다.
④ 플러그를 뺄 때에는 전선을 잡아당기지 말고 플러그 몸체를 잡고 뺀다.
⑤ 문틈으로 전기코드를 연결하여 사용하지 않는다.
⑥ 전선이 벗겨진 부분이 없는지, 연결부위의 절연테이프가 잘 감겨 있는지 확인한다.
⑦ 전기기구를 사용하지 않을 때에는 항상 플러그를 뽑아 놓는다.
⑧ 전기장판이 접혀지지 않도록 하고 장판 밑으로 코드가 지나가지 않도록 사용한다.

나. 가스화재 예방을 위한 조치사항

① 사용 전에 문을 열어 환기를 시킨 뒤 가스가 새는 곳이 없는지 냄새가 나는지 확인한다.
② LPG(액화석유가스)가스는 바닥에서부터, LNG(액화천연가스)가스는 천장부터 쌓이기 시작하는 가스의 특성을 확인한다.
③ 가스 불을 사용할 때 창문을 열어 신선한 공기로 실내 환기한다.
④ 가스레인지 주위에 가연성 물질을 가까이 두지 않는다.
⑤ 비눗물이나 세제의 거품으로 가스기구와 호스의 연결부분을 수시로 점검하여 누설여부를 확인한다.
⑥ 가스레인지는 항상 깨끗이 청소하여 버너가 막히지 않도록 한다.
⑦ 조리 중 불이 꺼지지 않았는지 수시로 확인한다.

⑧ 가스레인지 사용이 끝난 후 콕과 중간밸브를 잠근다.

다. 유류화재 예방을 위한 조치사항

① 난로 등에 기름을 넣을 때 불을 끄고 넣는다.
② 주유 중 새어나온 유류의 유증기가 공기와 적당히 혼합된 상태에서 불씨가 닿을 위험은 없는지 확인한다.
③ 난로 등 유류기구를 끄지 않고 작동 중 이동을 하지 않는다.
④ 난로 가까이에 불에 타기 쉬운 가연성 물건을 치운다.
⑤ 조리 시 조리 기름이 가열되어 넘치지 않도록 한다.
⑥ 조리 도중 자리를 비우지 않는다.
⑦ 유류는 다른 물질과 함께 저장하지 말고 환기가 잘되는 곳에 보관한다.
⑧ 석유난로, 버너 등은 사용 도중 넘어지지 않도록 고정한다.

라. 기타 화재 예방을 위한 조치사항

① 화기시설 주변에 가연물질을 방치하지 말아야 한다.
② 어린이 불장난을 철저히 단속한다.
③ 복도, 계단실 등 가연물질을 제거 또는 정리정돈한다.
④ 감시카메라 등의 설치로 사각지점 해소 및 정기적으로 순시체제를 확립한다.
⑤ 용접작업장 부근에 연소위험이 있는 위험물, 가연물을 제거한 후 용접 작업한다.
⑥ 인화성 물질이 있는 곳에서 담배를 피우지 않는다.
⑦ 담배꽁초를 아무 곳에서 함부로 버리지 않는다.

3) 화재발생 시 조치사항

가. 발화초기의 안전조치

① 화재발생 시 최초 목격자는 큰소리로 "불이야"를 외쳐 외부사람에게 알린다.
② 두꺼비집, 차단기를 내려 전기흐름을 차단한다.
③ 화재발생 상황을 판단하여 초기소화가 가능하다고 판단된 경우에는 소화에 임한다(전기, 유류 화재는 물소화가 불가능).
④ 초기소화에 실패할 경우 즉시 출입문을 닫고 밖으로 대피한다.

나. 화재 신고

① 초기소화가 불가능하다고 판단되면 즉시 전화를 이용하여 119에 신고한다.

② 신고 시 화재발생 장소, 주소, 주변 주요건축물, 화재의 종류, 상황 등을 침착하게 설명한다.

다. 피난 유도 및 대피요령

① 화재 시를 대비하여 피난계획을 세워둔다.

② 화재 시 피난 유도가 이루어질 수 있도록 피난통로 확보 및 피난 유도 훈련을 실시한다.

③ 피난 유도 시 큰소리로 외치는 것보다 가급적 불안감을 느끼지 않도록 차분하고 침착하게 행동한다.

④ 대피 시 수건 등에 물을 적셔서 입과 코를 막고 숨을 짧게 쉬며 낮은 자세로 엎드려 신속하게 외부로 대피한다.

⑤ 고층건물이나 복합, 지하상가는 안내원의 지시에 따르거나 통로의 유도등을 따라 낮은 자세로 침착하고 질서 있게 대피한다.

⑥ 건물 내 귀중품을 꺼내기 위해 절대 건물 안으로 진입해서는 안 된다.

⑦ 아래층으로 대피가 불가능할 경우는 옥상으로 대피하여 구조를 기다려야 하며 반드시 바람을 등지고 구조를 기다린다.

⑧ 건물 내 엘리베이터는 화재발생 층에서 열리거나 정전으로 멈추어 안에 갇힐 염려가 있으며, 엘리베이터 통로 자체가 굴뚝 역할을 하여 질식할 우려가 있으므로 절대 이용하지 않는다.

⑨ 대피 시 창문이나 출입문을 함부로 열지 말고 주변 상황을 침착하게 판단하여 행동한다.

⑩ 소방대가 현장에 도착 시 현재까지의 상황 정보를 알려준다.

라. 불이 난 건물 내에 갇혔을 때의 조치요령

① 무리하게 대피하지 말고 건물 내에서 안전조치 후 갇혀 있는 사실을 외부에 알린다.

② 연기가 새어 들어오면 낮은 자세로 엎드려 수건 등에 물을 적셔 입과 코를 막고 짧게 호흡을 한다.

③ 일단 실내에 고립되면 화기나 연기가 없는 창문을 통해 소리를 지르거나 물건 등

을 창밖으로 던져 갇혀 있는 사실을 외부에 알린다.
④ 화상을 입기 쉬운 얼굴이나 팔 등을 물에 적신 수건으로 감싸 화상을 예방한다.
⑤ 구조된다는 신념을 가지고 기다리며 무리한 대피는 피한다.

4) 화재진압 후 조치사항

① 화재 진화 후 전기배선 및 전열 기구에 다량의 물이 묻어 있을 수 있으므로 함부로 만지지 않도록 주의한다.
② 전기 및 가스시설의 이상 유무는 전문 인력에 의해 확인 후 조치를 취한다.
③ 전력공급의 재개는 재해현장의 조치 및 복구가 완료된 후에 실시한다.
④ 관계인 및 조사원 이외에는 건물 내 진입을 금지한다.
⑤ 건물 내 잔여 불씨로 인한 2차 화재와 건물의 붕괴 우려가 있을 경우 모든 인원은 화재현장에서 떨어진 곳으로 대피해야 한다.
⑥ 화재 진화 후 모든 활동은 소방대장의 지시에 따르며 소방 활동을 지원한다.

3.2.4 붕 괴

붕괴란 각종 시설물(건축물, 교량, 육교 등)이 시공된 후 노후, 관리소홀, 지반약화 등으로 붕괴나 파괴로 인한 인명과 재산피해가 발생한 사고를 말한다. 붕괴는 외부의 영향이 아닌 폭발, 화재 등에 따라 건물 또는 건축 구조물을 사용 할 때 내부결함이나 부식 등으로 일부 또는 전부가 무너져 내리는 것으로, 이는 안전의식 미약 및 부실시공 증가 등 붕괴 유발 인자에 기인한 것으로 분석되고 있다.

1) 붕괴 형상의 유형별 분류

가. 기댄 모습(Lean – to)

① 1개 이상의 지지벽이나 바닥 조이스트가 부서지거나 한쪽 끝에서 분리되었을 때, 한쪽 바닥의 끝을 다른 쪽 낮은 바닥 위로 쓰러지게 하면서 형성된다.
② 조난자가 있을 가능성이 있는 장소는 지지되고 있는 바닥의 아래와 가장 낮은 곳의 바닥 위이다.

나. V자 모습(V – shape)

① V자 형태는 무거운 짐이 바닥 중심 가까운 곳으로 붕괴되도록 했을 때 형성된다.

② 조난자가 있을 가능성이 있는 장소는 양쪽으로 지지되고 있는 바닥의 아래나 V자 형태의 가운데 바닥 위이다.

다. 팬케이크 모습(pancake)

① 팬케이크 모습은 내력벽이나 기둥이 완전히 부서지고 높은 바닥이 낮은 바닥 위로 단순한 방법으로 붕괴를 일으키며 무너져 내려앉았을 때 형성된다.

② 조난자가 있을 가능성이 있는 장소는 바닥의 아래 부분과 건물 내용물과 바닥 간에 박혀 있는 잔해에 의해 만들어진 공간 사이이다.

2) 붕괴원인

- 무리한 구조변경 및 무단 설계
- 부실시공 및 공사감독 소홀
- 부실건축 및 구조설계
- 정기적 안전진단을 통하여 건물의 안정성 점검 소홀
- 설계대로 시공하지 않음
- 안전 불감증에 따른 안전성 미흡
- 장시간에 걸쳐 나타나는 붕괴 조짐의 진단 미흡
- 초기사고 대처를 통한 붕괴 조짐 차단 미흡

3) 붕괴사고

가. 건물의 붕괴 징조

① 건물바닥이 갈라지거나 함몰되는 현상이 발생할 때

② 갑자기 창이나 문이 뒤틀리고 여닫기가 힘들 때

③ 철거 중인 구조물에 화재가 발생하거나 화염에 철강재가 노출될 때

④ 바닥의 기둥부위가 솟거나 중앙부위에 처짐 현상이 발생할 때

⑤ 기둥이 휘거나 대리석 등 마감재가 부분적으로 떨어져나갈 때

⑥ 기둥 주변에 거미줄형 균열이나 바닥 슬래브의 급격한 처짐 현상이 발생할 때

⑦ 계속되는 지반침하와 석축, 옹벽에 균열이나 배부름 현상이 나타날 때

⑧ 벽이나 바닥에서 얼음이 깨지는 균열한 소리가 날 때
⑨ 개 등 동물이 갑자기 크게 짖거나 평소와 달리 매우 불안해할 때

나. 건물 내부에 있을 때 주의사항

① 엘리베이터 홀, 계단실 등과 같이 하중에 견디는 힘이 강한 벽체가 있는 안전한 곳으로 임시 대피한다.
② 평소에 완강기, 밧줄(로프), 손전등 등 탈출에 필요한 물품이 있는 곳을 확인해둔다.
③ 붕괴사고 발생 시 건물 밖으로 탈출 가능한 통로를 찾고, 주위 사람들과 협력하여 완강기, 밧줄 등을 이용하여 노약자, 어린이, 여성 등을 우선으로 탈출하도록 한다.
④ 이동 중에는 장애물 등이 될 수 있으면 움직이지 않도록 하고, 불가피하게 제거할 경우에는 추가 붕괴위험에 대비한다.
⑤ 유리파편이나 낙하물에 대비하여 코트, 담요, 신문, 상자 등으로 머리와 얼굴을 보호한다.
⑥ 사랑하는 가족을 생각하면서 생존을 위해 계속 탐색하며 구조될 수 있다는 희망을 갖는다.
⑦ 구조대의 호출이 들리면 침착하게 반응하고 체력 비축을 위해 불필요하게 고함을 지르지 않는다.
⑧ 가스누출 위험이 있는 경우에는 폭발의 위험이 있으므로 성냥, 난로 등을 켜지 말아야 한다.

다. 건물 외부에 있을 때 주의사항

① 붕괴 건물 밖에 있는 주민들은 추가 붕괴, 가스폭발, 화재 등의 위험이 있으므로 피해가 없도록 사고현장에 접근하지 않는다.
② 붕괴지역 주변을 보행할 때나 이동 시에는 위험지역 또는 불안정한 물체에서 멀리 떨어지고 유리파편 등에 다치지 않도록 가방, 방석, 책 등으로 머리를 보호한다.

3.2.5 폭 발

폭발은 연소의 한 형태로 물질이 급속하게 반응하여 소리를 내며 주위로 압력전파를 일으켜 고압으로 팽창 또는 파열현상을 일으키는 것으로, 물리적 또는 화학적 에너지가 기계적 에너지로 빠르게 변화하는 현상이다.

폭발현상이 항상 연소를 수반하는 것이 아니며 연소현상이 항상 폭발적으로 일어나는 것도 아니다. 폭발 시 발생하는 폭발음은 공기 중을 전파하는 압력 파에 의한 것으로 건축물이나 구조물 파괴는 폭발 자체의 내부압력 상승에 의한 것이다.

1) 폭발의 유형별 분류

가. 폭발형태에 따른 분류

① 물리적 폭발 : 진공용기의 압괴[24], 과열액체의 급격한 비등에 의한 증기폭발, 용기의 가압과 과 충전 등에 의한 용기파열 등을 들 수 있으며 물질의 용해열, 수화열도 물리적 폭발요인이 된다.

② 화학적 폭발 : 화학반응에 의하여 단시간에 급격한 압력상승을 수반할 때 폭발이이루어지고, 이러한 화학반응으로는 산화, 분해, 중합반응 등이 있으며 폭발 시 많은 양의 열이 발생한다.

나. 폭발물질에 따른 분류

① 가스폭발 : 공기와의 혼합 상태에서 점화원으로 인한 산화반응으로 용기 등 밀폐공간에서는 분해, 중합반응이다.

② 미스트폭발 : 가연성 액체가 안개상태로 공기 중에 누출되어 가스, 공기와의 부유상태 혼합물을 형성하여 폭발한다.

③ 분진폭발 : 공기 중 부유분진이 폭발하한계[25] 이상의 농도로 유지될 때 점화원에 의해 폭발한다.

④ 고체폭발 : 위험물질 자체에 갖고 있는 산소와 산화반응으로 폭발한다.

용어정리

- 압괴 : 원통형상의 것이 외부로부터 압축력을 받아 그 압력에 저항할 수 없기 때문에 찌부러지는 것을 말한다.
- 폭발하한계 : 폭발이 일어나는 데 필요한 농도·압력 등의 한계로 공기 등의 지연성 기체 중의 가연성 기체의 농도에 대해서 연소하는데 필요한 최소농도를 말하며, 폭발하한계 부근에서는 공기는 충분하지만 가연성가스의 양이 적어 화염온도가 낮아 압력의 상승은 비교적 약하다.
- 용융금속 : 금속을 용융(융해) 상태에서 응고시켜서 금속의 가는 선을 얻는 방법이다.

⑤ 증기폭발 : 물리적 폭발로서 급속한 기화현상에 의한 체적 팽창으로 물 등에 고온의 용융금속[26)] 등이 대량 유입될 때 발생한다.

⑥ 가연성 가스나 인화성 물질의 증기가 폭발범위 내의 어떤 농도에서 반응속도가 급격히 증대하여 음속을 초과하지 않는 경우를 폭연이라 하며 음속을 초과하는 경우를 폭굉이라고 한다.

다. 폭발원인

① 가스기기 점검 시 배관 누설로 인해 밀폐된 공간에 대량의 가스가 누설되고 점화된 경우

② 폭발성 물질이 있는 곳에 점화가 될 경우

③ 안전 불감증에 따른 안전수칙을 준수하지 않은 경우

④ 중요 기기의 정기적 안전점검을 준수하지 않은 경우

⑤ 위험작업에 대한 관리감독 및 안전의식이 미흡한 경우

⑥ 안전작업 허가절차를 준수하지 않은 경우

⑦ 반응물의 열분해 온도 및 반응 메커니즘을 파악하지 않은 경우

⑧ 위험성 평가를 실시하지 않은 경우

⑨ 밀폐공간 출입 허가절차를 준수하지 않은 경우

⑩ 산고 및 유해가스농도를 측정하지 않은 경우

2) 폭발사고

가. 폭발발생 예방사항

① 방폭형[27)] 전기기구 및 방폭형 작업도구 사용

② 밀폐공간 출입허가서 발급

③ 가연성 가스농도 측정

용어정리

• 방폭형 : 기계 따위가 폭발에 견딜 수 있게 만들어져 있는 유형.

④ 충분한 전기기계기구 사용 및 설치
⑤ 안전운전 절차 준수
⑥ 안전작업 허가절차 준수 및 운전가 교육 강화
⑦ 탱크로리 청소작업 시 내부를 세정하고 불활성 가스로 치환
⑧ 인화성 물질의 체류 가능성이 있는 장소에는 방폭형 전기기계 및 기구를 사용

나. 폭발발생 시 조치사항

① 건물 안에서는 2차 폭발에 대비하여 신속히 밖으로 대피한다.
② 폭발사고 시에는 굉음으로 청각장애를 초래할 수 있으므로 귀를 막고 대피한다.
③ 폭발사고 시에는 멀리 떨어진 장소, 차폐벽이 있는 장소 등 안전한 곳으로 신속히 대피한다.
④ 연기, 가스에 의한 질식 등에 대비하여 바람이 불어오는 방향으로 날아오는 파편이나 낙하물에 주의하면서 대피한다.
⑤ 부상자는 즉시 안전한 장소로 먼저 옮긴 후 응급조치를 실시한다.
⑥ 추가 폭발에 대비하여 전기스위치와 화기사용 등을 금하고 가스 중간밸브 등을 잠근 후 창문을 열어 자연환기를 실시한다.

3.2.6 교통사고

교통사고는 자동차, 기차, 전차, 비행기, 선박 등 교통기관에 의한 인명 및 재산상의 모든 사고를 말하는데, 최근에는 도로상의 자동차사고를 의미할 정도로 자동차 사고가 많다.

도로 교통안전은 국민의 행복과 국가 경쟁력 평가의 중요한 지수가 되고 있으며, 국가경쟁력 강화와 국민의 안녕을 위해 도로에서의 교통안전에 막대한 관심과 투자를 아끼지 않고 있다. 우리 정부는 1983년도부터 교통안전대책을 체계적으로 수립·시행하고 있으며 점차 교통사고 발생 건수가 감소하는 추세를 보이고 있다. 이는 안전띠 착용의 생활화, 양질의 운전자를 위한 교통안전 교육 강화, 운전 중 휴대전화, DMB(Digital Multimedia Broad - casting) 사용 금지, 국민들의 교통질서 의식 향상 등이다.

1) 교통사고의 유형별 분류

교통사고는 교통기관의 범위와 사고발생 장소에 따라 최광의, 광의, 협의, 최협의 등으로

구분할 수 있다.

가. 최광의 교통사고

① 차, 궤도차, 열차, 항공기, 선박 등 교통기관의 교통으로 인하여 다른 교통기관, 사람 또는 물건에 충돌·접촉하거나 위험을 야기하여 사람을 사상하거나 물건을 손괴한 경우

② 이 경우 육상·해상·항공교통사고를 의미하여 민사·형사·행정 책임의 기초가 된다.

나. 광의 교통사고

① 차, 궤도차의 교통으로 인하여 사람을 사상하거나 물건을 손괴한 경우로 육상교통사고를 의미한다.

② 운전자, 조종사 또는 그 보조자 등이 고의 또는 과실에 의하여 다른 교통기관, 사람 또는 물건에 접촉·충돌하거나 위험을 야기하여 사람을 사상하거나 물건을 손괴하여 피해결과가 발생한 경우

다. 협의 교통사고

① 차의 교통으로 인하여 사람을 사상하거나 물건을 손괴한 것

② 교통사고처리특례법 제2조 제2항에서 규정하고 있는 개념을 의미하며 장소적 범위는 도로 교통법상 도로를 불문한다.

③ 도로 교통법상 형사·행정 책임의 기초가 된다.

라. 최협의 교통사고

① 도로에서 차의 교통으로 인하여 사람을 사상하거나 물건을 손괴한 것

② 도로교통법 제5조 제1항에서 규정하고 있는 개념으로 장소적 범위는 도로교통법상 도로에 한정된다.

2) 도로(道路)

도로의 재난은 여러 요인들에 의해 버스, 택시 및 기타 교통수단들이 극도의 혼란과 마비를 초래하는 것을 말한다.

가. 도로의 재난 발생원인

① 사람에 의한 요인 : 음주운전, 졸음 및 피로운전, 전방주시 태만, 안전거리 미확보, 약물복용이나 기존 질환의 발생으로 인한 사고

② 보호 장구 미착용 요인 : 안전벨트, 에어백, 어린이 안전의자, 오토바이 운전 시 헬멧 미착용

③ 환경적 요인 : 날씨(안개, 비, 눈 등), 도로 노면상태, 결빙상태 등

나. 도로의 재난 예방을 위한 조치사항

① 기본적인 대책

- 도로재난에 대비한 자원동원계획 수립하기
- 도로재난에 대비한 재난관리체계를 구축하고 전산망을 통한 유기적 정보교류체계 확립하기
- 중앙과 지자체 간의 원활한 의사소통을 확립하고 지역실정에 맞는 도로재난을 수립하여 수시 및 특별점검 실시하기
- 현장질서 유지를 위한 인원배치 또는 신호수와 차량통제, 안내간판 및 휀스, 전광등 차량 유도설치 실시하기
- 상시 응급구조 및 구난체계를 구축하고 시설개선이나 안전시설 설치하기
- 신속한 수습과 복구를 위해 복구방법, 인원, 소요자재, 복구 장비를 구축하고 응급조치 시행하기
- 재난의 대응에 맞는 법 정비하기
- 교통안전시민단체(녹색어머니회, 모범운전자회 등)를 활성화하여 민·관 협력체계 구축하기

② 보행자 안전

- 비 오는 날은 밝은 색 옷을 착용하기
- 눈이 올 때는 난간을 잡고 걷고, 난간이 없으면 미끄러지지 않은 곳으로 천천히 보행하기
- 차량을 마주 보며 걷기
- 녹색 신호가 깜박이면 건너지 말고 다음 신호를 기다리기
- 가로등이 있는 밝은 곳으로 걷기

- 밤에는 안전모자나 반사경(형광용 장치 부착) 착용하기
- 우산을 들고 보행 시 전방을 확인하고 걷기
- 교통신호 준수하기

③ 운전자 및 탑승자 안전

- 대중교통 이용 시 반드시 손잡이 잡기
- 자동차 앞좌석 뒷좌석 모두 안전띠 착용하기
- 졸음운전은 절대 하지 않기
- 잠깐이라도 아이 혼자 두고 자동차에서 내리지 않기
- 차량을 불법으로 개조하지 않기
- 시야를 가리는 버스나 화물 등 큰 차량에 주의하기
- 음주운전을 절대하지 않기
- 교통법규 준수하기
- 앞 차와의 안전거리 확보하기
- 도로 장애물 및 앞차에서 떨어지는 물건 주의하기
- 운전 중 휴대전화 사용하지 않기

④ 어린이 안전

- 어린이는 카시트에 앉히기
- 자동차 안에 어린이 혼자 두기 않기
- 아이들은 뒷좌석에 태우기
- 아이 연령에 맞는 카시트 사용하기
- 보도 안쪽으로 걷기
- 길을 걸어갈 때 길에서 장난하지 않기
- 걸어갈 때 차도 옆으로 다가가지 않기
- 걸어갈 때 뛰어가거나 갑자기 방향 바꾸지 않기
- 걸어갈 때 정지한 차량 사이로 다니지 않기
- 걸어갈 때 손에 물건 들고 다니지 않기

다. 도로재난관리 대책 - 예방 대책

① 도로재난을 사전에 예방하기 위한 점검 및 관리

- 위험지역을 주기적으로 시간을 정해 점검
- 취약 시설물에 대한 철저한 관리와 점검

② 안전시설물 설치와 개선

- 노후위험시설에 대한 성능보강과 개선
- 낙석위험지구와 산사태 위험지역 항시 점검 및 보강
- 도로안전진단을 수시로 진행

③ 응급상황에 대비한 구조 팀과 구난체계를 상시 대비

- 인명사고 발생 시 인명구조, 사상자후송, 영현[28]운반 및 처리 등에 관한 책임자를 지정, 유사시에 대비토록 조치
- 인명사고 발생 시 긴밀한 협조체계를 갖추기 위해 인근소방서, 응급구조대, 군부대, 경찰서, 민간구조대 등과 네트워크를 구축
- 사고발생 시 신속한 환자 후송과 치료·보상체계 등을 구축하기 위하여 관할구역의 병원을 지정

④ 도로교통 안전문화 운동추진

- 졸음운전의 위험성을 지속적으로 홍보
- 고속도로에서 운전 중 쉬어갈 수 있는 장소 정보를 제공
- 안전의식의 제고를 위한 캠페인이나 세미나 개최
- 교통안전과 기초질서 준수를 위한 홍보

라. 도로재난관리 대책 – 대비 대책

① 자원동원 계획

- 사고 시 긴급복구에 필요한 인력이나 자재 및 장비 동원계획을 수립
- 자체인력·장비 기타 재원이 부족 시 인근 사무소나 관련지자체와 상호지원체계를 구축

용어정리

- 영현(英顯) : 죽음 사람의 영혼을 높여 부르는 말이다. 같은 말은 영령(英靈)이다.

② 자체계적인 도로재난 정보 관리

- 고속도로 종합재난대책 구축
- 콜센터를 통한 고속도로 재난상황 신고접수
- 시설물 점검, 관리감독 강화 및 비상소집 연락체계 개선
- CCTV 및 VMS[29)] 등 정보수집과 정보전달 설비 추가설치
- 우회도로 ITS 확대 구축
- 사면붕괴 예보나 경보 시스템 구축과 운영
- 개인휴대 통신시스템을 이용한 경보전달체계 구축
- 재난관리시스템을 개발 및 운영을 통한 재난정보 통합 관리

③ 재난관리체계의 전산화

- CCTV 설치를 확대하여 모니터링 범위 확대
- 도로재난 정보 DB
- 고속도로 종합관제시스템 구축을 통한 재난관리 시스템화
- TRS 전국망을 통한 무선통신에 의한 재난상황 지휘체계 구축

④ 도로재난 대응 훈련

- 도로재난 유형별 대응 대책을 익힐 수 있도록 훈련 실시
- 재난관리 자체조직 및 유관기관과의 합동 훈련
- 도로재난대비 도상 또는 실제 훈련 연 1회 실시

마. 교통사고 발생 시 조치사항

① 교통사고 발생

- 교통사고란 '차'의 교통으로 인해 사람을 사상하거나 물건을 손괴하는 것이다.
- 판례는 교통사고를 「도로교통법」에서 정하는 도로에서의 교통사고를 제한해야

용어정리

- VMS(Voice Mailing System) : 부서별, 개인별, 기능별로 사서함을 할당하여 메시지를 녹음하거나 청취 및 통보할 수 있는 기능을 갖고 있으며 전하고자 하는 수화자가 통화중이나 부재중일 경우 간접으로 통화가 이뤄지도록 가능하게 해주는 시스템이다.

할 근거가 없다고 판시하고 있어 "차의 교통에 의한 사고는 그 장소를 불문하고 「교통사고처리 특례법」의 적용을 받는다.

② 피해자 구호조치

- 사고 즉시 정차한다.
- 피해자의 부상 여부를 확인한다.
- 피해자가 부상당한 경우 병원에 가서 진찰을 받고 이상 유무를 확인한다.
- 피해자가 병원에 가기를 거부하는 경우, 일단 보험사에 접수한다.
- 피해자가 괜찮다거나 병원에 가지 않겠다고 하는 경우라도 연락처와 이름 등을 반드시 메모해두고 상대방에게도 본인의 연락처, 차량번호, 이름 등을 알려주어야 한다.

③ 추가 교통사고 방지를 위한 조치

- 사고 직후 후속차량에 의해 추가 교통사고가 발생하지 않도록 조치해야 한다.
- 특히 고속도로나 자동차 전용도로 등 추가사고가 대형사고로 이어질 위험성이 있는 곳에서는 후속조치가 매우 중요하다.
- 먼저 차량에 비상등을 켜고 차량 내에 비치된 삼각대를 주간에는 차량 후방 100m 지점, 야간에는 200m 지점에 두어야 한다.

④ 사고현장 보존 및 목격자 진술서 확보

- 스프레이 표시, 현장 사진촬영, 목격자(증인) 및 증거물의 확보 등의 조치를 취해야 한다.
- 특히 신호위반, 횡단보도사고 등은 목격자의 진술에 의해 사고내용이 뒤바뀌는 경우가 많아 목격자 확보가 가장 중요하다.
- 사고 당시 과실을 인정하는 가해자라도 추후 진술을 번복하거나 유리하게 진술하는 경우가 많아 주장을 번복하지 못하도록 상대방의 확인서를 받아두어야 한다.
- 보험가입 여부를 확인하고 메모해둔다.

3) 철도(鐵道)와 지하철

철도재난은 열차 탈선, 테러에 의한 폭파, 기관고장으로 인한 정지, 다른 물체와의 충돌, 낙석이나 산사태 등으로 인한 피해, 철도 함몰 등을 들 수 있다.

가. 예방 대책

① 철도사고 관리의 전문성과 과학적 관리체계를 확립한다.
② 체계적인 안전교육으로 종사자의 전문성을 확보한다.
③ 안전시설 및 개선·보완, 사고 요인을 사전 제거한다.
④ CCTV 안전감지 장치를 설치한다.
⑤ 열차운행선 공사 시 안전대책을 수립 및 시행한다.
⑥ 교량·터널 등 철도운행관련 취약시설을 집중 운행한다.
⑦ 철도차량의 안전성 제고를 위해 성능개선과 유지보수를 과학화한다.
⑧ 철도위험물 안전 운송체계를 확립한다.
⑨ 폭발물이나 테러 등 안전정보를 입수 및 대처한다.
⑩ 해외 우수사례를 벤치마킹하여 대응기법을 분석하거나 활용한다.

나. 대비 대책

① 긴 터널이나 길 교량에 대한 승객대피소를 확보 및 관리한다.
② 긴급구조·구난차량 및 장비 진입로를 확보하고 신속 출동체제를 구축한다.
③ 비상복구 장비나 인력 배치 및 협력체계를 구축한다.
④ 철도 대형사고 예방 감시·신고·전파체계구축 등 비상 연락체계를 구축하고 유관기관과 협력체계를 구축한다.
⑤ 사고유형별 대처방안 교육과 모의훈련, 대응방안에 대해 홍보한다.

다. 대응 대책

① 철도사고에 대한 즉각 보고체계를 가동하고 조사보고 한다(사고발생 시 1시간 이내 국토교통부 및 항공·철도사고조사위원회에 구두로 보고, 사고발생 보고는 2일 이내, 사고 보고서는 15일 이내에 제출).
② 사고형태, 인명 피해 규모 등 사고현장 상황을 파악하여, 신속히 보고 및 전파한다.
③ 기관별 대응관리체계를 가동하고 대응하며 유관기관과 협력한다.
④ 사고열차 및 전후방 관계열차 비상정차, 2차사고 방지한다(실패사례 - 대구지하철 사고).
⑤ 초동조사상자 응급조치 등 긴급 구조 활동을 한다(의료구호소 설치, 열차 화재발생 시 자체 진압 및 긴급구조기관 출동).

⑥ 재난 안전대책본부 및 중앙사고수습지원본부를 설치하고 중앙안전관리위원회를 소집하여 기관별 임무를 협의 조정한다.

⑦ 국토교통부장관이 중앙 재난 안전대책본부장과 협의하여 담화문을 발표한다.

⑧ 비상홍보센터를 필요시에 설치하여 운영하고 사고 상황 등에 대한 정부 대응활동 브리핑 및 대국민 홍보활동을 전개한다.

라. 대응 활동

① 모든 전력을 차단한다.

② 주요참관기관들은 현장지휘소 또는 통제소를 소방의 현장지휘소 인근에 설치한다.

③ 각종 구조 및 지압장비를 구비한다.

④ 구급차는 병원이송 전 또는 중간에 이동할 병원에 부상자가 이송될 것임을 통보한다.

⑤ 근거리 병원에는 긴급환자 또는 응급환자를 배치한다.

⑥ 원거리 병원에는 경상환자 또는 귀가환자를 배치한다.

⑦ 화물열차사고의 경우 위험물 적재여부 · 폭발과 오염에 의한 안전사고 · 환경오염 등의 상황을 통제한다.

마. 복구 대책

① 예비군 · 민방위 · 군 및 사회단체에 의한 복구활동을 통합지원 한다.

② 각급 기관과 긴급 대응반과 연계하여 효과적인 수습을 할 수 있도록 한다.

③ 사고의 수습 · 복구활동에 대한 기록관리 및 경과를 종합보고 한다.

④ 사고원인분석 · 평가 및 문제점 도출 등 재발방지대책을 수립한다.

⑤ 사상자 처리 및 장례 등에 대한 지원 대책을 강구한다.

⑥ 합동분향소를 설치하고 합동 · 개별 장례여부와 유가족에게 편의를 제공할 수 있도록 한다.

⑦ 피해자 정부 지원과 철도나 지하철 운영 및 안전관리에 대한 개선 대책을 홍보한다.

4) 항공기

항공기 사고의 대부분은 추락이다. 추락하는 원인으로는 기체결함, 운전미숙, 벼락, 테러에 의한 폭발 등이 있다.

가. 예방 대책

① 분야별, 계절별로 안전감독 활동을 추진한다.

② 민간항공기 취항 군비행장(9개소)에 대해 년 1회 또는 필요시 군·관 합동 점검을 한다.

③ 국토교통부와 항공사 간의 안전증진 방안을 협의하고, 문제점을 개선한다.

④ 국제표준 이행여부 확인을 위한 지속적인 모니터링과 국제항공안전기분의 국내규정을 반영한다.

⑤ 항공기 운항·관제정보, 항공사 감독정보 등 각종 정보를 체계적으로 관리·분석할 수 있도록 통합정보시스템을 운영한다.

⑥ 성능 기반형 신항법체계를 구축한다.

⑦ 항공이동통신, 공항레이더, 착륙시설, 공항접근시설을 현대화한다.

⑧ 공항시설을 국제기준에 적합하도록 하여 안전위험요소를 최소화한다.

⑨ 항공안전·인력양성·환경보호 등 안전부문에 대한 세부계획을 추진한다.

나. 대비 대책

① 공항별 비상계획 수립하고 자체 소방능력모의훈련을 통해 문제점 수정할 수 있도록 한다.

② 실제 상황과 유사한 상황 설정 및 항공기 사고관련 모든 기관이 참여하도록 한다.

③ 2년에 1회 종합훈련과 1년에 1회 부분훈련을 통해 문제점을 보완한다.

④ 공항 내부도면 및 가상시나리오에 의한 관련 기관별 임무 설명 및 확인을 위한 매년 6개월마다 도상훈련[30] 실시한다(처리절차, 장비현황. 비상연락처, 무선통신 주파수 및 담당자 확인 등).

다. 비상대응 활동

① 정상적인 통신체계의 유지 : 모든 재난 통제작전에 있어서 필수적인 요소이다.

② 관제탑이 제공하는 정보의 유형 : 항공기의 기종, 현 위치, 탑승객 수, 착륙을 시도할 활주로 위치, 정확한 도착시간, 풍향, 비상상황에 대한 개요

용어정리

- 도상훈련(圖上訓練) : 지도 위에 시설을 표시한 다음 도구나 부호를 이용하여 실제 작전처럼 옮기며 하는 훈련이다.

라. 복구 대책

① 항공기 사고가 발생한 때에 행하는 화재진압, 인명구조 등 긴급구조, 응급조치, 항공기 잔해 및 위험물의 처리, 피해시설의 복구, 사고 희생자 유가족의 지원 등 사고를 신속하게 수습한다.

② 중앙상고 수습본부장(국토교통부장 또는 차관)은 수습 및 복구체계를 총괄할 수 있도록 한다.

③ 중앙사고수습본부장(항공정책실장)은 상황반, 홍보반, 관리반, 조사반, 지원반을 관할한다.

④ 조치사항은 다음의 표와 같다.

표 3.4 항공기 조치사항

조치사항	세부내용	비 고
상황 접수	· 접수부서 및 연락망 · 상황관리대장 작성	· 주간 : 항행표준관리센터 · 야간 : 항공안전본부 당직실
상황 보고 및 조치	· 보고서 작성 내용 · 보고의 종류 · 근무시간 중 상황보고 · 근무시간 외 상황보고	· 필요시 선 구두 보고
초동조치	· 비상소집 · 사고내용 보고 · 사고조사 요청 및 현장출동	· 현황 파악 · 사고조사 실시
긴급구조 및 현장 출동	· 공항 내에서의 사고 · 공항 외 장소에서의 사고 · 현장 지휘소 운영 · 지방항공청 및 공사의 임무	· 공항별 공항운영규정 (비상계획)에 의한 구조 활동 · 소방방재청 협조 · 해양경찰청 협조
사고수습본부 설치 운영	· 임무 및 설치시기 · 상황실 편성 · 상황실 운영	· 근무 편성 · 실무반 운영
사상자(부상자)조치 및 유가족 처리 등	· 긴급 이송 조치 · 승무원 등 탑승자 가족 연락 · 유가족 처리 및 담당자 지정	· 사상자 및 부상자 이송 · 부상자 치료
사고 관련 병원 지정 및 비상연락망 구성	· 병원 지정 · 비상연락망 구성	· 연락망 구성 등
중간 상황 보고 및 언론 브리핑	· 중간 상황보고 · 언론브리핑	· 보도자료 명시
사고수습 및 대책 마련	· 사고수습	· 재발생 방지대책

5) 해상교통

해상(해양)사고는 선박화재, 뒤집힘, 침몰, 폭발이 주된 사고 유형이다.

가. 해양사고

국제적으로 표준화된 해양사고에 대한 정의는 다음과 같다.

① 선박의 운용과 관련하여 사람이 사망하거나 중상을 입은 경우
② 선박의 운용과 관련하여 사람이 행방불명된 경우
③ 선박이 멸실, 추정 멸실되거나 구조를 포기한 경우
④ 선박에 손상이 발생한 경우
⑤ 선박이 좌초, 운항불능되거나 충돌한 경우
⑥ 선박의 운용과 관련하여 시설에 손상이 발생한 경우
⑦ 선박의 운용과 관련하여 환경 피해가 발생한 경우

나. 예방 대책

① 해양사고 예방을 위한 안전의식 고취방안을 마련한다.
② 북서 계절풍 등 기상악화로 인한 소형선박의 안전을 대책한다.
③ 겨울철 화기 사용 증가에 따른 선박화재 예방을 대책한다.
④ 사고수습보다는 사전 예방이 우선이며, 각종 시설물 및 선박에 대한 철저한 사전 점검이 중요하다.

다. 대비 대책 - 종합상황실 업무

① 해양수산 관련사건 · 사고 등에 대한 상황종합관리 · 보고 및 담당부서 · 외부 기관을 전파한다.
② 지진 · 해일 등 자연재난 발생 · 예보 시 관련정보 전파 및 선박 안전을 확인해야 한다.
③ 해적위험(예비)해역 통항선박 안전운항 지원 및 최신 해적정보를 제공한다.
④ 아덴만 통항선박에 대한 청해부대 함정호송을 지원한다.
⑤ 해양안전종합정보시스템(GICOMS) 운용한다.
⑥ 선박모니터링시스템(VMS) · 선박보안경보시스템(SSAS) · 전박장 거리위치추적시스템(LRIT)을 운용한다.

⑦ 연근해 출어선의 조업현황 파악, 기상특보 발효 시 출어선 안전 대피 권고 및 어선 나포 시 신속한 석방조치를 지원한다.
⑧ 어업지도선 일일배치 및 주요 활동상황을 파악한다.
⑨ 북한 도발·위협 등 우발상태 발생 시 선박 안전대피 권고 및 피해유무를 파악한다.
⑩ 해양수산 분야 재난관련 특별대책반 설치 시 상황을 지원한다.
⑪ 유관기관과의 비상연락체계를 유지한다.

라. 대응과 복구

① 사고 발생 시에는 가장 가까운 경비함정 및 항공기를 우선 투입, 신속하고 입체적인 수색구조 활동을 전개한다.
② 해양사고 발생 시 기관·단체별 협조체계를 구체적으로 전개한다.
③ 재난·사고 등에 대한 상황종합관리, 어선안전조업지도 및 해양 안전종합정보시스템(GICOMS) 운영 등을 위하여 종합상황실을 설치·운영한다.
④ 태풍 발생 시에는 조업선 및 항행선박 대상 태풍 정보를 지속적으로 홍보하고, 기상청 특보 발효 상황에 따라 단계적으로 선박출항을 통제한다.
⑤ 태풍이나 풍랑 시 여객선, 유·도선, 소형어선 등을 안전지역으로 대피시킨다.

3.2.7 정전(대정전, 순환정전)

정전이란 폭풍, 홍수, 산사태, 지진 등과 그 외에 예상치 못한 사고로 인해 통상적인 전기 공급이 잠시 중단되는 경우를 말한다. 대규모 정전이 발생할 경우 장기간 지속될 수 있으므로 평상시에 정전을 미리 대비하기 위해 손전등 및 그 외의 응급품을 준비해야 한다.

1) 정전 – 대정전 & 순환정전

- 블랙아웃은 전기가 부족해 갑자기 모든 전력 시스템이 정지한 상태 또는 그러한 현상을 말한다.
- 블랙아웃(대규모 정전) 사태를 가리키는 용어로, 보통 특정 지역이 모두 정전된 경우를 일컫는다.
- 전국 단위 블랙아웃을 막기 위해 지역별 전력을 돌아가며 차단시키는 것은 롤링 블랙아웃(순환정전)이라고 부른다.

2) 정전 원인

- 풍수해, 낙뢰 등의 자연재난에 의한 전력설비의 결함이 원인일 수 있다.
- 이상고온 등에 따른 갑작스런 냉·난방 전력 수요가 증가하여 발생할 수 있다.
- 대정전의 원인은 발전소 1~2곳이 갑작스럽게 멈추거나, 전력거래소에서 실수로 전력 수요를 잘못 계산하거나, 천재지변으로 고압전선이 차단되는 경우이다.
- 대정전이 생기는 가장 근원적이 이유는 '전기가 부족한 상황'이라고 할 수 있다.

3) 정전의 영향

가. 가정과 같은 주택단지 내

① 전력차단으로 냉장 및 냉동저장 음식물의 변질이 초래된다.

② 엘리베이터 중단으로 인한 사고 인명피해를 유발한다.

나. 도로

① 신호등 정지에 의한 교통체계 마비로 교통사고 위험이 증가한다.

② 지하철과 통근열차 운행이 중단된다.

다. 산업단지 내

① 공장 설비 작동 마비로 생산 작업 중단, 기계적 결함 등의 피해가 발생한다.

② 은행 영업과 같은 전산시스템 중단과 같이 중요 국가기반시설 기능이 마비된다.

4) 예방 대책

- 전력 수요가 급격히 증가하는 시간(14:00~17:00)에는 에어컨보다는 선풍기를 사용한다.
- 무분별한 전기기기의 사용은 과부하로 인한 정전발생의 원인이 되므로 별도의 전용회로 및 콘센트를 사용한다.
- 사용하지 않는 전기기기는 플러그 뽑아두고 전등을 소등한다.
- 손전등, 비상식음료, 휴대용 라디오 등을 준비한다.
- 직장 내 중요 작업 담당 컴퓨터 등 정밀기기는 무정전전원공급장치(UPS)를 설치하여 피해를 예방한다.
- 경보기 등 정전을 감지할 수 있는 시설을 설치한다.

5) 대응활동

가. 일반가정

① 모든 전기기기의 플러그를 뽑고 스위치를 끈다.

② 옥내 배전반 누전차단기 또는 안전기(두꺼비집) 이상 유무를 확인한다.

③ 옥내 전기설비 이상 시 전문전기공사 업체에 수리를 의뢰한다.

④ 옥내 전기설비 이상이 없을 때에는 한전에 연락한다(한국전력, 국번 없이 123).

⑤ 아파트의 경우 단지 내 전기 선로, 설비의 고장일 수 있으므로 관리사무소에 연락한다.

나. 대규모 정전발생 시

① 양초나 손전등을 켜고 재난상황 방송을 경청한다(휴대용 라디오 등).

② 한전 전기 선로의 결함일 경우 신속히 복구되나 재해유형에 따라 장기간 복구 작업이 진행될 수 있으므로 침착하게 기다린다.

다. 엘리베이터 내

① 엘리베이터 내의 조명이 꺼지면 당황하지 말고 비상전원의 불빛을 이용해 인터폰을 찾아 연락하거나 핸드폰을 이용해 119에 구조요청을 한다.

② 통화가 불가능한 경우 승강기 문을 두드려 상황을 외부에 알리고 임의로 탈출하지 말고 기다린다.

라. 급식시설 내

① 비상전력 가동방안을 마련한다(발전기 임대 등).

② 장시간 정전 지속 시 음식 저장 공간 마련 및 식품재료 사용을 제한한다.

③ 추가적으로 정전 복구가 지연될 시 급식 대처방안을 마련한다(도시락 및 인근 식당 이용).

6) 복구 대책

- 전력 복구 후 전력 사용 시 가전제품 하나하나씩 플러그를 꽂아 과전류를 방지한다. 시간 간격을 조금씩 두고 실시하는 것이 과전류에 의한 손상을 방지할 수 있다.
- 저장식품의 상태를 파악해 고기 등의 변색, 악취 시 바로 버린다.

• 전력공급에 이상이 있을 시 전기 사용을 금지하고 한전에 연락한다.

3.2.8 통 신

1) 재난통신망의 중요성

• 긴박한 재난 현장에서 효과적인 대응을 해 나가기 위해서는 신뢰성과 생존성이 높은 재난 통신망이 요구되고 있다.
• 무선통신망 인프라가 없는 재난현장에서는 협력적 거버넌스를 구축하기가 힘들어져서 때론 생존가능성을 높이기가 어렵다.
• 따라서 재난의 대응을 높이고 신속한 처리하기 위해서는 통합적인 재난안전 무선통신망 구축이 필요하다.

2) 국내 재난안전 무선통신망 활용

• 재난발생 시 참여하는 재난관리책임기관, 긴급구조기관, 긴급구조지원기관의 현장 담당자들은 각 기관이 보유하고 있는 무선장비를 이용하여 현장대응에 활용하여 왔다.
• 재난관련 기관이 이용하는 무선통신 방식은 UHF, VHF, 아날로그 TRS, 디지털 TRS와 같이 다양하다.
• 같은 종류의 무선통신망을 사용한다 해도 주파수 대역이 달라 기관 직·간접적인 무선통신이 어려운 상황일 수 있다.
• 이에 대처하기 위해 업무범위가 다르고 지역적으로 분산되어 있는 재난관련기관들이 현장에서 신속·정확한 의사결정 및 일사불란한 구조작업이 이루어질 수 있도록 통합된 재난안전 무선통신망 구축이 필요하지만 표류 중이다.

3) 무선통신망의 이해

가. VHF(very high frequency : 초단파)

파장이 10m에서 1m까지 전파되고 주파수 30~300MHz로 직진하므로 단파처럼 지구를 둘러싼 전리층에서 반사되지 않고 통과해 버리므로 초단파를 이용한 통신은 대상물이 일직선 범위 내로 한정된다.

파장이 짧기 때문에 단파대 안테나에 비하여 취급이 편리하고 단파대와 극초단파대의 중간에 있기 때문에 양자의 특징을 이용할 수 있어서 가장 많은 안테나가 있다. 초단파대에서는 FM통신방식이나 TV방송처럼 주파수 대역이 넓은 통신도 사용되므로 광대역 임피던스 안테나도 중요하다.

나. UHF(ultrahigh frequency : 극초단파)

전자기 스펙트럼상의 일정 몫에 대한 관용명으로 파장 0.1~1m, 주파수 300~3,000MHz의 전자기파에 대한 총칭이다. UHF파는 채널 14~83 사이의 신호를 전송하며, 상층대기의 전리층에 의한 반사가 거의 일어나지 않으므로 장파와는 달리 지구 곡면을 따라 거의 굴절되지 않으며, 높은 빌딩이나 산 등에 의해 방해받기 쉽다. 그러나 UHF파는 고지향성의 좁은 빔으로 집중될 수 있는 특성이 있어 고정밀도를 요구하는 시준작업에 적합하다. 텔레비전 방송에 사용되는 것 외에도 UHF파는 선박이나 항공기 등의 항해 또는 항공 시스템 및 특정 종류의 치안 통신에도 이용되고 있다. 우주선과 지상조정국 사이의 무선통신에 쓰이기도 한다.

다. TRS(trunked radio system : 아날로그 주파수공용통신)

무선통신을 하는 사람이 특정한 주파수를 전용하던 종래의 무선통신방식과는 달리 중계소에 할당된 소수의 주파수를 다수의 이용자가 공동으로 사용하는 방식을 말한다. 여러 개의 전파채널을 묶어 다수의 사람들이 동시에 쓰게 하는 것이 TRS이다. TRS는 WSCP 시스템을 제어하는 제어국과 안테나가 있는 기지국으로 구성된다.

라. 디지털 TRS

디지털 TRS(trunked radio system)란 한정된 주파수 채널을 효율적으로 이용하기 위해 다수의 사용자가 공동으로 채널을 활용할 수 있게 한 무선 이동통신을 말한다. 단일 채널의 업무용 무전기와는 달리 여러 개의 채널 중 사용하지 않는 빈 채널을 다수의 사용자가 공유하기 때문에 매우 효율적인 시스템이다. 디지털 TRS는 모안성과 통화품질이 우수하고, 음성과 데이터 통신을 하나의 시스템으로 통합함으로써 특히 업무용으로 적합하다.

마. TETRA(TErrestrial Trunked RAdio)

테트라는 기존 아날로그형 무선 송수신의 한계를 극복하기 위해 유럽통신표준연구소(ETSI)가 공공안전을 목적으로 개방형 프로토콜을 채택한 디지털 통신방식이다. 테트라는 주파수공용통신으로 불리는 TRS의 하나로 볼 수 있다. 테트라는 비개방형 독자방식인 아이덴에 비해 망 사이의 연동 및 기술발전에 따른 업그레이드, 부품 확보 등이 용이하다.

4) 통합통신망 구출의 중요성과 문제점

통합지위무선통신망 사업은 재난현장에서의 일원화된 지휘체계를 확보하고 재난관련 기관별로 구축되는 무선통신망에 대한 중복투자를 방지하는 것을 목적으로 추진된 사업이다.

평상시에는 각 기관의 고유 업무용 무선통신망으로 사용하고 재난 발생 시 재난현장 지휘통신용으로 전환하여 사용하는 것을 목적으로 한다.

통합지휘무선통신망 사업의 대상기관은 「재난 및 안전관리 기본법」 제3조에 의한 1,440여 개 재난관리 책임기관 및 긴급구조기관, 긴급구조지원기관이다.

통합망 사업이 현재와 같이 중단된 것은 2008년 2월 감사원의 지적사항과 이에 따른 2009년 6월 KDI의 타당성 재조사로 사업추진의 사업추진방식의 적정성, 사업의 경제성 및 사업목적 달성 가능성 등에 대한 논란이 제기되었기 때문이다.

표 3.5 감사원 통합지휘무선통신망 구축실태 감사결과 보고서 요약

분류	지적사항	내 용
사업추진방식 적정성	개별발주	ISP를 사업 범주 전에 수립하지 않음(개별 발주로 인한 특정 업체 장비 종속).
	경쟁유도	시스템 간의 연동 표준이 마련되지 않아 특정업체가 독점하여 장비 공급
사업의 경제성	연계범위	지하철 등 재난관련기관에 무선통신 인프라별도 구축 허용 등으로 경제성 확보 미흡
	설계기준	무선통신망 단말기 수량 과다산정 및 한계수신전계강도 과잉 설계
	민간투자 적정성	낙착률 및 운영비용을 차등 적용하여 수익률을 7.7%로 과장
사업목적 달성 가능성	SOP	지휘체계 통합을 위한 재난대응 SOP를 재정하지 않아 일원화된 지휘체계 확보 곤란
	중복 추진사업	경찰청에서 소방방재청과 협의 없이 별도 무선통신망 개발 추진으로 무선통신망 일원화 실패
	지하시설물	소방무선으로 활용하기 위해 필수적인 지하시설물 등에 대한 통화권 미확보

5) 디도스(DDoS) 공격

- DDoS(distributed denial of service)는 일병 분산서비스 거부라고도 한다.
- 해킹수법의 하나로 한 명 또는 그 이상의 사용자가 시스템의 리소스를 독점하거나, 파괴함으로써 시스템이 더 이상 정상적인 서비스를 할 수 없도록 만드는 공격 방법이다.
- 이 수법은 특정 컴퓨터에 침투해 자료를 삭제하거나 훔쳐가는 것이 아니라 목표서버가 다른 정당한 신호를 받지 못하게 방해하는 작용만 한다. 쉽게 말해 대량의 접속을 유발해 해당 컴퓨터를 마비시키는 수법이다.
- 일반적으로 개인 컴퓨터들이 디도스 공격에 동원되는데, 대부분 사용자가 열어본 이메일이나 파일 등을 타고 들어온 악성코드에 의하여 감염된 컴퓨터다.
- 컴퓨터 사용자는 악성코드에 감염된 사실을 전혀 인식하지 못한 채 웹서핑 등 일상적인 용도로 컴퓨터를 사용하게 되고, 악성코드에 감염된 컴퓨터는 마치 좀비처럼 주인이 시키지 않았는데 멀리 있는 공격명령 서버의 명령에 따라 특정 사이트를 초당 수백~수 천 번씩 방문하며 범행을 저지른다.

6) 디도스 공격 - 증상

- 컴퓨터가 갑자기 느려진다.
- 파일에 암호가 걸리고 압축이 된다.
- 인터넷이 끊긴다.
- 원하지 않은 컴퓨터의 실행 반응이 나타난다.
- 저장했던 파일이 지워지거나 변경이 된다.

▶ 위의 다섯 가지 중 두 가지 이상 해당이 된다면 디도스 공격을 위한 좀비 PC에 감염되었을 수 있으므로 백신을 서치를 해봐야 한다.

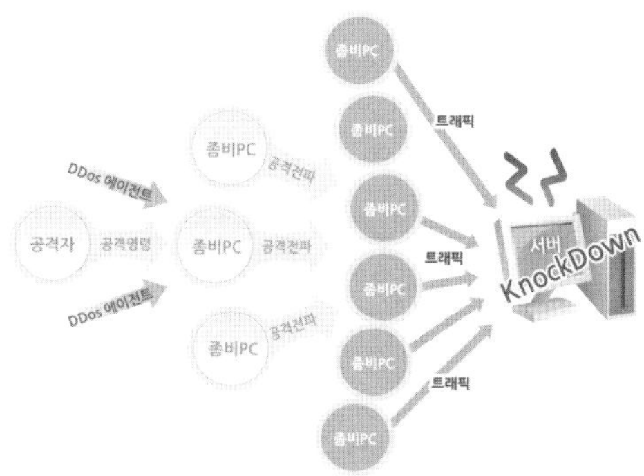

7) 디도스 공격 - 방어

가. 실시간 조정을 통한 방어 역량을 준비한다.

① 디도스 공격은 다차원일 뿐만 아니라 실시간으로 진술이 변하는 것이 특징이다.

② 해커들은 다른 포트, 프로토콜, 사이트의 반응, 다시 온라인 상태가 되는 시기를

감시해 공격 방법을 조정, 새로운 공격을 가한다.

③ 조직들은 신속하고 탄력적으로 방어를 할 수 있는 역량을 확보해야 한다.

나. 방어선 방어에만 의지하지 않는다.

① 방화벽, 침입 방지 시스템, 로드 밸런스 등 전통적인 내부 보안기기에 의존한 전문가들은 이런 공격을 차단할 수 없다.

② 디도스 공격이 기기에 미치기 이전에 공격을 경감할 역량을 확보해야 한다.

③ 공격 경감 활동의 일환으로 상위 네트워크 공급자나 관리형 보안 서비스 공급자를 활용, 네트워크 방어선 멀리서부터 공격을 방해해야 한다.

다. 애플리케이션 공격에 즉시 대처한다.

① 특정 애플리케이션을 대상으로 한 공격은 통상 은밀하고, 볼륨도 적고, 크게 목표 지향적이며, 들키지 않은 상태에서 공격이 되도록 설계된다.

② 따라서 심층 패킷 검사를 실시해 애플리케이션 전체를 확인할 수 있는 방법으로 데이터 센터나 내부를 보호할 필요가 있다.

라. 협력한다.

① 조직들 간의 드러난 사실을 주의 깊게 보호하고, 서로 간에 엄격히 공유를 하며 협력해야 한다.

② 디도스를 당한 업체뿐만 아니라 통신 서비스 제공업체와도 협력해야 하며, 서비스 공급자와도 직접적인 협력을 해야 한다.

③ 서비스 정보공유 및 분석 센터에게 위협에 대한 정보 공유와 지원이 요구된다.

마. 계획과 전술을 수립한다.

① 조직들은 애플리케이션 및 네트워크 서비스 공격을 예측하기 위해 최선을 다해야 하며, 공격을 완화시킬 긴급 대응 계획을 수립해야 한다.

② 내부적으로 공격 정보를 더 효과적으로 수집하고, 여기에 벤더들이 제공하는 정보를 활용하여 공격에 맞서 싸워야 한다.

③ 내부 애플리케이션 및 네트워킹 팀은 통합해, 공격에 대한 대처 수준을 높일 필요가 있는 시기를 판단한다.

④ 대부분의 조직들은 서비스 공급업체와 관리형 보안 서비스 공급업체에 대한 의존

도를 높이는 것이 (서비스 복원성과 잠재적인 공격에 대비 및 적절한 보호 대책을 수립하기 위해) 중요하다.

바. 2차 공격을 주시한다.

① 디도스의 초기 공격은 많은 손해를 초래할 수 있다. 그러나 때때로 더 큰 공격을 숨기기 위한 유인책 역할을 하는 공격도 있음을 인지해야 한다.

② 디도스가 다른 방향에서 시도되는 더 심각한 공격에서 시선을 돌리게 만드는 유인 전술일 수도 있다.

③ 디도스 공격이 다차원적인 공격의 일환일 수 있다는 점에 유념을 해야 한다. 아주 중요한 정보를 훔치기 위한 공격의 일환일 수 있기 때문이다.

사. 정부조직, 금융권, 방송사가 아니라도 걱정해야 한다.

① 해커들은 서로 정보를 공유한다. 사실 처음 공격을 한 해커가 똑똑한 해커이다. 이후는 소프트웨어를 실행하는 것에 불과하기 때문이다.

② 디도스는 마음만 먹으면 어떤 조직이나 공격을 감행할 수 있다.

③ 공격이 무차별적이고 무자비하다.

④ 모든 조직은 스스로 위험을 평가하여 디도스에 대한 인식과 교유 및 방어체계를 습득해야 한다.

8) 재난통신 재난 대책 – 예방 대책

가. 통신 안전관리 대책 수립

① 위기대응매뉴얼 작성 및 개정이 필요하다.

② 통신재난관리 기본계획을 수립하고 시행한다.

③ 계절별 안전관리대책을 수립하고 시행한다.

나. 시설물 안전관리

① 통신국가기반시설에 대한 안전 실태를 점검한다.

② 특정관리대상시설을 지정 및 관리한다.

③ 옥외통신설비 보호 및 출입을 통제한다.

④ 통신주 및 가공 선을 정비한다.

표 3.6 예보기준 단계별 조치사항

구 분		기 준	조치사항
1단계 (Green)	유선	교환기 CPU부하율 80% 이하	통화량 급증 징후활동 감시
	무선	사업자별 운영한계치 65~70% 도달 시	대국민 예보 및 사업자별 내부경계태세 구축
2단계 (Yellow)	유선	교환기 CPU부하율 80~95%	통화량 급증 징후 발견
	무선	사업자별 운영한계치 기준 10% 초과 시	기간통신사업자 간 협조체계 가동
3단계 (Red)	유선	교환기 CPU부하율 95% 이상	통화량 급증으로 인한 통화연결 불능 감지
	무선	사업자별 운영한계치 기준 20% 초과 시	통화량 급증 제어를 위한 채널 증설 및 교차수용을 통한 가입자·지기국 수용변경 등

다. 통신재난담당자 교육 실시

① 소속기관 및 통신사업자 재난담당 교육을 실시한다.

② 통신재난 교육을 위한 유관기관의 협조와 강의 참여를 유도한다.

9) 재난통신 재난 대책 – 대비 대책

가. 사전 재난대처 능력 강화 필요

① 재난 유형별로 분류하여 실질적인 모의 연습을 한다.

② 통화 횟수의 급증에 대한 대응을 강화한다.

③ 통신장애와 재난사례에 대해 분석한다.

나. 효율적인 재난 대응 환경조성

① 위험을 분산시키기 위해 전송로를 이원화한다.

② 안전성 확보를 위한 전원공급루트를 이원화한다.

③ 취약지역 예비전원을 보강한다.

④ 공동화 기지국 비상발전기 공동 활용한다.

⑤ 낙뢰에 대비한 접지설비를 보강한다.

⑥ 긴급통신수단 및 긴급복구물자를 확보한다.

10) 재난통신 재난 대책 – 복구 대책

가. 긴급 복구지원체계 확립

① 통신재난대책본부를 구성・운영한다.
② 긴급복구 우선순위를 지정・관리한다.
③ 긴급복구 물자의 공동 활용한다.

나. 피해지역 이재민 대칙 및 고객지원

① 재난 시 통신사업자와 피해지역 주민 지원방안 협의한다.
② 민・관 협동체계를 구축하여 신속히 복구한다.

3.2.9 테 러

테러란 정치, 종교, 사상 등의 목적을 달성하기 위해 폭력적인 수단을 이용하여 개인, 단체, 국가를 상대로 위해를 가하는 것을 말한다. 이들에게 공포심을 불러일으켜 어떤 행동을 강요하거나 혹은 어떤 행동을 중단하도록 강요하는 행위를 말한다.

특정목적을 가진 개인 또는 단체가 살인, 납치, 유괴, 저격, 약탈 등 다양한 방법의 폭력을 행사하여 사회적 공포상태를 일으키는 행위이다.

테러의 유형으로는 사상적, 정치적 목적달성을 위한 테러와 뚜렷한 목적 없이 불특정 다수와 무고한 시민까지 공격하는 맹목적인 테러로 구분된다.

1) 테러의 유형

가. 폭발물 테러

① 테러방법의 대부분을 차지하는 상습적인 수단이다.
② 폭발물 테러의 종류에는 우편물, 가방폭탄, 자동차폭탄 등이 있다.
③ 퇴근 일반인을 대상으로 경기장, 행사 등 출퇴근 시간대의 지하철과 같이 많은 사람들이 모이는 곳을 노리는 테러가 증가하고 있다.

나. 항공기 테러

① 항공기 폭파, 납치, 공항시설과 항공 이용객에 대한 공격, 비행기 격추의 형태로 이륙 후의 발생 상황에 대해서는 대처가 어렵다.

② 공중납치가 발생하는 경우 9·11테러와 같이 비행기를 이용한 테러로 이어질 수 있다.

다. 생화학 테러

① 탄저균, 천연두, 페스트, 보툴리늄, 에볼라(5대 생물테러 가능병원체)가 있다.
② 과거 전략적 생화학전이 생화학 테러 형태로 변형될 수 있다.
③ 운동경기장, 행사장, 지하철역, 백화점 등 인파가 많은 다중이용시설에 수화물보관 캐비닛이나 쓰레기통 등을 이용해 화학물질이나 독가스를 살포해 인명피해를 일으킨다.

라. 핵 테러

① 핵무기를 이용한 테러행위 핵물질을 유출시키는 행위이다.
② 핵 테러의 종류로는 핵연료 운반차량, 핵발전소, 핵원자로, 핵폐기물 저장고 등을 파괴하는 행위가 있다.

마. 사이버 테러

① 가상공간(사이버 공간)에서 테러행위이다.
② 사이버 테러의 종류에는 일반적으로 통신, 컴퓨터 등의 전자제품에서 교통, 항공관제, 국가기반시설 관리와 통제 등이 있고, 이것은 사이버의 시스템 혼란을 초래시키는 행위이다.

바. 납치, 암살 및 인질 위협

① 정치적 혹은 물질적인 양보, 그리고 정치적 선전 등과 같은 목적을 위해 자행되는 행위이다.
② 1986년 1월, 주 레바논 대사관 도재승 서기관이 베이루트 시내에 있는 공관 앞에서 정체불명의 복면 무장괴한들에게 납치되었다.

2) 대처 방안

가. 폭발물 발견 시

① 폭탄물로 의심되는 물건을 발견할 시에는 건드리지 말고 신고 후 신속히 대피한다.

② 대피 시 주변사람들에게 전달하며, 건물 안에서는 계단을 이용하여 대피하고 절대 엘리베이터를 이용하지 않는다.

③ 전자파가 발생하는 전자기기(핸드폰, 라디오 등)의 사용을 금지한다(폭발물 기폭장치를 작동시킬 가능성에 의해).

④ 최초 폭발발생 시 연쇄적인 폭발 가능성에 유의해 일정 시간 후 되도록 멀리 대피하며 폭발 시 낙하 물에 유의한다.

⑤ 폭발음이 바로 옆에서 들리면 즉시 바닥에 엎드려 정황을 살핀다.

- 엎드릴 때 양팔과 팔꿈치를 옆구리에 붙여 폐 · 심장 · 가슴을 보호하고, 귀와 머리를 손으로 감싸 목 뒷덜미 · 귀 · 두개골을 보호해야 한다.
- 폭발이 2~3회 연쇄적으로 일어날 수 있으므로 몇 분 정도 시간이 지날 때까지 엎드려 있다가 피하되, 되도록 멀리, 큰 길의 한 가운데 등 개활지 쪽으로 피하는 것이 좋다.

나. 억류 · 납치

① 인질로 억류, 납치 시 저항하지 말고 탈출을 위해 함부로 급작스러운 행동을 피한다.

② 탈출 성공 가능성이 아슬아슬하다고 판단될 때는, 다시 말해 100% 탈출 시간이 없으면 탈출을 시도하지 않는 것이 좋다.

③ 납치된 사람이 여럿(많은 수의 사람)일 때는 눈에 잘 띄지 않도록 처신하고, 납치범에게 위협적인 인상을 쓰는 것은 금물이며, 납치범과 눈이 마주치는 것도 피해야 한다.

④ 납치범들이 무엇인가를 물어올 때는 답은 되도록 짧게 자연스러운 자세로 대답하고, 화를 내서는 안 된다.

⑤ 납치범의 지시에 순순히 응하고 자극하지 않는다.

⑥ 납치범과 대화를 할 수 있다면 그들과 대화를 하는 것이 좋으며 우호적 관계를 유지하도록 노력해야 한다.

⑦ 어떠한 상황에서건 외부에서 구출을 위한 모든 수단이 동원되고 있으므로 자제력을 잃지 말고 절망감을 느껴서는 안 되며, 탈출로 등 자신이 유리하게 활용할 수 있는 여건을 파악해야 한다.

⑧ 눈을 가리면 주변의 소리 · 냄새 · 피랍로 경사와 거리 · 범인 음성 등을 기억한다.

⑨ 침착하게 외부의 구출작전을 기다리며 구출작전이 개시되면 즉시 엎드린다.

다. 총격 테러

① 총기 테러로 인한 대피 시 표적이 되지 않게 자세를 최대한 낮추어 안전한 장소로 이동한다.
② 총격 시 경찰·작전요원들의 사격 시야에 방해가 되지 않게 구조요원들의 지시를 따른다.
③ 상황이 끝나면 경찰과 구급차를 부르고 부상자를 구조해야 한다.

라. 생화학 테러

① 생화학 테러 발생 시에는 건드리지 말고 신고 후 신속히 대피한다.
② 대피 시 옷이나 손수건, 휴지 등을 이용해 코와 입을 가리고 호흡하면서 그 자리를 피하며, 대피 후에는 신속하게 옷을 벗고 비누로 샤워한다.
③ 오염현장에서 착용했던 옷, 신발 등은 반드시 소독 후에 밀봉해서 폐기한다.
④ 오염된 장소 근처의 오염이 의심되는 식수나 음식을 피하고 오염물질을 만지지 않는다.
⑤ 생화학 테러 관련 소식을 언론매체를 통해 수시로 확인하고 보건당국의 행동지침을 따른다.

마. 방사능 테러

① 방사능 오염 지역의 접근을 삼가고 방사능 오염물질을 피한다.
② 방사능 유출 시 방독면을 쓰거나 옷, 손수건, 휴지 등을 이용해 코와 입을 가리고 호흡하면서 방사능에 오염되지 않는 곳으로 대피한다.
③ 대피 장소에서는 창문을 잠그고 에어컨, 히터, 환풍기 등을 정지시킨다.
④ 대피 지시를 받을 때에는 절대로 음식물을 지참하여서는 안 되며, 애완동물 동반도 금지한다.
⑤ 방사능 노출이 예상될 시 신속히 옷을 벗고 온몸을 깨끗이 씻는다.
⑥ 가축들은 될 수 있으면 밀폐된 장소에 두고, 사료는 밀폐된 장소에 저장하고 비닐 등으로 덮는다.

바. 우편물 테러

① 의심스러운 우편물 식별 요령

- 발신인, 수취인이 불명확하면 의심해 본다.
- 운송인의 신원이 불명확하면 의심해 본다.
- 과다포장, 매끄럽지 못한 포장을 의심한다.
- 포장지에 이상한 이물질이나 특이한 냄새가 나거나 취급 시 피부자극이 느껴질 경우 의심해 본다.

② 우편물테러 유형별 식별 요령

- 사제폭발물이나 화학테러 물질이 아닌지 의심한다
- 건전지 · 전선 등의 내용물 동봉이 되어있을 때 의심한다.
- 포장 외부로 얇은 줄이나 전선이 노출되었을 때 의심한다.
- 포장지가 기름 · 얼룩 등 이물질 오염이 있을 때 의심한다.
- 우편물 크기에 비해 무거우면 의심한다.

③ 생물테러 물질

- 말랑말랑한 가루가 만져지는 봉투일 때 의심한다.
- 포장지에 백색 가루 흔적 등 발견되었을 때 의심한다.
- 가루가 새지 않게 비닐 등으로 이중 포장되었을 때 의심한다.

④ 방사능 물질

- 우편물에 정체불명의 금속물질이 포장되었을 때 의심한다.
- 만졌을 때 주위보다 뜨거운 열기를 감지했을 때 의심한다.

3) 대처 방안

- 경찰서나 소방서에 신속히 신고하고 주변 사람들의 접근을 막는다.
- 우편물을 함부로 만지거나 충격을 가하지 않는다.
- 우편물 인근에서 가연성 도구(양초, 가스레인지, 라이터 등) 및 전자기기(라디오, 휴대전화 등)의 사용을 금지한다.
- 생화학물질이 의심될 경우 노출을 방지하기 위해 비닐 등을 통해 밀봉하며, 노출 시 옷은 신속히 갈아입고 비눗물을 사용하여 깨끗이 씻는다.
- 오염의 확산 우려가 있을 경우 우편물이 있는 장소를 밀폐하고 타인과의 접촉을 금지한다.

가. 화재가 발생했을 때

① 경보기를 이용해 주변사람들에게 신속히 알리고 바로 119에 신고한다.
② 피난경로를 통해 화재현장을 신속히 빠져나가며, 대피 시 낮은 자세를 유지하고 옷이나 손수건 등을 물에 적셔 코와 입을 가려 호흡한다.
③ 대피 시 절대 엘리베이터 이용하지 말고 고온이 의심되는 손잡이의 문은 열지 말아야 한다.
④ 귀중품 등을 챙기려고 지체하지 말고 즉시 대피한다.
⑤ 원활한 구조 활동을 위해 대피 시 좌측통행을 하여 구조대원 이동로를 확보해준다.

나. 매몰 · 붕괴된 때

① 먼지 흡입을 막기 위해 옷이나 손수건 등으로 코와 입을 가려 호흡한다.
② 핸드폰이나 도구를 이용해 자신의 위치를 알린다.
③ 추가 붕괴사고에 대비해 단단한 벽체 옆이나 견고한 책상 아래로 대피한다.
④ 고립 시 침착하게 구조대원들을 기다리며 물이나 음식을 찾아 체력을 유지한다.

3.2.10 사이버 테러

사이버 테러란 가상공간인 인터넷상에서 주로 공공기관이나 단체 및 개인의 컴퓨터나 핸드폰 등의 전자기기의 정보를 해킹하거나 악성프로그램을 고의적으로 깔아 놓는 등의 행위를 통해 정보통신망이나 컴퓨터 시스템을 무력화시키는 형태의 테러리즘을 말한다.

1) 발생원인

• 특정 집단의 정치적, 경제적 이익을 획득하기 위한 목적이 있다.
• 공공기관이나 일반시민들을 상대로 위협하기 위함이 있다.
• 개인이나 기관의 정보를 해킹하여 유출된 정보를 범죄에 악용하기 위함이 있다.

2) 사이버 테러 대비

가. 컴퓨터 이용 시

① 정기적으로 비밀번호를 변경한다.
② 정기적인 컴퓨터 보안 업데이트를 실시한다('자동' 설정 권장).

③ 방화벽, 백신프로그램을 설치한다.

④ 믿을 수 있는 웹사이트만 방문하여 음란, 도박성의 광고나 게시물을 클릭하지 않는다.

⑤ 불분명한 출처의 이메일이나 첨부파일은 삭제한다.

⑥ USB 메모리는 암호화하여 사용하며, 백신프로그램을 이용하여 정기적으로 검사 및 치료한다.

⑦ 무선 공유기 사용 시 관리자 암호를 설정한다.

⑧ 컴퓨터 폐기 시 중요정보는 완전히 삭제하고 재사용을 할 수 없게 파괴한다.

나. 인터넷 사용 시

① 보안수준을 '보통' 이상으로 설정한다.

② 정기적으로 사용한 인터넷 파일과 쿠키를 삭제한다.

③ 사용자 ID와 비밀번호는 자동 완성되지 않게 한다.

④ 공용 컴퓨터에서는 금융업무나 메신저를 하지 않는다.

⑤ 웹사이트 이용 후에는 반드시 '로그아웃'을 클릭한다.

⑥ 메신저는 정기적으로 비밀번호를 변경하며, 항상 최신버전의 보안 업데이트를 실시한다.

⑦ 중요한 정보가 있는 컴퓨터에서는 P2P를 사용하지 않는다.

⑧ 비밀번호는 이용 웹사이트별로 다르게 설정한다.

다. 전자상거래 이용 시

① 개인정보 입력 시 개인정보취급방침 약관을 자세히 확인한다.

② 개인정보를 인터넷상에 올리지 않으며, 공유폴더에 저장을 금지한다.

③ 회원가입 시 주민등록 대체수단(아이핀 : I-PIN)을 이용한다.

④ 만 14세 미만 어린이의 개인정보 수집을 위해서는 부모님 동의를 받는다.

⑤ 중요한 정보를 게시판에 올릴 시 비공개나 암호를 설정한다.

라. 개인정보 보호

① 공인인증서는 컴퓨터에 저장하지 말고 USB 메모리 같은 저장매체를 이용해 저장한다.

② 비밀번호는 정기적으로 변경하며 추측하기 어렵게 설정한다.
③ 금융 사이트 이용 시 '키보드 해킹방지 프로그램', '피싱방지 프로그램' 등 보안 프로그램 설치 후 이용한다.
④ 공용 컴퓨터에서는 공인인증서를 이용한 금융거래를 하지 않는다.
⑤ 온라인 쇼핑 시 현금보다는 피해보상을 받을 수 있는 신용카드를 이용한다.
⑥ 이메일, 사기성 이벤트 등에 개인정보를 제공하지 않는다.
⑦ 의심스런 국제전화번호에 주의한다.
⑧ 온라인 게임 이용 시 관리자 사칭 개인정보 요구 시 불응한다.

마. 악성댓글

① 악성 댓글 예방을 위해 올바른 인터넷 언어를 사용한다.
② 악성 댓글에 대응하지 않는다.
③ 자기주장에 너무 집착하지 말고 상대방에게 욕설과 비방을 하지 않는다.

바. 사이버 성폭력

① 의심스러운 메일에 답장하지 않는다.
② 온라인상에서 알게 된 사람을 직접 만날 때는 주의한다(만남에 대해 주위 사람들에게 알린다).
③ 컴퓨터에 대한 기본지식을 익힌다.
④ 성폭력 피해를 입거나 목격 시 즉시 인터넷 119에 신고한다.

3) 사이버 테러 발생 시

가. 컴퓨터 이용(해킹 시)

① 한국정보보호진흥원, 경찰청 등에 신고한다.
② 백신프로그램을 이용하여 검사 후 치료한다.

나. 전자상거래

① 이메일이나 게시 글을 통해 피싱 접촉이 의심되면 114나 인터넷 검색을 통해 해당 기관의 연락처를 확인 후 연락해본다.
② 전자상거래 사기 확인 시 관계기관에 바로 신고한다.

③ 전화사기를 당했을 경우 바로 관련 은행에 신고하여 인출을 방지한다.

④ 신분증 분실 시에는 이용 중인 금융기관(은행, 카드회사)에 본인확인 강화를 요청한다.

다. 개인정보 보호

① 개인정보가 인터넷에 유출 시 해당 웹사이트 운영기관에 삭제를 요청하고, 불이행 시 개인정보침해센터에 신고한다.

② 부모는 자녀가 이용하는 홈페이지를 확인하여 ID와 비밀번호를 알아둔다.

③ 개인정보 유출로 인한 피해가 지속될 시 개인전화번호나 이메일 등을 변경하고, 개인정보가 게시판에 게재될 시 경찰에 신고한다.

3.2.11 수 도

"수도"란 관로(管路), 그 밖의 공작물을 사용하여 원수나 정수를 공급하는 시설의 전부를 말하며, 일반수도·공업용수도 및 전용수도로 구분한다. 다만, 일시적인 목적으로 설치된 시설과 농업생산기반시설은 제외한다.

- 목적(「수도법」제1조)

수도(水道)에 관한 종합적인 계획을 수립하고 수도를 적정하고 합리적으로 설치·관리하여 공중위생을 향상시키고 생활환경을 개선하게 하는 것을 목적으로 한다.

- 수도시설 - 보호

누구든지 일반수도사업자의 사전 동의를 받지 아니하고는 일반수도의 기존 수도관으로부터 분기(分岐)하여 수도시설을 설치하거나, 일반수도의 수도시설을 변조하거나 손괴하여서는 아니 된다.

1) 수도시설 - 관리

- 일반수도의 수도시설관리권은 일반수도사업자가 가진다. 다만, 급수설비의 수도시설관리권은 대통령령으로 정하는 자가 가진다.
- 일반수도사업자는 해당 급수설비의 소유자 또는 관리자의 동의를 받아 급수설비의 상태와 수돗물의 수질을 검사할 수 있다. 다만, 수돗물을 신규로 공급할 때에는 해당 급

수설비의 소유자 또는 관리자의 동의를 받아 해당 시설에 급수설비가 적정하게 설치되었는지를 검사하여야 한다.

- 일반수도 사업에 의하여 수돗물을 공급받는 자는 그 수도사업자에게 급수설비의 상태와 공급받는 수돗물의 수질에 대한 검사를 요구할 수 있다.
- 급수설비의 검사 기준 및 절차 등 필요한 사항은 환경부령으로 정한다.
- 일반수도사업자는 검사 결과 급수설비가 제4항에 따른 검사 기준에 못 미치거나 수돗물이 수질기준에 위반된 경우에는 해당 지방자치단체의 조례로 정하는 바에 따라 그 급수설비의 소유자 또는 관리자에게 급수설비의 세척·갱생 또는 교체 등 필요한 조치를 하도록 권고할 수 있다. 이 경우 일반수도사업자는 해당 지방자치단체의 조례에 따라 세척·갱생 또는 교체에 필요한 비용의 일부를 보조하거나 융자할 수 있다.

2) 긴급 급수 지원

- 시·도지사는 천재지변이나 그 밖의 비상시에 긴급히 수돗물을 공급할 필요가 있다고 인정하면 수도사업자에게 기간·수량 및 방법을 정하여 수돗물을 다른 수도 사업자에게 공급하게 할 수 있다. 다만, 수도사업자가 시·도지사이면 환경부장관이 명한다.

3) 급수 중단 발령 시

- 다른 통지사항이 있기 전에는 마시거나 양치하거나 식기세척 및 요리할 때 시중에서 파는 병물을 사용하거나, ○○수도사업소에서 각 지역에 ○○시 이후로 병물 및 급수차 지원을 하고 있으니, 지원된 수돗물을 사용한다.
- 끓이지 않은 물은 마셔서는 안 된다. 물을 1분가량 끓인 후 식혀서 사용하면 물에 있는 박테리아 등의 미생물들이 파괴되어 안전하다.
- 수돗물에서 냄새가 나는 기간 동안에는 끓여 마실 것을 권한다. 끓인 후 상온에서 식히면 냄새가 없어진다.
- 샤워 시(특히 온수) 살수효과에 의해 냄새물질이 쉽게 휘발하여 냄새가 더 심해질 수 있으므로 꼭 환기하여야 한다.

3.2.12 전염병

원충, 진균, 세균, 스피로헤타(spirochaeta), 리케차(rickettsia), 바이러스 등의 병원체가 인간이나 동물에 침입하여 증식함으로써 일어나는 질병을 통틀어 이르는 말이다.

병원체가 인간이나 동물에 침입하여 그 장기(臟器)에 자리 잡고 증식하는 것을 총칭하여 감염(感染)이라고 하며, 이 감염에 의한 증세의 발현을 감염증이라고 한다.

감염에는 전혀 증세가 없이 면역만 생기는 불현성(不顯性) 감염과, 증세가 나타나는 현성 감염이 있으며 때로는 감염증과 전염병을 동의어로도 쓰나, 전염병은 감염증 중에서도 그 전염력이 강하여 소수의 병원체로도 쉽게 감염되고 많은 사람들에게 쉽게 옮아가는 질병을 말한다.

물의 오염으로 인한 장티푸스나 이질(痢疾), 공기전염에 의한 홍역·감기·디프테리아·결핵, 모기에 의한 일본뇌염과 말라리아(학질), 성 접촉에 의한 성병 등은 흔히 볼 수 있는 전염병의 예이다.

표 3.7 전염병의 유형

구분	내용 및 종류
제1군 전염병	페스트, 콜레라, 장티푸스, 파라티푸스, 세균성이질, 장출혈성대장균감염증, A형간염
제2군 전염병	파상풍, 홍역, 유행성이하선염, 풍진, 폴리오, B형간염, 일본뇌염, 수두, 디프테리아, 백일해
제3군 전염병	쯔쯔가무시증, 렙토스피라증, 브루셀라증, 탄저(炭疽), 공수병, 신증후군출혈열, 인플루엔자, 후천성면역결핍증(AIDS), 매독, 크로이츠펠트-야콥병(CJD) 및 변종크로이츠펠트-야콥병(vCJD), 말라리아, 결핵, 한센병, 성홍열, 수막구균성수막염, 레지오넬라증, 비브리오패혈증, 발진티푸스, 발진열
제4군 전염병	해외 유행 감염 병이나 새로 발생하거나 우려가 있는 전염병으로 보건복지부령으로 정하는 전염병
제5군 전염병	기생충에 의한 전염병, 정기적인 조사, 감시가 필요하여 보건복지부령으로 정하는 전염병
지정감염병	제1~5군감염병 외에 유행 여부를 조사, 감시를 위해 보건복지부장관이 지정하는 점염병
세계보건기구감시대상전염병	국제공중보건의 비상사태 대비를 위해 세계보건기구가 감시대상으로 지정한 지환, 보건복지부장관이 고시하는 전염병
생물테러전염병	테러 등의 목적으로 이용된 병원체에 의해 발생한 감염병, 보건복지부장관이 고시하는 전염병
성매개전염병	성 접촉에 의한 감염병, 보건복지부장관이 고시하는 감염병
인수공통전염병	사람과 동물 간에 전파되는 감염병, 보건복지부장관이 고시하는 감염병
의료관련전염병	의료행위를 적용받는 중환자나 임산부 등에게 발생한 감염병, 감시활동이 필요하여 보건복지부장관이 고시하는 감염병

1) 발생원인

- 면역체계의 약화로 인해 발생한다.
- 강한 독성의 병원체가 침입하게 되어 발생하기도 한다.
- 대량이 병원체 침입으로 인체의 면역체계기능이 저하되어 발생하기도 한다.

2) 전염병 사고 대비

가. 인플루엔자

① 인플루엔자 바이러스에 의한 급성 호흡기 질환으로 고열과 두통, 피로감, 기침, 이후통, 콧물, 코 막힘, 근육통과 같은 증상이 보인다.
② 소아에게는 메스꺼움, 구토, 설사가 동반된다.
③ 노약자에게는 폐렴과 같은 합병증 동반, 당뇨와 같은 기본 질환이 악화된다.
④ 손을 자주 씻는 등 개인위생수칙을 준수한다.
⑤ 노약자, 만성질환자 등 예방접종 권장 대상자는 예방접종을 받는다.
⑥ 손수건이나 휴지 등으로 입을 가리고 기침이나 재채기를 한다.

나. 수두

① 수두 바이러스에 의해 전염, 대부분 소아에서 발생한다.
② 미열로 시작해 몸통에서부터 피부발진이 얼굴, 어깨로 퍼져 나가고, 발진이 수포로 변해 5~6일 후 딱지가 생긴다.
③ 발진 및 수포로 인해 가려워 긁게 된다.
④ 수두를 앓은 적이 없거나 예방접종을 받지 않은 소아는 보건소 및 병・의원에서 예방접종을 한다.
⑤ 외출 후 손발을 청결하게 씻고 양치질 한다.
⑥ 전염력이 강해 집단발병을 막기 위해 환자는 수포발생 후 6일간 또는 가피(딱지)가 앉을 때까지 가정에서 안정을 취한다.

다. 홍역

① 홍역바이러스(measles virus)에 의해 발생하는 급성 호흡기 감염이다.
② 몸에 울긋불긋한 발진이 생긴다.

③ 감염 후 처음 3~5일간은 발열, 기침, 등의 증상 발생 후 귀 뒤부터 얼굴, 목, 팔과 몸통, 대퇴부, 발 순으로 발진이 퍼진다.
④ 환자가 있는 방에 감수성자는 들어가지 말고 환자는 1인용 방에 격리한다.
⑤ 홍역환자는 이동할 시 마스크를 착용한다.
⑥ 감수성자 환자와 접촉 시 72시간 이내에 예방접종을 한다.

라. 유행성이하선염

① 유행성이하선염 바이러스 감염에 의해 발생한다.
② 이하선 부종의 급성 열성 질환이다.
③ 1~2일간의 발열, 두통, 근육통, 구토 등의 증상이 나타나며, 이하선에 침범하여 압통과 종창(부어오름)이 나타난다.
④ MMR 기초접종과 추가접종을 생후 12~15개월과 만 4~6세에 각각 실시한다.
⑤ 보건소 및 병·의원에서 예방접종을 한다.
⑥ 손을 자주 씻고 양치질하기 등 개인위생수칙을 준수한다.
⑦ 유치원, 학교, 병원, 집단수용시설 등에서의 집단발병을 막기 위해 환자는 증상 발견 후 9일까지 가정에서 안정을 취한다.

마. 유행성각결막염

① 아데노바이러스에 의해 발생한다.
② 연중 보통 4월부터 시작하여 여름철에 발생률이 높다.
③ 동통, 눈물, 눈부심, 양안, 충혈, 귓바퀴 앞 림프절 종창, 결막하출혈 증상이 나타나 3~4주 지속된다.
④ 개인위생 관리를 철저하게 한다.
⑤ 수건이나 개인 소지품 같은 것들을 같이 사용하지 않아야 한다.
⑥ 전염병 유행 시 사람들이 밀집하는 장소의 출입을 자제한다.

3) 전염병 발생 시 행동요령

- 전염병에 감염되었거나 감염 증상이 의심될 경우 즉시 병원에서 진료를 받고 보건당국의 역학조사를 받는다.
- 인파가 많은 곳에는 가급적 가지 말고 불필요한 외출이나 만남을 피한다.

- 오염지역, 생물학 오염 표지판이 설치된 지역은 접근하지 않는다.
- 전염병 발병지역이나 바이러스가 퍼져 있는 지역에서는 행정관서의 지침에 따라 안전한 지역으로 대피한다.
- 보건당국의 통제에 따라 대피 후에는 전염병 감염 여부와 피복 및 소지품 안전 여부를 확인한다.
- 오염이 의심되는 물질은 15분 이상 끓인 후 사용한다.
- 별도의 방수용기를 준비해 오염물질을 씻어낸 물은 담가두거나 당국의 지시를 받아 처리한다.
- 코와 입술을 보호하기 우해 방독면 또는 마스크를 착용하고 신체를 보호하기 위해 비옷이나 보호의를 입는다.
- 가축이 감염된 경우 관계기관의 통제에 따라 격리 또는 도살처분, 매몰을 한다.
- 보건당국에 의해 전염병으로부터 안전하다고 판정한 인원은 귀가한다.

3.2.13 화생방

화생방은 화학, 생물학, 방사능의 머리글자를 따서 화생방이라고 표현하며 모두가 대량 무차별 살상무기이기 때문에 통상의 무기와 구별된다. 미 국방부는 한반도가 휴전 중인 상황을 고려할 때 화생방 무기에 의한 공격을 당할 위험이 높은 지역이며, 이에 대비한 특별한 대책과 훈련이 필요하다고 지적한 바 있다.

국내 산업의 발전이 증대되면서 연구기관 및 병원 등 방사선원을 이용하고 있는 시설이 매년 증가하고 있는 추세이다. 또한 일본의 경우와 같이 우리나라도 원자력발전소가 바다와 인접함으로써 태풍, 지진 등에 의한 피해발생 우려가 크다.

1) 화생방 현상의 유형별 분류

가. 화학전

① 화학무기의 특성은 수초 내에 반응하므로 신속히 대응해야 한다.

② 갑자기 호흡곤란, 구토, 피부발진 등이 발생하고, 이유 없이 새들이 떨어지고 물고기가 죽으면 화학공격으로 의심해야 한다.

③ 화학무기는 액체, 가스 등 다양한 형태의 독성을 가진 화학물질이 호흡기 또는 눈

과 피부를 통해 체내로 흡수된다.

④ 화학무기 오염 시 호흡곤란, 근육경련, 피부화상, 폐열증 등을 유발시키고 오염 즉시 조치하지 않으면 심각한 피해를 입게 된다.

나. 생물학전

① 생물학 무기는 공격발생 사실을 감지하고 병원체를 규명하여 치료방법을 찾는 데 많은 시간이 소요된다.

② 비슷한 증세의 급성환자가 대규모로 방생하거나 지역・계절에 맞지 않은 질병발생, 뚜렷한 원인 없이 동물・가축들이 집단폐사하면 생물학 공격으로 의심된다.

③ 생물학 무기 병원체로는 탄저균, 페스트, 천연두, 바이러스성 출혈열, 보툴리즘 등이 있다.

다. 방사능전

① 핵무기 폭발 시 나타나는 섬광은 3천~4천℃의 고열로 핵무기 폭발 2.5km 이내 모든 것이 완전 연소된다.

② 폭발로 인한 충격과 폭풍은 4km 이내의 건물과 인명에 피해를 준다.

③ 초기 잔류방사선은 핵폭발에 의해 누출된 방사능물질이 먼지, 눈, 비에 섞여 떨어지는데 최소 30km 이내에 인명피해를 발생시킨다.

④ 또한 원자핵 반응에 의한 감마선은 전자장비(컴퓨터, 통신장비 등)를 파괴하고 마비시킨다.

2) 화생방 사고 예방사항

가. 비상용 생활필수품

① 식량은 가급적 조리와 보관이 간편한 쌀, 라면, 밀가루, 통조림 등 30일분을 준비하고 정기적으로 유통기간을 확인하여 교체해주어야 한다.

② 취사도구는 식기(코펠), 버너, 부탄가스(15개 이상) 등을 준비한다.

③ 침구 및 의류는 두꺼운 담요 및 내의 등으로 한 사람당 최소한 한 벌씩 두툼한 옷과 튼튼한 신발을 준비한다.

④ 라디오(배터리 포함), 배낭, 휴대용 전등, 양초, 성냥 등 충분한 양의 생활필수품을 준비한다.

나. 가정용 비상약품

① 의약품은 소독제, 해열진통제, 소화제, 지사제, 화상연고, 지혈제, 오염제 등을 준비하며 의약외품으로 핀셋, 가위, 붕대, 탈지면, 반창고, 삼각건 등을 준비한다.
② 의약품은 가족 구성원 특성을 고려하여 어린이나 노약자에 맞는 약품을 추가적으로 준비하고 환자가 있다면 최신 처방전 및 의약품을 준비한다.

다. 화생방전 대비 물품

① 화생방 대비 물품으로는 방독면, 수건, 마스크, 보호 옷, 비닐 옷, 우의, 방독 장화, 장갑, 고무장화, 해독제, 피부 제독제, 비누 등을 준비한다.
② 화생방전 대비 물품을 준비하여 가정에서 쉽게 대체할 수 있는 손수건, 비닐 봉투, 마스크, 휴지 등 대체장비 물자를 확인한다.

라. 화생방 공격 전 조치사항

① 공격전에는 지하철, 터널, 건물지하, 동굴 등 지하대피시설로 신속히 대피한다.
② 시간적 여유가 없다면 배수로, 도랑, 계곡 등 주변 시설을 이용하여 대피한다.
③ 대피 시에는 방독면, 비닐 옷 등을 준비하고 정부 안내방송을 계속 청취한다.

3) 화생방 사고 발생 시 조치사항

가. 화생방 경계경보 시

① 이웃에 경보가 발령되었음을 알리고 노약자를 미리 안전한 곳으로 대피시킨다.
② 방독면, 보호의 등 보호 장비를 휴대하거나 착용하고 대피한다.
③ 우물과 장독뚜껑을 덮고 음식물은 비닐포장하거나 뚜껑을 덮는다.
④ 대피주민은 문을 꼭 닫아 외부공기가 통하지 않게 하고 정부 안내방송을 청취한다.
⑤ 생활필수품 및 의약품 사재기를 하지 않는다.
⑥ 야간에 경보가 울리면 불을 끄거나 불빛을 완전히 차단한다.

나. 화생방 경보 시

① 옷을 완전히 입어 피부가 드러나지 않도록 한 다음 신속히 방독면을 착용하고 "가스"라는 경보를 전달한 후 바람의 방향을 잘 판단하여 대피한다.

표 3.8 화생방 기본 장비 활용법

기본 장비	대체장비 물자	활용방법
방독면	손수건	손수건을 물에 적셔 코와 입을 막아 호흡기 보호
	비닐봉투	비닐봉투를 쓰고 허리를 묶어 외부공기 유입 차단(비닐봉투 속의 남은 산소를 감안하여 이동)
	마스크·휴지	마스크를 착용하거나 휴지 등을 몇 겹 접고 물에 적셔서 코, 입을 막고 응급조치
보호의·보호두건	비닐우의·방수 의류 등	우의를 머리까지 덮어 쓰고 허리띠로 허리를 꼭 묶어 외부오염공기의 유입차단
방독장갑·장화	고무용품	고무장갑·장화를 착용하여 피부노출 방비

② 가능한 밀폐된 곳으로 대피하되 실내에서는 문틈을 막는다.
③ 지하대피시설이 없으면 건물 상층이나 산 정상으로 대피한다.
④ 오염 환자는 옷을 갈아입히고 신선한 공기를 마시게 한 후 피부는 비눗물로 닦아 준다.

4) 화생방 사고 예방 사항

가. 생물학전 시

① 방독면 착용, 노출피부 보호 후 비오염지역으로 대피, 오염된 자는 격리 치료한다.
② 생물학전 공격 후 주변을 청소하고 이불 및 의복을 일광 소독한다.
③ 음료수와 음식물을 꼭 끓여먹고 예방접종한다.

나. 핵 및 방사능전 시

① 인근 지하대피소로 긴급대피하며, 대피소가 없을 경우 웅덩이, 하수구 등을 이용한다.
② 폭발 섬광을 느끼면 즉시 도랑 등 은폐물을 이용하여 핵폭발 반대방향으로 엎드리고 양손으로 눈과 귀를 막은 채 입은 벌리고 배는 바닥에 닿지 않게 해야 한다.
③ 건물 내에서는 창문 반대방향으로 엎드리고 가급적 책상 등 방호 물을 이용한다.
④ 오염된 피부는 잘 털어내고 깨끗한 물로 잘 씻는다.
⑤ 방사능에 대한 신체노출을 최소화해야 하며 오염장소에서 멀수록, 인체노출 시간이 적을수록 안전하고 납, 콘크리트벽 등으로 건축된 건물 안으로 대피한다.

5) 화생방 진압 후 조치사항

① 핵공격 이후에는 방사능 낙진을 최대한 피해야 한다.

② 정부 안내에 따라 시간적 여유가 있으면 낙진지역에서 대피한다.

③ 여유가 없다면 최대한 지하 깊은 곳으로 대피하되 비닐 옷이나 우산으로 몸을 보호한다.

④ 민방위대원은 민방위 대장의 지시에 따라 긴급구조 및 소화활동을 한다.

⑤ 오염 환자는 오염지역이 아닌 곳으로 이동시킨 후 옷을 벗기고 피부를 비눗물로 닦아준다.

⑥ 증상에 따라 인공호흡, 해독제 주사, 제독제 조치 등을 취한다.

⑦ 화생방에 오염된 장비와 시설은 비눗물로 깨끗이 세척한다.

3.2.14 환경오염

인간의 생활이나 생산·소비의 과정에서 배출되는 매연·분진·악취·폐기물 등이 생활환경을 오염시켜 인간 또는 생물의 건강 활동에 장애를 주는 현상이다.

환경오염은 사람의 활동에 의해 발생하는 대기오염, 수질오염, 토양오염, 해양오염 등을 말하며, 환경오염에 의한 재난 및 사고를 「재난 및 안전관리기본법」에서 환경오염사고라고 말하고 있다. 환경오염사고는 동물의 죽음 및 식물 생태계의 파괴 등을 발생시키며 우리의 삶에 많은 영향을 주고 있다.

1) 환경오염의 유형별 분류

가. 토양오염

① 오염물질이 섞인 폐수, 하수, 폐기물이 토양에 버려지거나 농약이 토양에 스며들면서 오염된다.

② 대표적인 토양오염물질은 카드뮴, 수은, 납, 아연 등이 있으며 이는 국민건강에 중대한 영향을 주는 오염규제대상이 된다.

③ 토양오염을 예방하기 위해서는 농약의 사용을 줄이고 가정하수와 산업폐수를 함부로 토양에 버리지 않는다.

④ 화학비료보다는 퇴비 등 유기질 비료를 사용하여 토양오염을 예방한다.

⑤ 토양오염은 인간에게 직접적인 피해는 주지 않지만 오염된 토양에서 자란 식물을 우리가 섭취하게 되면 오염의 영향을 받는다.

나. 대기오염

① 대기오염이 심하면 심장병과 급성폐렴으로 사망할 가능성이 높으며 급성호흡기 질환자가 증가한다.

② 런던 스모그 사건(1952년)의 경우 석탄 연소에 따른 아황산가스 배출로 인해 스모그가 발생하였으며, 이로 인해 1만 2천여 명이 만성 폐질환과 호흡장애로 사망하였다.

③ 대기오염을 줄이기 위해서는 자동차의 사용량을 줄이고 자동차에 정화기를 부탁해서 배출가스를 최소화한다.

④ 에너지원으로 태양에너지, 수력발전, 천연가스 등으로 대체하여 대기오염을 예방해야 한다.

다. 수질오염

① 생활하수는 높은 소비생활과 각종 산업 활동을 하면서 발생하는 부산물로 액체 형태로 배출되는 것을 폐수라고 한다.

② 식품폐수는 식품가공폐수라고 하며 축산물 가공, 수산물 가공, 농산물 가공, 유제품 가공 등 주로 식품의 가공과정에서 발생하는 폐수를 말한다.

③ 공장폐수는 각종 오염물질이 함유된 폐수로 강, 바다, 토양, 지하수 등의 오염이 심해지며 농·어업에 영향을 끼칠 뿐만 아니라 공해병까지 유발시킬 수 있다.

2) 환경오염 원인

가. 토양오염

① 각종 물질의 개발, 사용 및 폐기물을 통한 순환과정에서 직접 또는 간접으로 오염물질이 토양으로 유입되어 발생한다.

② 유기성 폐기물의 매립장이나 가축 축사의 분뇨야적장 부근에서 유기물에 의한 토양오염이 발생한다.

③ 썩지 않는 비닐이 토양 속에 섞이게 되면 수분의 토양 내 이동과 작물의 뿌리 뻗음이 방해를 받아 성장하는 데 장애를 받게 된다.

④ 산업 활동에서 많은 배출되는 중금속은 이동이 적고 계속 잔류하기 때문에 토양 오염을 심각하게 일으킨다.

⑤ 농약, 비료는 토양 속에 오랫동안 잔류해 있다가 독성작용을 일으켜 큰 피해를 준다.

⑥ 토양은 다른 환경오염에 비해 일단 오염이 될 경우 복원이 거의 불가능하며 현재 미생물을 이용하여 복원하는 방법 등 많은 연구가 되고 있는 실정이다.

나. 대기오염

① 대기오염의 발생은 연료의 연소에 의한 것과 산업체에서 제품의 가공 등 산업공정에서 발생하는 것이다.

② 연료의 연소에 의해서 발생하는 오염물질에는 황산화물, 질소산화물, 일산화탄소, 분진 등이 있으며 산업공정에서 발생하는 오염물질은 산업의 종류 등에 따라 다양하다.

③ 주 오염물질의 발생원인 을 보면 일산화탄소는 난방연료와 자동차 배기가스, 아황산가스는 유황이 섞인 기름이나 석탄을 연료로 쓰는 주택, 공장과 발전소에서 배출된다.

④ 탄화수소와 질소산화물은 자동차의 배기가스에서 주로 발생하는데 이들 오염물질이 결합하여 광화학 스모그를 발생시킨다.

다. 수질오염

① 유기물질은 탄소를 비롯한 여러 가지 원료로 구성된 물질이며 물에 들어가면 미생물에 의해 분해되어 물속의 산소를 소모시켜 메탄, 황화수소 등의 가스를 방출시킨다.

② 분해성 유기물질은 가정에서 버려지는 음식찌꺼기, 분뇨, 쓰레기와 축사에서 흘러나오는 폐수가 대표적이다.

③ 합성세제는 물에 녹은 상태에서 미생물에 의한 분해가 어렵고 물 위의 거품으로 산소 및 햇빛을 차단시켜 플랑크톤의 정상적인 번식을 방해한다.

④ 몸에 해로운 중금속은 공장폐수, 산업폐기물, 쓰레기매립장 등에서 하천으로 흘러들어와 동식물의 체내에 농축된 후 우리 몸에 섭취되어 영향을 준다.

⑤ 석유 등은 비중이 물보다 낮아 유막이 형성되어 빛의 투과율을 감소시키고 물속에 녹아 있는 산소의 양도 감소되어 어패류의 생명에 지장을 준다.

3) 예방 대책

가. 토양오염

① 중금속 등 유해물질을 다량 함유하는 공업용 원자재에 대한 사용 억제와 산업 폐기물의 발생량을 최소화시키는 방법을 개발한다.
② 유해물질 산업폐기물 배출 업체에 대한 지도, 관리를 철저히 해야 한다.
③ 농약 사용에 대한 적정한 기준을 마련하고 시행해야 한다.
④ 화학비료 사용량을 줄이는 대신에 유기농법을 권장한다.
⑤ 자원회수 시설을 적절히 설치하여 소각의 비중을 높이고 소각과정에서 발생한 에너지를 재활용할 수 있도록 한다.
⑥ 산업 폐기물과 생활 쓰레기매립장에 대한 관리 감독을 강화한다.
⑦ 금속 광산 관리체제를 강화하고, 유해물질의 불법 유출경로를 차단하는 데 주력해야 한다.

나. 대기오염

① 실내온도를 적정하게 유지하며 각종 난방연료의 사용을 줄인다.
② 가까운 거리는 걸어 다니며 대중교통수단을 이용한다.
③ 프레온가스가 포함된 에어컨, 스프레이, 무스는 되도록 사용하지 않는다.
④ 자동차의 사용량을 줄이고 무연휘발유 차를 사용한다.
⑤ 유독가스를 내뿜는 물건을 태우지 않는다.
⑥ 공장의 굴뚝에는 집진기를 설치한다.
⑦ 자동차에는 정화기를 부착하여 배출가스를 최소화한다.
⑧ 에너지원으로 태양에너지, 수력발전, 천연가스 등을 이용한다.
⑨ 에너지 소비를 최대로 줄이고자 노력한다.

다. 수질오염

① 수질오염의 70% 이상이 생활하수와 쓰레기에 의한 것으로 유기물 및 세제의 정수처리 및 쓰레기양을 줄여야 한다.
② 전국 병원 및 산업체에서 자체적으로 폐수정화시설을 설치하고 오염물질을 하수로 무단 방류하지 않도록 해야 한다.
③ 분뇨, 약품 등의 폐수를 무단 방류하지 않도록 해야 한다.

④ 학교나 아파트의 음용수로 사용하는 물탱크는 정기적으로 청소 및 점검을 한다.

⑤ 정부에서는 지역별로 악성 폐수의 무단 방류 현상을 감시·단속하고 대국민 계몽을 철저히 하여 상수원 수질개선을 위한 기술을 지속적으로 도입하여 지역별로 방지대책을 실천한다.

⑥ 준설, 굴착공사 전에 오탁 방지 막을 설치해서 오탁수 확산을 저감하며 시공속도를 떨어뜨려 오탁발생을 억제한다.

⑦ 진공흡입식 준설공법 등 탁수 최소화 공법을 활용하여 오탁발생을 억제해야 한다.

⑧ 도로 굴착 등 토목공사 시에는 송유관 매설 여부를 사전에 확인해야 한다.

⑨ 하상 골재채취 등 수상작업 시에는 채취선 또는 작업선 주위에 오일펜스를 설치하고 방제장비 구비를 의무화한다.

4) 환경오염사고 발생 시 조치사항

가. 토양오염

① 현장투입 전 단계

- 사고발생 지역 주변 토양 및 지하수 현황 자료를 바탕으로 인근 지역의 상수원 및 지하수 오염 가능성 등의 오염물질 위험도를 파악한다.
- 오염물질이 토양으로 흡수될 경우 지하수오염 및 토양오염 정도를 파악하고 사고발생 지역의 지하수층 높이, 토양 투수율을 파악한다.
- 사고발생 지역 주변의 상수원, 토양보전대책 지역, 지하수보전구역 위치 등을 확인한다.
- 일차적 사고수습 상황을 바탕으로 오염물질의 종류, 유출된 오염량 등을 파악하고 방제업체 등의 협조를 받아 필요 방제장비를 확보한다.
- 현장에 흡착포, 흡착물, 굴삭기, 트럭 등 방제장비를 확보한다.

② 현장 대응

- 오염물질의 유출을 차단하기 위하여 유출된 곳을 막거나 차단벽, 웅덩이 등을 설치하여 오염물질이 유출되어 토양으로 확산되는 것을 막는다.
- 이미 유출된 오염물질이 토양으로 흡수되기 전에 방제장비를 이용하여 신속하게 방제작업을 실시한다.

나. 대기오염

① 특정 유해물질이 누출되어 비산될 때에는 보건위생상 위험하므로 관계 관청이나 경찰서 혹은 소방서에 신고한다.

② 바람이 부는 피해지역의 주민은 바람이 불어오는 쪽으로 대피하며 맹독성 가스의 경우 위험표시, 출입금지표시를 설치한다.

③ 가스 중에서 밀도가 공기보다 높은 휘발성 물질은 신속히 확산방지 조치를 취한다.

④ 인화 및 폭발 위험이 있는 물질은 착화원을 멀리하고 폭발성 혼합 기체가 생성되지 않도록 한다.

⑤ 특정 물질이 누출되거나 비산 우려가 있는 사업장에는 후드를 설치하여 배출하고 작업 시 보호구를 착용한다.

⑥ 물에 대한 용해도가 큰 물질은 수세법으로 처리하고 산성 물질은 석회유 또는 가성소다 용액에 의한 흡수방법으로 처리한다.

다. 수질오염

① 사고 하천 하단부에 오탁 방지 막을 설치한다.

② 방재작업 및 기 설치된 방재물품을 교체한다.

③ 하류지역 순찰 · 시료채취 · 분석한다.

④ 현장에 탁수발생 징후를 수시로 확인하여 완전제거 조치를 한다.

⑤ 유류가 유출된 경우 임시 방재 둑을 설치한다.

⑥ 오일펜스를 설치할 경우 가급적 물의 흐름이 느린 곳을 선정하여 유류가 모아지도록 설치한다.

⑦ 흡착물, 흡착제 등은 흡착효율을 높일 수 있도록 적기에 교체한다.

5) 환경오염사고 발생 후 조치사항

• 오염물질을 가능한 많이 흡수하는 식물류를 재배하거나 토양 미생물을 증식시켜서 오염물질을 제거하는 생물학적 방법을 사용한다.

• 산성도를 낮추기 위한 석회질 성분을 투입하거나 토양 내의 카드뮴 함량을 맞추기 위한 인 산질 비료를 사용한다.

제작 : 문화체육관광부 여론과 ☎ 044-203-2922 / 자료제공 :국민안전처 ☎ 044-204-7197

제작 : 문화체육관광부 여론과 ☎ 044-203-2922 / 자료제공 :국민안전처 ☎ 044-204-7197

- 농약 등 유해한 화학합성물질을 분해해서 독성을 제거하기 위한 방법으로 유기질 비료를 사용한다.
- 중금속 함량을 줄일 수 있는 영농방법의 개선 등에 의한 화학적 방법을 사용한다.

• 오염된 식량 지배지를 스포츠 시설, 위락시설지로 용도 변경하여 오염된 식량 작물이 직접 인체로 유입되는 것을 방지함으로써 소기의 목적을 기할 수 있다.
• 위생 매립법을 적용하여 폐기물 속의 유기물 분해를 촉진하는 방법으로 침출수의 토양 유입을 방지하며 메탄가스를 이용하는 방식을 사용한다.
• 매립지를 선정하고 바닥에 가스관과 침출수를 처리할 수 있는 집수 관을 설치한 다음 폐기물을 버리고 복토를 처리한다.

3.2.15 공동구재난

공동구란 지하매설물(전선로, 통신선로, 상·하수도관, 열수송관 등)을 공동 수용함으로써 도로중복굴착방지, 도시미관 개선, 도로구조 보전 및 교통의 원활한 소통을 위해 지중(地中)에 설치하는 시설물이다.

공동구는 지자체가 관리하며, 일반인의 출입이 통제되고 있어 재난(화재, 파손 등) 발생 시 직접적인 인명 피해의 우려는 적으나, 재난 발생 시 전력, 통신, 상수 등 단절에 대비한 국민들의 주의가 필요하며, 화재 시 환기구를 통해 유독가스가 배출 될 수 있어 안전한 곳으로 대피하는 것이 필요하다.

1) 공동구재난 발생 우려 시

• 거주지역 인근에 공동구가 있을 경우, 공동구관리자(지자체, 공단 등) 및 유관기관 비상연락망 등을 사전에 파악한다.
• 지역재난안전대책본부 및 경찰서, 소방서 등 주요기관들의 비상연락망을 확인·유지하고 공동구재난 시 비상대피장소를 미리 확인한다.
• 공동구재난으로 인한 라이프라인(전력, 통신, 상수 등) 단절 등에 대비하여 간단한 식료품, 생필품 및 의약품, 라디오 등의 비상물자를 사전에 준비한다.
• 컴퓨터 등 정밀기기를 사용하는 곳에서는 무정전전원공급장치(UPS)를 설치하면 피해를 예방할 수 있다.

2) 공동구재난 발생 시

• 재난(화재 등) 발견 시 다른 사람에게 알리고, 폭발 및 붕괴 등의 위험이 없는 안전한 지역으로 이동하고, 소방서(119) 및 관할 지자체(지역재난안전대책본부)에 신고한다.

- 공동구 인근에 있는 주민들은 화재 및 파괴 등에 따른 폭발, 도로붕괴 등의 위험이 있으니 지역재난안전대책본부의 통제에 따라 지정된 대피장소로 이동한다.
- 전력공급이 중단될 수 있으니, 엘리베이터는 절대 이용하지 않도록 하며 계단을 이용한다.
- 대피 시에는 연기 · 가스에 의한 질식이나 호흡기관의 장애를 초래할 위험이 있으므로 풍향에 따라 적절히 행동하고 물수건으로 입과 코를 막고 이동한다.
- 대피장소 등 안전한 곳에 도달한 이후에는 지역재난안전대책본부의 별도 안내가 있을 때까지 무단 이동하지 않고 대기한다.
- 재난방송 청취 등 상황전개현황을 지속적으로 파악한다.
- 스마트폰이나 휴대용 라디오 등을 소지하여 재난온라인방송을 청취한다.
- 국민안전처에서 발송하는 재난문자전송서비스(CBS) 지속적으로 확인한다.
- 안전이 확인된 이후 이동 및 귀가한다.
- 지역재난안전대책본부의 별도 안내가 있기 전까지 무분별한 이동을 자제한다.
- 추가적인 공동구 재난이 발생할 수 있으므로 공동구 인근에는 접근하지 않도록 유의한다.
- 집에 도착한 후에 전력, 통신, 상수 등의 이상 유무를 점검하고, 이상이 의심될 경우에는 지자체 및 한전, KT, 상수도사업소 등에 점검 및 복구를 요청한다.

3.2.16 댐 붕괴

1) 댐 붕괴 - 우려 시

- 댐 붕괴 징후(대규모 홍수 및 지진 발생시)가 발생할 경우, 댐 관리기관-지자체-정부에서 경고방송 및 재난방송을 실시하므로 TV, 라디오, 인터넷 등을 통해 재난상황을 지속적으로 주의 깊게 확인한다.
- 침수에 대비하여 가스를 잠그고 전기제품의 전원을 끄고, 집 주변에 있는 물건을 치우거나 고정시켜 두며, 중요한 물건은 높은 곳으로 옮긴다.
- 지역 재난안전대책본부 및 경찰서, 소방서 등 주요기관들의 전화번호를 확인하고 온 가족이 알 수 있는 곳에 두고, 지역 주민(마을대표 등)간의 비상연락망을 유지한다.
- 지역 재난안전대책본부를 통하여 댐 붕괴 시 해당지역의 비상대피장소를 미리 확인하고 동선(대피로)과 대피방법을 확인한다.

2) 댐 붕괴 - 발생 시

- 댐 붕괴 발생 시 지역재난안전대책본부의 통제에 따라 지정된 장소로 즉시 대피한다.
- 대피장소로 이동할 시간적 여유가 없을 경우에는 주변의 고지대로 비상대피하고 지역재난안전대책본부 또는 소방서, 경찰서 등에 구조를 요청한다.
- 댐 붕괴로 인한 홍수에는 붕괴된 구조물 조각들과 토석류들이 쓸려서 내려오므로, 절대 하천에 접근하지 않도록 한다.
- 대규모 지진으로 인한 댐 붕괴 시에는, 추가 여진 등으로 인한 2차 피해가 발생할 수 있으므로, 건물이나 제방 인근으로 접근하지 않도록 한다.
- 강우가 지속될 경우에는 신속한 피해복구 및 물자 지원이 어려울 수 있으므로, 확보하고 있는 물자는 아껴서 사용한다.

3) 물이 빠진 후

- 침수로 인하여 지반 및 도로가 약해져서 붕괴위험이 있으므로, 재난안전본부 등의 별도 안내가 있기 전까지 무분별한 이동을 자제하며, 안전이 확인된 이후 이동 및 귀가한다.
- 집에 도착한 후에도 붕괴 가능성을 사전에 점검하고 들어가야 하며, 이상이 의심될 경우에는 재난안전본부 및 소방서 등에 점검을 요청한다.
- 집이 파손되었을 경우에는 임시대피소로 이동하고 재난관리기관에 복구지원을 요청한다.

3.2.17 수난사고

- 의식 없는 사고자를 구하였을 때의 응급조치 요령
- 구조요원 또는 119에 신고되어 있지 않다면 즉시 신고한다.
- 가장 먼저 인공호흡을 실시한다.
- 구조하면서 수중에서도 곧바로 실시해야 한다.
- 물을 빼고자 복부나 등을 누르는 행위는 하지 않는다.
- 사고자의 위속에 있는 물과 음식물을 오히려 역류시켜 기도를 막을 수 있으며, 구토물이 기도를 통해 폐에 흡수될 가능성이 있기 때문에 물을 빼는 것이 더 위험할 수 있다.
- 또한 인공호흡이 늦어지게 되므로 그만큼 사고자의 소생가능성이 작아지며, 이후의 응급처치 요령은 일반적인 심폐소생술 요령과 동일하다.

1) 파도가 갑자기 높아져 위험할 때

- 물을 안 먹으려고 애쓰기보다는 다소 마시게 되더라도 체력소모를 줄이도록 편안한 상태를 유지하는 것이 안전하다.
- 머리는 수면상 위에 내밀고 큰 파도가 덮칠 때는 깊이 잠수할수록 안전하다.
- 체력이 다하여 움직일 수 없거나 지쳤을 때 배영, 선헤엄 등으로 휴식을 취하면서 파도에 몸을 맡기는 것이 안전하다.

2) 수초에 감겼을 때

- 수초에 감겼을 때는 부드럽게 서서히 팔과 다리를 움직여 풀어야 하고 만약 물 흐름이 있으면 흐름에 맡기고 잠깐만 조용히 기다리면 감긴 수초가 헐거워지므로 이때 털어버리듯이 풀고 수상으로 나오는 것이 안전하다.
- 놀라서 발버둥 칠 경우 오히려 더 휘감겨서 위험에 빠질 수 있으므로 침착하게 여유를 가지고 호흡하며, 서서히 부드럽게 몸을 수직으로 움직이면서 꾸준히 헤엄쳐 나오는 것이 안전하다.

3) 하천이나 계곡물을 건널 때

- 물결이 완만한 장소를 선정하여, 될 수 있으면 바닥을 끌듯이 이동하는 것이 안전하다. 시선은 건너편 강변 둑을 바라보고 건너야 한다.
- 이동방향에 돌이 있으면 될 수 있으면 피해서 가는 것이 안전하다.
- 지팡이 등으로 수심을 재면서 이동한다(지팡이는 약간 상류 쪽을 짚는다).
- 물의 흐름에 따라 이동하되 물살이 셀 때는 물결을 약간 거슬러 이동한다.

4) 무릎 이상의 깊은 급류를 건널 때

- 건너편 하류 쪽으로 밧줄(로프)을 설치하고 한 사람씩 건너도록 한다.
- 밧줄은 물위로 설치하고 밧줄이 없을 때에는 여러 사람이 손을 맞잡거나 어깨를 지탱하고 물 흐르는 방향과 나란히 서서 건너도록 한다.

5) 물에 빠졌을 때

- 흐르는 물에 빠졌을 때는 물의 흐름에 따라 표류하며 비스듬히 헤엄쳐 나온다. 옷과

구두를 신은 채 물에 빠졌을 때는 심호흡을 한 후 물속에서 새우등 뜨기 자세를 취한 다음 벗기 쉬운 것부터 차례로 벗고 헤엄쳐 나온다.

표 3.9 2014년 물놀이 사망사고 현황

• 시 · 도별

구분	계	인천	경기	강원	충북	충남	전북	경북	경남	제주
인원	24	1	5	4	2	2	3	2	4	1

• 원인별

계	안전부주의	수영미숙	음주수영	기구전복	높은파도(급류)
24	6	12	3		3

• 장소별

계	하천 · 강	해수욕장	계곡	유원지	저수지	바닷가 (갯벌,해변)	기타
24	14	3	4			2	1

• 시기별

계	6월				7월				8월			
	소계	초순	중순	하순	소계	초순	중순	하순	소계	초순	중순	하순
24	8	4	2	2	10	2	1	7	6	5		1

• 요일별

계	월	화	수	목	금	토	일
24	5	2	1	2	7	3	4

• 시간대별

계	00:00–10:00	10:01–12:00	12:01–14:00	14:01–16:00	16:01–18:00	18:01–20:00	20:01–24:00	미상
24		4	5	8	6	1		

• 연령별

계	10세미만	10대	20대	30대	40대	50대이상
24	2	6	4	4	4	4

6) 고립 지역에서의 행동

- 자기 체온 유지에 관심을 둬야 하며 무리한 탈출 행동을 삼간다.
- 가능한 모든 방법을 이용하여 구조신호를 보낸다(옷이나 화염을 이용).
- 가능하다면 라디오 방송을 청취하여 상황에 대처한다.

7) 계곡에서 야영지를 선택할 때

- 계곡에서 야영지를 선택할 때는 물이 흘러간 가장 높은 흔적보다 위쪽에 있도록 하고, 대피 할 수 있는 고지대와 대피로가 확보된 곳을 선정하며 낙석과 산사태 위험이 없는 곳으로 선택한다.
- 물놀이사고 및 안전사고 발생 때는 즉시 119(해상은 122)로 신고한다.

3.2.18 승강기 안전사고

우리는 일상생활 중 아파트와 빌딩, 병원, 백화점 등에서 승강기를 많이 이용한다. 이제 승강기 없는 생활은 상상할 수 없을 만큼 그 중요성이 갈수록 커지고 있다. 이토록 중요한 승강기를 올바로 이용 하지 않으면 고장이나 사고가 발생할 수 있기 때문에 다음과 같은 이용 수칙을 꼭 지켜줄 것을 당부하고 있다.

- 정원 및 적재하중의 초과는 고장이나 사고의 원인이 되므로 엄수하여야 한다.
- 조작반의 인터폰 및 비상정지스위치 등을 장난하지 말아야 한다.
- 승강기 내에서 뛰거나 구르는 등의 행동을 하지 말아야 한다.
- 어린이와 노약자는 가급적 보호자와 함께 이용하도록 하여야 한다.
- 문턱에 이물질이 끼거나 틈새에 물이 들어가지 않도록 해야 한다.
- 화재 시에는 승강기를 타지 말고 비상계단을 이용해야 한다.
- 도어개폐기 출입문에 기대면 손이나 옷자락이 딸려 들어가므로 조심해야 한다.
- 정전이나 고장 등으로 승강기 안에 갇히면 인터폰으로 구조를 요청하고 보수업체, 119 구조대 등의 구조를 받을 때까지 침착하게 기다린다.

1) 승강기 안전 문화

승강기는 많은 사람이 이용하는 공동 시설물이므로 올바른 이용수칙과 함께 에티켓을 준수하여야 한다. 특히 승강기를 "타거나 내릴 때 질서 지키기", "어린이와 노약자에게 우선 양보", "뒤에 오는 탑승자를 위해 버튼 누르기" 등의 기본적인 에티켓을 지키면 본인은 물론 이용자 모두가 상쾌하게 이용할 수 있고 사고예방에도 도움이 된다.

- 승강기를 타고 내릴 때는 질서를 지킨다.
- 어린이와 노약자가 먼저 타고 내릴 수 있도록 양보한다.
- 승강기 버튼으로 장난치지 말고 카 안에 휴지나 오물을 버리지 말아야 한다.
- 승강기 안에서 떠들지 말고 담배를 피우지 말아야 한다.
- 승강기 안에서 발을 구르는 등 충격을 주지 말아야 한다.
- 뒤에 타는 이용자를 위해 열림 버튼을 눌러준다.
- 정원이 초과되면 마지막에 탄 승객이 내린다.

2) 승강기 고장 시 안전구조

평소에 제대로 운행되던 승강기가 갑작스러운 정전이나 고장이 발생해 카 안에 갇히게 되는 경우가 있다. 이럴 땐 당황하고 조급한 마음으로 카 문을 열고 탈출을 시도하다가 승강로 아래로 추락하는 사고를 당할 수 있다. 이용 중이던 승강기가 갑작스러운 정전이나 고장을 일으켰을 때는 절대로 당황하지 말고 침착하게 카 내에 부착되어 있는 인터폰으로 관리사무실 등에 알려 전문가로부터 안전한 구조를 받아야 한다.

- 정전 등의 이유로 실내조명이 꺼지더라도 당황하지 말고 인터폰으로 연락하여야 한다.
- 임의로 판단하여 탈출을 시도하지 말아야 한다.
- 구조의 요청으로 구출되는 경우 반드시 구출자의 지시에 따라야 한다.
- 승강기 문을 강제로 개방하지 말아야 한다.

3) 에스컬레이터 안전 수칙

백화점, 대형 할인매장 등의 유통시설과 지하철역 등에 설치, 운행되는 에스컬레이터와 수평보행기의 이용에 따른 안전사고가 갈수록 늘어나고 있다. 특히 어린이들이 안전수칙을 제대로 지키지 않아 많이 발생하는 에스컬레이터 사고는 발판의 가장자리에 옷자락이나 신체의 일부가 끼여서 일어나는 사례가 대부분이지만, 수평보행기의 경우처럼 서로 교차하는 지점의 삼각부에 머리를 부딪쳐 부상을 입기도 한다. 안전이용수칙을 지켜 사고를 예방한다.

- 옷이나 물건 등이 틈새에 끼이지 않도록 주의해야 한다.
- 핸드레일 밖으로 몸을 내밀지 말아야 한다.
- 디딤판 위에 앉지 말아야 한다.
- 어린이나 노약자는 보호자가 손을 잡고 타야 한다.
- 사고 발생 시에는 비상정지버튼을 조작하여 작동을 멈추게 해야 한다.

☑ 국민안전처(장관 박인용)는 장마가 시작되는 6월 말부터 장마 기간 동안 에스컬레이터나 무빙워크 이용 시 신발의 물기로 인한 미끄럼사고 발생에 주의해 줄 것을 당부하였다.

☑ 국가승강기정보센터 통계를 분석한 결과, 지난 3년간('13~15) 에스컬레이터에서 발생한 안전사고는 총 143건이며, 이로 인한 인명피해는 192명(사망 3명, 부상 189명)인 것으로 나타났다.

- 사고 유형으로는 발 디딤판에서 미끄러져 넘어지는 사고가 65%(124명)로 가장 많았고, 콤[31]과 스커트가드[32]등에 신발 등이 끼이는 사고가 14%(26명)로 그 뒤를 이었다.
- 또한, 장소별로는 대형마트 등 판매시설(52%, 101명), 지하철 역사 등 운수시설(43%, 82명)이 대부분을 차지하였다.
- 한편, 에스컬레이터 종류를 기준으로 하면 계단식 에스컬레이터에서 59%(114명), 무빙워크에서 41%(78명)의 비율을 나타냈다.

〈에스컬레이터 사고 유형〉

〈에스컬레이터 사고 장소〉

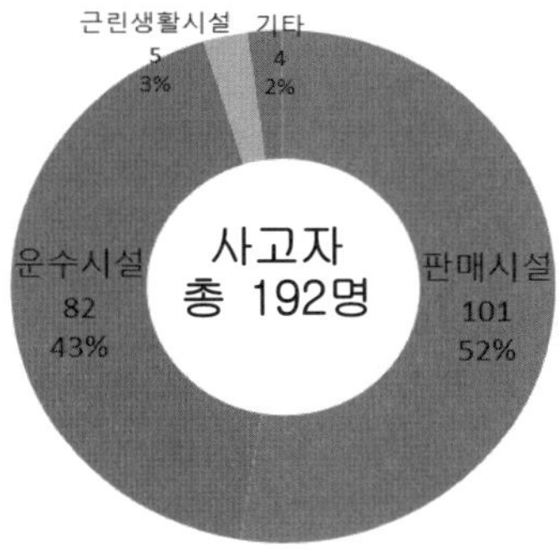

용어정리

- 콤 : 에스컬레이터 탑승지점과 하차지점의 승강장 발판에 설치되는 빗(comb) 모양의 장치
- 스커트가드 : 에스컬레이터 양쪽 면에서 튀어나온 부분으로 난간을 고정하는 역할

☑ 연령대별 인명피해 현황은 61세 이상 고령자가 65명으로 가장 많았고, 50대, 40대, 30대 순으로 감소하다가 15세 이하 어린이에서 다시 증가하는 것으로 나타났다.

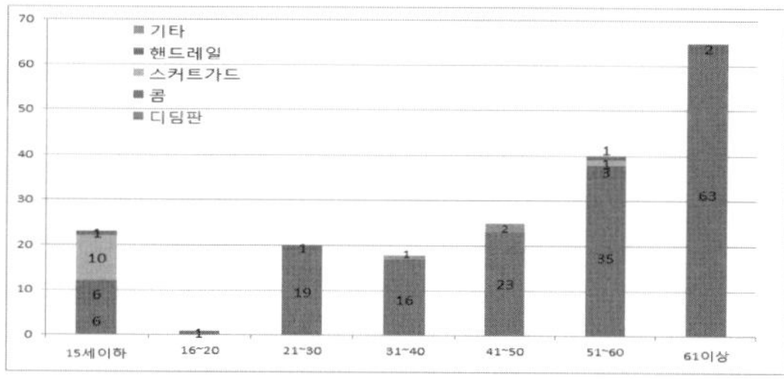

- 연령대별 사고 유형을 살펴보면, 모든 연령대에서 넘어지는 사고가 가장 많았으나, 어린이(15세 이하)는 디딤판이나 스커트가드에 신발 등의 끼임사고가 가장 많았다.

☑ 에스컬레이터를 안전하게 이용하기 위해서는,

- 탑승 시에는 디딤판의 노란색 안전선 안에 탑승하고, 손으로는 핸드레일을 꼭 잡도록 한다.
- 유아, 애완동물과 함께 타는 경우에는 반드시 안도록 하고, 어린이와 노약자들은 보호자의 손을 꼭 잡고 탄다.

☑ 국민안전처는 "비오는 날에는 신발이 물에 젖어 에스컬레이터나 무빙워크에서 미끄러져 넘어지기 쉬우니, 걷거나 뛰지 말고 핸드레일을 꼭 붙잡고 이용해 줄 것"을 당부하였다.

3.2.19 어린이 안전사고

1) 학교안전

학교 안전사고란 교육활동 중에 발생한 사고로서 학생·교직원 또는 교육활동참여자의 생명 또는 신체에 피해를 주는 모든 사고 및 학교급식 등 학교장의 관리·감독에 속하는 업무가 직접 원인이 되어 학생·교직원 또는 교육활동참여자에게 발생하는 질병으로서 대통령령이 정하는 것을 말한다(학교안전사고 예방 및 보상에 관한 법률 제2조 제6호).

학교장의 관리·감독하의 질병(학교안전사고 예방 및 보상에 관한 법률 시행령 제3조)은 다음과 같다.

- 학교급식이나 가스 등에 의한 중독이 있다.
- 일사병으로 쓰러질 수 있다.
- 이물질의 섭취 등에 의한 질병이 있다.
- 이물질과의 접촉에 의한 피부염이 있다.
- 외부 충격 및 부상이 직접적인 원인이 되어 발생한다.

가. 수업 중 안전수칙 – 과학 수업

① 실험을 할 때에는 실험복을 입고 필요한 경우 마스크와 고무장갑을 착용해야 한다.
② 선생님 허락 없이 시약을 맛보거나 냄새 맡기, 만지기 등을 하면 안 된다.
③ 시약병에서 시약을 덜어 낼 때 반드시 시약의 이름표(라벨)를 확인한 후 깨끗한 용기에 덜어 내야 한다. 이때 필요한 만큼 덜어 내도록 하며 쓰고 남은 시약이라도 절대 원래의 시약병에 다시 넣어서는 안 된다.
④ 시약을 조제하여 보관할 때에는 시약 이름과 제조 일자를 기록한 이름표를 붙인다.
⑤ 시험관을 가열할 때에는 시험관의 주둥이가 다른 사람을 향하게 해서는 안 된다.
⑥ 유리로 된 실험 도구가 깨질 경우 깨진 유리 조각에 다칠 염려가 많으므로 특별히 주의하여야 한다.
⑦ 자주 사용하는 알코올램프의 경우 깨진 것은 좋지 않으며, 불을 붙일 때나 끌 때에는 반드시 확인한다.
⑧ 알코올램프가 엎질러져 불이 나면 물을 끼얹거나 모래를 뿌린다.
⑨ 수업 중에 실험 도구로 친구들과 장난치지 않는다.
⑩ 실험이 끝나면 실험 도구와 시약 등을 원래의 위치에 정리 정돈하고 수도꼭지, 전열 장치의 전열 플러그, 가스 밸브의 여닫기를 확인하여 안전 점검을 철저히 한다.

나. 수업 중 안전수칙 – 체육 수업

① 운동하기 전에는 충분한 준비 운동을 하여야 한다.
② 선천적으로 허약하거나 질병이 있는 경우 미리 선생님께 말씀 드리도록 한다.
③ 오래 달리기를 할 때에 힘이 들면 걷기와 달리기를 반복하도록 한다.
④ 개인 운동기구는 반드시 한 사람씩 이용한다.
⑤ 모든 운동은 난이도에 따라 쉬운 것을 충분히 익힌 다음에 어려운 것을 하도록 한다.
⑥ 고학년이 하는 어려운 운동을 무리하게 따라 하지 않는다.
⑦ 충분히 공간을 두고 활동하며, 철봉 주위에서 장난치지 않도록 한다.
⑧ 매트 및 뜀틀 운동을 할 때에는 앞 사람이 완전히 매트를 떠날 때까지 대기한다.
⑨ 낮은 철봉에서 디딤판(뜀틀)을 이용하여 충분히 연습을 한 다음, 단계적으로 디딤판 없이 운동하도록 한다.

다. 수업 중 안전규칙 – 미술 수업

① 미술 도구나 용품을 바닥에 떨어뜨리거나 흘리지 않는다. 흘린 경우는 즉시 닦아 바닥을 깨끗이 한다.

② 미술 도구나 재료를 입에 넣지 않는다. 어떤 재료들은 피부에 닿는 것만으로도 해로울 수 있다.

③ 모든 도구와 재료는 자기 자리에서 정돈해 가며 사용하고, 자리 주변을 어질러 놓아 지나가는 친구들이 날카로운 것에 찔리거나 걸려 넘어지는 일이 없도록 한다.

④ 가위, 칼, 스템플러, 펀치 등의 도구를 사용할 때에는 무리하게 힘을 주지 말고 조심해서 사용하며 도구를 가지고 장난치지 않아야 한다.

⑤ 종이에 손이 베지 않도록 주의를 해야 한다.

라. 교실 내 안전수칙

① 쉬는 시간에 교실에서 뛰지 않도록 한다. 뛰어 다니다가 친구들과 부딪히거나 책상모서리에 부딪히면 크게 다칠 수 있다.

② 교실에서 공놀이를 하지 않는다. 잘못하여 앉아 있는 다른 친구들이 그 공에 맞아 다칠 수 있다.

③ 청소 시간에 비치된 가구나 청소 도구로 장난치지 않는다. 청소 후에는 대걸레, 양동이 등 청소 도구를 제자리에 정리, 보관하도록 한다.

④ 교실 앞뒤에 부착되어 있는 게시물을 떼지 않는다. 게시물은 보통 본드나 압정, 핀 등으로 고정되어 있어 위험하다.

⑤ 창틀에 올라가서 밖을 보거나, 윗몸을 많이 밖으로 내밀거나 또는 창틀에 기대어 앉는 행위를 하면 떨어질 위험이 있다.

⑥ 칼, 가위 등 위험한 물건으로 장난치거나 뾰족한 연필 등으로 장난을 치면 다치기 쉬우므로 조심해야 한다.

⑦ 창문 밖으로 물체를 던지지 않는다. 작은 물체라도 지나가는 사람이 맞으면 중력에 의해 큰 충격을 받을 수 있다.

⑧ 끈이나 줄로 목을 잡아당기는 장난은 몹시 위험하므로 삼가도록 한다.

마. 복도 및 계단에서의 안전수칙

① 비나 눈이 오는 날에 복도나 계단이 미끄러우니 조심한다.

② 복도나 계단에서는 한쪽으로 통행을 하며, 천천히 걸어서 다른 사람의 활동을 방해하지 않도록 주의해야 한다.
③ 복도에서 달리기나 씨름 등 장난을 하면, 다른 사람에게 피해를 주고 다치기 쉬우므로 주의를 해야 한다.
④ 복도나 계단에 휴지나 간식 부스러기를 흘리지 않는다. 이로 인해 걸리거나 미끄러져 넘어질 수 있기 때문이다.
⑤ 학급 단위로 또는 여러 사람이 함께 계단 이동 시 앞뒤 사람과 충분한 거리를 두고 이동하는 것이 안전하다.
⑥ 계단을 두 칸씩 뛰다가 헛디뎌 다치는 경우가 있으며, 한눈을 팔면 발을 잘못 디뎌 다치게 되므로 주의해야 한다.
⑦ 계단을 오르내릴 때에는 난간을 잡고 이동하는 것이 안전하다.
⑧ 계단 난간을 넘거나 난간을 타고 내려오는 등의 위험한 행동은 하지 않도록 한다.

바. 화장실에서의 안전수칙

① 화장실에서는 절대 뛰거나 장난치지 않는다. 학교 안의 다른 공간보다 미끄러운 화장실에서는 더욱 큰 사고가 날 수 있다.
② 변기나 세면대 위에 올라가지 않는다.
③ 화장실 청소 도구로 장난치지 않는다. 특히, 화장실 청소 세제는 위험하므로 함부로 사용하지 않아야 한다.
④ 기다리는 사람이 많을 경우 차례를 지키며, 화장실 내 시끄럽게 잡담을 하지 않는다.

사. 운동장에서의 안전수칙

① 야구나 축구 경기를 할 때 다른 사람에게 피해를 주지 않아야 하며, 서로 부딪혀 다치는 경우를 예방하기 위해 경기 규칙을 잘 지켜야 한다.
② 저학년과 고학년 학생이 함께 경기를 하지 않는다. 저학년 학생이 고학년 학생을 무리하게 따라잡으려다 다치는 경우가 많다.
③ 공이 담을 넘어가면 공을 찾기 위해 담을 넘거나 차도로 뛰어들지 않는다.
④ 운동장 바닥에 있는 운동 기구나 공 등에 걸려 넘어지지 않도록 자기 주변을 항상 확인한다.
⑤ 운동장에 비치된 놀이 기구들의 사용 방법을 바르게 익혀 안전하게 이용하며 놀

이 기구 위에서 친구와 장난치지 않는다.

⑥ 친구들에게 운동자의 모래나 흙을 뿌리지 않는다.

⑦ 운동장 바닥에는 날카로운 쇳조각이나 유리 조각이 떨어져 있을 수 있으므로 맨발로 놀지 않는다.

⑧ 여름철에는 놀이기구가 햇볕에 의해 심하게 뜨거워지는 경우가 있으므로 놀이기구를 잡을 때 주의한다.

아. 기타 학교생활 안전수칙 – 출입문 또는 현관문

① 교실 출입문이나 건물 현관문에 매달리거나 장난치지 않는다. 특히 현관문은 다른 문에 비해 무거우며 유리문의 경우 크게 다칠 수 있다.

② 문을 여닫을 때에 뒷사람이 없는지 확인한다.

③ 문을 너무 세게 여닫으면 문이 망가지거나 주변 벽에 부딪혀 벽을 상하게 할 수 있으니 조심스럽게 사용한다.

자. 기타 학교생활 안전수칙 – 점심시간

① 반드시 손을 씻고 식사를 한다.

② 뜨거운 국을 잘못 다루면 다른 사람에게 엎질러 화상을 입힐 수 있으므로, 식판을 들 때에는 항상 주의를 해야 한다.

③ 식사할 때 수저나 포크를 가지고 장난치지 않는다.

④ 음식물을 바닥에 흘리지 않도록 주의를 해야 한다.

⑤ 점심시간에는 이리저리 교실을 돌아다니지 않는다. 다른 친구들에게 방해가 되지 않도록 너무 큰 소리로 떠들지 않는다.

차. 기타 학교생활 안전수칙 – 이동 수업

① 교실을 이동하여 수업을 할 때에 선생님의 인솔에 따라 조용하고 질서 있게 이동해야 하며, 앞뒤 사람과 일정한 거리를 유지한다.

② 당번은 마지막에 전등/전기 기구 등을 끄고 인화 물질은 점검한 후, 문을 잠그고 이동한다.

③ 빈 교실에 남아 있는 어린이가 없도록 하며, 몸이 불편한 어린이는 보건실에서 치료를 받도록 해야 한다.

2) 놀이안전

가. 놀이·스포츠 사고 원인

어린이는 위험한 상황을 인식하고 그에 대처할 수 있는 민첩성과 조정능력이 부족하기 때문에 사고를 당하기 쉽다. 놀이터에서 기구에 오르다가 빠지거나 추락할 수 있으며 움직이는 기구에 부딪히기도 한다. 기구들이 너무 좁게 비치되어 있으면 기구 자체에 충돌할 수 있으며 설계나 관리가 잘못되어 날카로운 부분에 다칠 수도 있다. 놀이터에서 차도로 나가 차에 부딪치기도 하며 많은 어린이들이 한꺼번에 기구를 사용하다가 사고가 나기도 한다. 도시화에 따라 어린이들이 위험한 도로나 주차장에서 놀다가 사고를 당하는 경우가 많다. 놀이기구를 타다가 떨어지거나 고정된 물체와 충돌하기도 하며 특히 보호장구를 착용하지 않아 크게 다치는 경우가 많다. 장난감 총알을 맞아 출혈하거나 귀나 코에 들어가 빠지지 않는 경우, 입에 들어가 질식 위험에 처한 경우도 있다. 장난감에 칠해진 페인트에서 납 성분이 검출되기도 한다. 줄이 달린 장난감을 가지고 놀다가 목이 졸릴 수도 있으며 장난감 불꽃을 가지고 놀다가 화상을 입을 수도 있다.

나. 놀이터 설계

① 기구 높이와 동일한 지름의 낙상지대를 설계한다.
② 바닥의 두께는 추락의 충격을 흡수할 수 있도록 15cm 이상이어야 한다.
③ 좋은 바닥은 톱밥이나 짚, 잔디나 흙, 아스팔트나 콘크리트 순이다.
④ 기구나 울타리가 보호자의 시야를 막아서는 안 된다.
⑤ 놀이기구에서 180cm 이상 떨어진 높이 120cm 이상의 담장을 쌓는다.
⑥ 계단 손잡이나 보호 장치가 제대로 되어 있어야 한다.

다. 오르기 기구

① 가로대를 양손으로 잡고 올라간다.
② 다른 사람이 내려오는 방향으로 올라가지 않는다.
③ 위에 있는 사람의 발을 잡거나 흔들지 않는다.
④ 내려올 때는 아래를 잘 살핀다.
⑤ 젖어 있는 기구에서는 놀지 않는다.

라. 그네

① 완전히 정지한 후에 타고 내린다.
② 줄을 양손으로 잡고 타며 그네가 움직이는 도중에 뛰어 내리지 않는다.
③ 한가운데에 앉아서 탄다.
④ 배를 깔고 엎드려서 타거나 서서 타지 않는다.
⑤ 사슬을 꼬지 않는다.
⑥ 다른 사람이 타고 있을 때 앞뒤로 지나가지 않는다.

마. 미끄럼틀

① 미끄럼판으로 올라가지 않고 반드시 계단을 이용한다.
② 앞사람이 올라간 다음 올라간다.
③ 손잡이를 꼭 잡고 한 계단씩 올라간다.
④ 다른 사람을 밀거나 당기지 않는다.
⑤ 한 사람씩 앉아서 내려온다.
⑥ 엎드려 타거나 서서 타지 않는다.
⑦ 내려온 뒤에는 다음 사람이 내려오다 부딪치지 않도록 빨리 비켜준다.

바. 시소

① 함께 타는 친구와 마주보고 탄다.
② 반동으로 튕겨나갈 수 있으므로 손잡이를 꼭 잡고 탄다.
③ 시소를 탄 채 자리에서 일어나거나 뛰지 않는다.
④ 내릴 때는 같이 타는 친구에게 미리 말하고 조심하여 내린다.
⑤ 시소 밑에 발을 둔 채로 내리지 않는다.

사. 철봉

① 자신의 키보다 너무 높은 철봉에 매달리지 않는다.
② 거꾸로 매달리지 않는다.
③ 내려올 때는 발에 충격이 올 수 있으므로 주의한다.

3) 가정안전

가. 낙상사고

6세 미만의 어린이들의 낙상사고가 전체 낙상사고의 67.2%를 차지하고 있으며, 낙상 사고의 약 46.7%가 가정 내에서 발생한다. 영아는 가구에서 낙상을 당하기 쉽고, 3～5세가 되면 가구 위로 기어 올라가 창문에서 떨어지는 사고가 많아진다.

나. 중독 및 삼킴 사고

중독 및 질식 사고는 가정 내 발생하는 사고가 가정 외 발생하는 사고보다 월등히 높으며(중독의 경우 가정 내가 85%를 차지), 3세 이하의 영·유아에게서 많이 발생하고 있다. 이는 3세 이하의 영·유아는 입에 넣어도 좋을 것과 넣어서는 안 될 것의 구별이 안 되므로 뭐든 손에 잡히면 일단 입으로 가져가서 확인해 보려고 하는 특성 때문이다.

다. 화상사고

3세 이하의 영·유아 사고가 63.9%로 가장 큰 비중을 차지하고 있다. 이는 3세 이하의 영·유아는 위험을 인지하지 못하고 주위 환경에 적응이 미숙하며, 위험한 화상 상황에서 대피할 능력이 부족하기 때문이다. 이러한 화상사고 발생 장소 중 가정 내가 64%로 가장 많으며, 가정 내에서는 주방기기나 열기구의 사용이 상대적으로 많은 '주방, 부엌'이 53.9%로 가장 높다.

라. 익사사고

익사사고는 70% 이상은 바다나 강 등에서 발생하지만 5% 정도는 가정 내에서 발생하고 있다. 특히 가정 내 익사사고는 1세 이하의 영아에게서 많이 발생하고 있다. 생후 12개월 이하 유아 익사사고의 절반은 욕조에서 목욕 도중 발생하며, 화장실 변기나 큰 물통에서도 발생한다. 기어 다닐 수 있는 7～15개월 된 아이는 마루를 닦거나 집안일을 위해 쓸 물이 담긴 물통에서도 익사할 수 있다. 가라앉은 지 2분이면 아이는 이미 의식을 잃게 되고 뇌 손상은 4～6분 후에 발생하며, 10분이 지난 후 발견하면 거의 사망에 이른다.

마. 기타사고

날카로운 물건에 베는 일, 찰과상 등 출혈을 동반하는 큰 사고를 당하기도 한다.

4) 장소별 안전수칙

가. 방과 거실

① 벽에 무거운 물건을 걸지 않는다. 특히 어린아이의 손이 닿는 곳에는 아무것도 걸지 않는다. 벽에 물건을 걸었을 경우에는 안전하게 걸려 있는지 항상 확인해야 한다.

② 쉽게 움직일 수 있는 물건은 테이블 위에 놓지 말아야 한다. 물건이 아이들의 머리 위에 떨어질 수 있기 때문이다.

③ 아이들 방에는 가벼운 가구를 두지 않는다. 아이들이 가구를 끌고 다녀 다칠 수 있기 때문이다.

④ 이층 침대는 되도록 사용하지 않으며, 침대의 높이는 아이들이 혼자서 오르내릴 수 있을 정도가 적당하다. 또한 보조난간을 설치하고 모서리가 둥근 것을 선택한다.

⑤ 창문의 모양에 따라 안전 고리를 설치하고 안전망이나 난간을 설치한다.

⑥ 어린이가 딛고 올라갈 수 있으므로 창문 옆에는 침대나 가구를 두지 않는다.

⑦ 창틀 위에 어린이의 호기심을 자극하는 장난감이나 물건을 올려놓지 않는다. 아이들이 이것을 꺼내기 위해 기어 올라가 사고가 날 수 있다.

⑧ 가전제품의 뒷부분이나 전기콘센트, 난방기구 등을 만질 수 없도록 설치하고 장난을 치지 않도록 지도한다. 특히 젖은 손으로 전기선을 만지지 않도록 한다.

⑨ 콘센트를 사용하지 않을 경우에는 안전 덮개로 덮어주도록 한다.

⑩ 침대, 쇼파, 가구 등에 올라가지 않도록 지도한다.

⑪ 장롱 안에 들어가지 않도록 지도한다.

⑫ 의약품이나 화학제품 등은 어린이 손이 닿지 않는 곳에 두도록 한다.

나. 욕실, 화장실

① 세면대 혹은 변기의 윗부분에 유리컵이나 화장품 등을 얹어 놓지 않도록 한다.

② 세면대에 매달리거나 변기 뚜껑을 밟고 위에 올라가지 않도록 지도한다.

③ 욕실 앞 깔개는 뒷면에 미끄럼 방지 처리가 된 것을 선택한다.

④ 욕실의 벽이나 욕조 바로 옆에 손잡이 봉을 부착하여 미끄러질 때 잡을 수 있도록 한다.

⑤ 바닥에 고무매트나 안전발판 같은 미끄럼 방지 도구를 깔아둔다.

⑥ 아이가 욕실 바닥에 물건을 늘어놓고 장난을 하지 않도록 주의시킨다.

⑦ 세면대가 아이의 키에 맞지 않는 경우에는 받침대를 줄 수 있으나, 받침대가 미끄러질 위험이 있으므로 세숫대야에 물을 받아 바닥에서 사용하도록 한다.
⑧ 아이가 비누조각이나 샴푸 등에 미끄러지기 쉬우므로 사용한 후에는 반드시 비누는 비누 곽에 넣고 샴푸는 즉시 마개를 닫아 둔다.
⑨ 비누, 치약, 샴푸는 쓰고 난 뒤에 제자리에 두고 세제는 아이의 손이 닿지 않는 곳에 보관한다. 아이가 먹을 수 있다.
⑩ 화장실 세탁세제나 변기를 청소하는 솔 등은 변기 위에 놓지 말고 벽장 속에 넣어 잠가둔다.
⑪ 아이들이 어른들의 전기면도기나 헤어 드라이기 등을 욕실에서 젖은 손으로 만지고 장난치지 못하도록 한다.
⑫ 모든 전기제품은 욕실 밖에 두는 것이 가장 안전한 예방책이나 욕실 안에서 사용해야 하는 경우에는 욕조나 변기, 세면기 등에 떨어지지 않도록 잘 보관한다. 반드시 물기가 마른 상태에서 사용해야 하며, 사용하지 않을 때에는 전원 플러그를 뽑아 놓아야 한다.
⑬ 아이가 목욕할 때는 항상 물의 온도를 확인하고 수도꼭지에 머리를 부딪치지 않도록 주의하며 뜨거운 수도꼭지를 아이가 만지지 못하도록 주의한다.
⑭ 만 3세 미만의 아이는 욕조에서 익사할 우려가 있으므로 혼자 욕실에 두지 않도록 한다.
⑮ 세탁기 안에 들어가지 않도록 지도한다.
⑯ 욕실이나 화장실에서는 뛰거나 장난치지 않도록 지도한다.

다. 주방

① 뜨거운 국이나 물이 담겨 있는 냄비를 만지지 않도록 한다.
② 뜨거운 물을 사용할 때는 항상 주의한다.
③ 냉장고 문이 잘 닫혀 있는지 항상 확인한다.
④ 부엌바닥은 미끄럽지 않도록 가능한 왁스칠을 하지 말고, 물기가 있을 때는 즉시 닦는다.
⑤ 싱크대 문을 열고 닫을 때 아이들의 손가락이 문에 끼지 않도록 모든 찬장과 서랍은 잠금 장치를 하거나 손쉽게 열 수 없도록 버튼용 개폐방지 손잡이를 부착한다.
⑥ 칼이나 가위와 같은 날카로운 물건은 아이들의 손이 닿지 않는 곳에 보관하고 위

험한 물건임을 알려주어 만지지 않도록 한다.

⑦ 아이가 가스렌지를 만지지 않도록 하며 항상 중간 밸브를 잠그고 가스누설 자동 차단 장치를 반드시 설치한다.

⑧ 튀김요리를 할 때는 아이들의 접근을 막도록 하며 기름을 식힐 때는 장소를 잘 선정하여 화상사고를 미연에 방지하도록 한다. 특히 튀김용 냄비 등을 바닥에 아무렇게나 두지 않는다.

⑨ 취사 중에는 아이가 부엌에 오지 못하게 하고 증기로 인한 화상사고가 발생하지 않도록 주의하여야 한다.

⑩ 아이들이 쓰레기통을 뒤질 수 있으므로 뚜껑 있는 쓰레기통을 사용하며 날카로운 물건을 버릴 때는 조심해야 한다.

⑪ 엄마가 일하는 곳과 멀리 떨어진 곳에 아이의 놀이 장소를 마련하되 아이도 엄마를 마주 볼 수 있고 엄마도 일하면서 아이를 살펴볼 수 있는 장소를 선택한다.

⑫ 냉장고 안에 들어가지 않도록 지도한다.

라. 창문, 베란다

① 창문, 베란다에는 창문보호대나 난간을 반드시 설치한다. 방충망으로는 안전하지 못하다.

② 문이나 창문에는 잠금 장치를 하여 어린이가 혼자서 창문을 열 수 없도록 한다.

③ 어린이가 창문 밖으로 상체를 내밀거나 베란다 난간에 기대어 서지 않도록 한다.

④ 창문 가까이 가구나 영·유아의 시선을 끄는 물건을 두지 않는다.

⑤ 베란다에는 아이가 딛고 올라설 수 있는 의자나 상자 등을 치우도록 한다.

⑥ 베란다에서는 가급적 어린이 혼자 놀지 않도록 한다.

⑦ 계단표면이 미끄러운 건축자재를 사용하지 않으며 계단 하나하나에 미끄럼 방지틀을 설치하도록 한다.

⑧ 되도록이면 왁스칠을 하지 않으며 왁스칠을 할 경우 미끄러지지 않도록 미리 주의를 준다.

⑨ 계단에는 충분한 높이의 튼튼한 난간을 양쪽에 설치한다.

⑩ 난간은 계단이 끝나는 지점까지 설치하고 수시로 점검한다.

⑪ 계단은 항상 밝게 조명되어야 하며 불필요한 물체나 물기가 없어야 한다.

⑫ 계단 옆의 벽에는 어린이의 시선을 끌 수 있는 그림이나 사진을 걸지 않는다.

⑬ 어린이가 계단을 올라갈 때 보호자는 반드시 아래쪽에서 걸어간다.

⑭ 계단에 날카로운 부위 등 위험이 없는지 수시로 점검한다.

4장 생활안전

4.1 생활안전이란?

4.1.1 생활안전의 이해

도시의 고밀도화, 기상이변 현상의 증가, 산업 고도화 등에 의해 예측하기 어려운 재난이 발생하며 그 피해양상 또한 다양·복잡화되고 있다. 하지만 우리의 일상생활에서는 안전에 대한 의식부족으로 교통·전기·가스화재·폭발·지진 등의 안전사고가 발생하고 있는 실정이다.

이에 예측 불가능한 안전사고로부터 안전하기 위해서는 안전에 관한 지식과 올바른 안전행동의 습관화를 필요로 한다. 안전사고 발생 시 능동적으로 대처할 수 있는 지식을 숙지하고 기술을 익혀 사고로 인한 경제적 손실과 인명피해를 최소화하는 것이 중요하다.

1) 안전한 생활

- 안전한 생활은 인간이 기본적으로 건강하고 행복한 삶을 추구하여 삶의 가치를 높이기 위한 전제조건이다.
- 최근 빈번히 발생하는 안전사고의 증가로 인한 인명피해와 경제적 손실을 최소화하기 위해서는 안전의식의 전환을 통해 사회적으로 생활안전의 중요성을 인지해야 한다.

2) 안전사고 예방의 중요성

- 21세기의 정보화, 산업화, 도시화 등 빠른 환경변화에 비해 그로 인해 발생하는 안전사고에 대한 인식부족, 안전불감증이 증가한다.
- 화재, 물놀이사고, 전기, 가스, 지진, 폭염사고 등 우리의 생활 주변에서 예측하기 어려운 다양·복잡한 유형의 재난사고가 증가한다.
- 재난사고의 위험 가능성과 피해를 최소화하기 위해서는 본인 스스로가 안전지식과 행동요령을 숙지하는 것이 필요하다.

3) 안전의 특성

- 안전은 인간의 기본적인 삶을 유지하기 위한 필수수단으로서 일상생활의 질을 높이기 위해 안전지식과 행동요령의 학습이 필요하다.

- 안전사고는 발생 전까지는 그 중요성을 인지하기 어려우나 사고발생 후에는 안전의식의 중요성이 급속히 퍼진다.
- 가정, 학교, 직장 등의 장소별, 시대별, 세대별 등 특성에 따른 안전지식이나 기술을 습득할 수 있도록 지속적인 안전교육이 필요하다.

4.2 생활안전의 유형별 행동요령

4.2.1 야외활동 안전사고(뱀, 독버섯 등)

1) 야외활동 안전사고

- 야외활동 안전사고는 주로 가을철 산과 들에서 등산 활동이나 명절날 벌초, 성묘 시 벌·뱀·독버섯·예초기에 의해 발생한다.
- 벌에 쏘일 경우 발열, 두드러기, 호흡곤란, 복부통증 증상이 발생하며 심하면 사망에 이르게 된다.
- 뱀에 물릴 경우 근육마비, 혼수상태, 내출혈, 호흡곤란 등의 증상이 나타날 수 있으며 심하면 사망에 이르게 된다. 예초기 작업 중 튄 흙이나 돌에 의해 안구손상이나 피부파열, 칼날에 의해 피부가 베이는 사고가 발생하게 된다.
- 유행성 출혈열에 의해 고열, 두통, 복통, 전신쇠약, 식욕부진 등의 증상이 나타나게 된다.

표 4.1 야외활동 안전사고 원인과 특징

구분	내용
벌 쏘임	등산, 벌초 성묘 등의 야외활동 중 산과 들의 벌에 쏘임
뱀 물림	등산, 벌초, 성묘 등의 야외활동 중 산과 들의 뱀에 물림
예초기 사고	벌초 시 예초기 사용으로 인해 튄 돌이나 흙에 의해 안구손상, 피부파열 초래
독버섯 중독	독버섯 채취나 섭취로 인해 중독사고 발생
야생동물 대·소변	들쥐 등이 대소변, 침에 의해 사람의 호흡기로 전파 시 유행성 출혈열 발생
진드기	쯔쯔가무시균에 감연된 털진드기 유충에 물리거나(쯔쯔가무시병), 보렐리아균에 감염된 흡혈진드기가 피부를 파고 들었을 시 발병
광견병	개, 너구리, 박쥐, 오소리 등 야생동물에게 물려서 발생

- 쯔쯔가무시병에 의해 발열, 두통, 뇌수막염, 난청 등의 증상이 나타날 수 있다. 보렐리아균에 의한 라임병은 뇌염, 발초신경염의 통증이 나타나면 발병 초기에 적절한 치료가 요구된다.
- 독버섯 중독으로 인해 메스꺼움, 설사, 경련, 두통 증상이 나타나며, 심할 경우 간과 신장세포 손상으로 사망에 이르게 된다.
- 광견병균은 포유류에서만 존재하며, 잠복기는 7일에서 1년 정도로 평균 1~2개월로 발병 시 치사율이 90% 이상이다.

2) 야외활동 안전사고 발생 전

가. 벌 쏘임

① 야외활동 시 향수, 화장품, 헤어스프레이 등과 같이 벌을 자극할 수 있는 제품의 사용을 자제하도록 한다.

② 소매가 긴 옷이나 장화, 장갑 등이 보호 장구를 착용해 맨살이 드러나지 않도록 하며 노란색·흰색 계열, 털이 많은 복장을 피해야 한다.

③ 벌초를 하는 경우, 주변 지형을 미리 파악하고 지팡이나 긴 막대 등을 사용해 벌집 유·무를 확인한다.

④ 벌집을 발견한 경우, 벌집을 제거하기 위해 반드시 보호 장구를 착용한 후 분무기 살충제(스프레이) 등을 사용한다.

⑤ 벌집제거가 불가능한 경우 즉시 119에 신고한다.

⑥ 부주의로 벌집을 건드린 경우, 벌을 자극하는 행동을 하지 말고 제자리에서 몸을 최대한 낮은 자세를 취하거나 엎드린다.

⑦ 벌독 알레르기가 있는 사람은 사전에 반드시 해독제와 지혈대 등을 준비하고 사용법을 미리 익힌다.

⑧ 벌 쏘임에 의한 쇼크가 발생할 수 있는 체질은 가능한 야외활동을 자제한다.

나. 독버섯 중독

① 야생에서 버섯을 함부로 채취하거나 먹지 않는다.

다. 뱀 물림

① 산과 들에서 야외활동 시 긴 바지와 발목이 높은 등산화를 착용한다.

② 잡초가 많은 길은 나뭇가지, 지팡이 등을 이용해 잡초로 인해 보이지 않는 뱀의 출몰 여부를 확인한다(뱀의 보호색으로 인해 쉽게 눈에 띄지 않음).

③ 야영지에서 캠핑을 할 경우, 뱀의 접근을 막기 위해 담뱃가루나 백반가루를 텐트 주변에 뿌린다.

라. 예초기 사고

① 작업 실시 전에 예초기 장비 점검을 실시한다(예초기 볼트・너트, 칼날의 kps인증제품 사용, 부착, 조임상태).

② 예초기의 보호덮개를 반드시 부착한다.

③ 칼날에 의해 날아오는 돌이나 흙으로부터 안전하기 위하여 안면보호구와 무릎보호구를 반드시 착용한다.

④ 예초기 사용 시 반경 15cm 이내 사람의 접근을 통제하며 주변의 벌집이나 뱀의 유무를 확인한다.

⑤ 풀이 칼날에 감기거나 작업 중 이동하거나 중지할 경우 반드시 예초기의 시동을 끈다.

마. 야생동물 대・소변

① 야외활동 시 들쥐의 배설물에 접촉하지 않도록 긴 옷을 착용하여 가능한 피부노출을 줄인다.

② 들의 잔디나 풀밭에 짐이나 옷을 함부로 놓지 말고 휴식을 위해 앉거나 눕지 않는다.

③ 야외로 낚시나 캠핑을 자주 가는 사람은 사전에 예방접종을 받는다.

④ 귀가 시 반드시 샤워하고 입은 옷은 세탁한다.

바. 쯔쯔가무시병・라임병

① 야외활동 시 진드기에 물리지 않도록 긴 옷을 착용하며 발을 덮을 수 있는 신발을 착용한다.

② 사전에 진드기 기피제를 뿌린다.

사. 광견병

① 맨살이 드러나지 않도록 소매가 긴 상의나 긴바지를 착용한다.

② 장갑이나 등산화 같은 보호장구를 반드시 착용한다.

③ 바지는 양말, 신발 속으로 넣는다.
④ 산속이나 들판에서는 사람들이 지나간 길의 중앙으로 다닌다.
⑤ 동물을 유인할 수 있는 남은 음식물을 야영지 주변에 놓지 않는다.

3) 야외활동 안전사고 발생 시

가. 뱀 물림 시

① 한번 나타난 독사는 다시 나타날 가능성이 있으므로 뱀에 물린 사람을 사고 지점에서 안전한 곳으로 피신시킨 후 신속히 119에 신고한다.
② 환자의 움직임이 많아지면 독이 빨리 퍼지므로 안정시킨다.
③ 상처 부위보다 심장의 위치를 높게 하여 눕힌다.
④ 뱀에 물린 상처 부위를 깨끗한 물로 독과 이물질을 씻어낸다.
⑤ 독을 입으로 빨아내지 않는다(입 안의 상처나 충치가 있는 경우 더 위험).
⑥ 통증과 함께 뱀에 물린 부위가 부풀어 오를 경우, 상처 부위에서부터 5~10cm 위쪽(심장 쪽)을 끈이나 고무줄 등을 이용해 묶어 독이 퍼지지 않게 묶음(괴사할 수 있으므로 손가락 1개가 들어갈 만큼의 여유 공간을 두어 묶고 반지나 팔찌 같은 액세서리는 뺌).

나. 벌 쏘임 시

① 벌레 쏘였을 경우 핀셋보다는 신용카드 등으로 피부를 밀어 벌침을 뽑은 후 물로 씻거나 얼음찜질을 한다.
② 통증과 부기는 진통소염제나 스테로이드 연고를 바른 후 그늘에서 안정을 취하며 가라앉힌다(응급약품이 없을 시 식초, 레몬주스, 찬물 찜질).
③ 쇼크로 인한 호흡곤란 시 119에 신고 후 구급차가 올 때까지 허리끈이나 꽉 조이는 옷을 풀어 인공호흡을 실시한다.

다. 예초기 사고 시

① 예초기 작업 중 칼날에 의해 튄 돌이나 흙 등의 이물질이 눈에 들어갔을 경우 이물질이 자연적으로 빠져 나오게 하기 위해 고개를 숙이고 눈을 깜박거려 눈물이 나게 한다.
② 이물질을 손으로 비벼 이물질을 강제로 빼려 하면 상처가 악화될 수 있으므로 즉

시 병원진료를 받는다.

③ 예초기 칼날에 손이나 다리 등을 다친 경우 깨끗한 물로 상처를 씻고 소독약을 바른 후 깨끗한 수건이나 천 등으로 감싼 후 즉시 병원진료를 받는다.

④ 예초기 칼날에 의해 손가락 등의 절단사고 발생 시 우선 지혈을 하고, 생리식염수나 물로 씻은 후 멸균 거즈로 절단된 부위를 비닐봉지나 플라스틱 용기로 밀봉한 후 얼음에 넣어 신속하게 병원치료를 받는다.

라. 독버섯 중독사고 시

① 버섯 섭취 후 메스꺼움, 설사, 두통, 구토 등의 독버섯 중독 증상이 나타나면 바로 119로 신고하거나 즉시 병원지료를 받는다.

② 구급차가 도착하기 전에 의식이 있고 경련증상이 없다면 환자가 물을 마시고 토하게 한다.

③ 독버섯에 의한 환자의 증상 파악을 위해 섭취한 버섯을 병원으로 가져간다.

마. 야생동물 대·소변

① 야외활동 후에 1~3주 안에 두통, 발열, 오한 등의 증상이 나타날 경우 유행성출혈열 발병이 의심되므로 즉시 병원치료를 받는다.

바. 쯔쯔가무시병

① 야외활동 후에 두통, 발열, 오한 등이나 심한 감기증상이 나타날 경우 쯔쯔가무시병이 의심되므로 즉시 병원치료를 받는다.

② 벌레에 물린 곳이 발견 될 경우에도 즉시 병원치료를 받는다.

사. 라임병

① 피부에서 이동홍반, 흡혈진드기가 파고든 자국이 발견될 경우 즉시 병원에서 진단 및 치료를 받는다.

아. 광견병

① 곧바로 119에 구조 요청한다.

② 동물에게 물린 부위를 깨끗한 물로 세척하며 소독 후 지혈한다.

③ 상처 부위를 깨끗한 거즈나 천으로 감싸고 즉시 응급실로 간다.

④ 상처치료 후, 10일 정도 광견병이 의심되는 개의 상태를 살펴보고 이상행동 징후가 보이지 않는다면 광견병에 대해 안심해도 된다.

4.2.2 물놀이사고

여름철 물놀이사고는 6~8월에 자주 발생하며 해수욕장, 계곡, 수영장, 하천 등에서 물놀이 인파의 안전부주의로 인해 익사, 조난, 시설안전사고 등의 사고가 발생한다. 물놀이사고가 자주 발생하는 곳이나 입수금지 구역에서는 반드시 정해진 안전수칙에 따라 물놀이를 하지 않아야 한다.

표 4.2 물놀이 발생 원인과 특징

<table>
<tr><th>사고원인</th><th colspan="2">내용</th></tr>
<tr><td>안전수칙 불이행</td><td colspan="2">식사 직후 입수
준비운동 없이 입수
음주상태에서 수영
수영실력 미숙
과로, 피로상태에서의 물놀이
물놀이 위험구역에서 물놀이
무리한 조난자 구조활동</td></tr>
<tr><td rowspan="6">기후, 환경에 의한 사고</td><td>해수욕장</td><td>개인의 부주의(음주, 밀물시간 미숙지, 수영과시)
이안류
독성 해파리</td></tr>
<tr><td>하천, 계곡</td><td>수상레저활동 중 구조장비 미착용 및 안전수칙 불이행
갑작스런 급류발생
장마철 강우량 증가로 수위 증가
수영실력 과시 및 음주수영</td></tr>
<tr><td>수영장</td><td>수영장 내 안전수칙 미숙지
수영실력 과시 및 음주수영</td></tr>
<tr><td>저수지</td><td>수상레저활동 이용 시 구조장비 미착용 및 안전수칙 불이행
수영실력 과시 및 음주수영</td></tr>
<tr><td>계곡</td><td>갑작스런 급류발생
기상이변에 의한 게릴라성 호우로 수위 증가</td></tr>
<tr><td>갯벌</td><td>갯골 지형
일몰시간, 만조시간 미숙지</td></tr>
</table>

1) 물놀이사고 예방대책

- 입수 전 충분히 준비운동을 실시한다.
- 자외선 차단을 위해 햇빛 차단 크림을 바르거나 수영모를 쓴다.
- 음주 후, 식사 직후, 피로한 경우 사고발생 위험이 크므로 수영을 자제한다.
- 물에 들어가기 전에는 심장에서 멀리 있는 다리, 팔, 얼굴, 가슴 등의 순으로 물을 적신 후 입수한다.
- 장기간 수영, 깊은 곳, 물이 너무 차가운 곳에서의 수영을 금지한다.
- 구조 경험이 없는 사람은 무모하게 구조를 하지 않는다.
- 조난자 발견 시 반드시 주위에 알리고 함부로 물속에 뛰어들지 않는다.
- 구조 시 반드시 주위의 장대나 튜브, 로프, 스티로폼 등을 이용해 구조한다.
- 자신의 수영능력을 과신하여 무리한 행동을 하지 않는다.
- 어린이가 물놀이하는 경우 어른들이 볼 수 있는 곳에서 한다.

2) 물놀이 전

가. 해수욕장, 갯벌, 하천, 계곡

① 반드시 안전구역 내에서 물놀이 한다.
② 튜브, 신발 등이 물에 떠내려가는 경우 함부로 건지러 가지 말고 도움을 요청한다.
③ 어린이 물놀이 시 사전안전교육을 반드시 시켜주고 얕은 물이라도 즉시 구조가 가능한 위치에서 보호관찰을 한다.

나. 수영장

① 수영장 바닥은 미끄러우므로 뛰어다니지 않는다.
② 물안경과 수영모자 등 안전규정에 맞는 복장을 착용한다.
③ 수심이 얕은 곳에서 다이빙하지 않는다.
④ 수심 깊이를 잘 살펴보고 수영한다.
⑤ 물놀이기구 이용 시 충돌・추락 등 사고예방을 위해 안전 수칙을 반드시 준수한다.

3) 물놀이사고 시

가. 파도가 있는 곳

① 물을 먹지 않으려고 참기보다는 체력소모를 줄이기 위해 마시는 쪽이 편안할 수도 있다.

② 수영은 긴장하지 말고 편안한 마음으로 하여 체력의 소모를 줄인다.

③ 큰 파도가 덮칠 때만 깊이 잠수하며, 머리는 언제나 수면 상에 내밀고 있어야 안전하다.

④ 지쳐서 휴식을 할 때는 누워서 배영 또는 선헤엄으로 파도에 몸을 맡긴다.

⑤ 큰 파도에 휩싸였을 시 몸부림치지 말고 파도에 몸을 실어 숨을 멈추고 몸을 뜨게 하여 비스듬히 헤엄쳐 육지로 향한다.

나. 수초에 감겼을 때

① 수초에 감겼을 때에는 당황하지 말고 부드럽게 팔과 다리의 수초를 풀고, 물 흐름이 있으면 흐름에 맡겨 가만히 기다리면 감긴 수초가 헐거워지므로 바로 털어버리듯이 풀고 수상으로 나온다.

② 당황하여 몸부림칠 경우 수초에 더 휘감길 수 있으므로 부드럽게 몸을 수직으로 움직여 빠져나온다.

다. 수영 중 경련이 일어났을 때

① 경련은 발가락과 손가락뿐 아니라 넓적다리 부위에서도 잘 발생하며 식사 후 너무 바로 수영을 하여 위경련이 일어날 시 즉시 구급 요청한다.

② 경련은 피로한 근육에 가장 일어나기 쉽고 수영 중에 흔히 발생할 수 있으므로 주의한다.

③ 쥐가 난 곳은 다시 발생할 가능성이 높으므로 통증 완화된 후 천천히 육지로 향한다.

④ 경련 후 육지에 오른 다음에도 근육을 마사지하여 통증을 완화시킨다.

라. 하천이나 계곡물을 건널 때

① 시선은 건너편 강변 둑을 보고 물결이 세지 않은 완만한 곳을 통해 가능한 바닥을 끌 듯이 이동한다.

② 이동 시 돌이 있으면 가능한 피해간다.

③ 지팡이와 같은 장대를 이용해 이동방향의 수심에 유의하며 이동한다.

④ 물의 흐름에 유의해 흐르는 방향에 따라 이동하며 물살이 셀 경우 물결을 약간 거슬러 이동한다.

⑤ 무릎 이상의 깊은 급류 이동 시에는 건너편 하류 쪽으로 밧줄(로프)을 설치해 한 사람씩 건너며, 밧줄이 없을 시 여러 사람이 손을 맞잡아 줄을 만들거나 어깨를 지탱하여 물 흐르는 방향과 나란히 서서 건넌다.

마. 물에 빠졌을 때

① 흐르는 물에 빠졌을 경우 물의 흐름에 몸을 맡겨 비스듬히 헤엄쳐 빠져나온다.

② 물속에서 옷과 구두를 신은 채 물에 빠졌을 때는 심호흡을 한 후 새우등 뜨기 자세를 하고 천천히 벗기 쉬운 순서대로 벗은 후 헤엄쳐 나온다.

바. 침수지역·고립지역 이동 시

① 도로 중앙지점을 이용하며 가능한 침수 반대쪽이나 측면 쪽으로 이동한다.

② 무리하게 탈출하지 않고 옷 등을 이용해 가능한 모든 방법을 동원하여 구조 요청을 한다.

③ 가능하면 라디오나 방송을 통해 재난상황에 대처한다.

사. 계곡에서 야영지를 선택할 때

① 계곡 야영은 물의 흐름을 고려해 가능한 높은 쪽으로 선택한다.

② 낙석, 산사태 위험지역은 피한다.

③ 대피가 가능한 고지대나 대피로가 있는 곳으로 선택한다.

아. 보트를 탈 때

① 보트 승선 시 모든 인원은 반드시 구명조끼를 착용한다.

② 보트에서 내릴 경우 발이 배를 강 쪽으로 밀지 않게 유의한다.

③ 승선 후에는 중심을 낮춰 이동한다.

④ 배에서 물속으로 떨어졌을 경우 바로 수면으로 올라와 배를 붙잡아 배의 뒤편에서 몸을 솟구쳐 상체부터 올려놓는다.

자. 갯벌에서 물놀이를 할 때

① 갯벌 체험 시 탈수 예방을 위해 마실 물을 준비한다.

② 긴 소매와 모자를 착용해 자외선으로부터 피부를 보호한다.

③ 갯벌 체험은 2인 이상 동반하며 어린이는 어른과 동반한다.

④ 갯벌 진입로에서 멀리 떨어진 곳은 출입하지 않는다.

⑤ 갯벌의 갯골은 밀물 시 수심이 깊어져 넘어오기 어려우므로 넘어가지 않는다.

⑥ 갯벌에 발이 깊이 빠진 경우 반대방향으로 바닥에 누워 발로 몸을 밀며 나오며 위급시 안내인의 도움을 받거나 119의 도움을 받는다.

⑦ 맨발로 갯벌에 들어갈 경우 어패류 등에 의해 상처를 입을 수 있으므로 장화나 양말과 함께 샌들을 착용한다.

⑧ 갯벌에서 방향을 잃었을 경우 갯벌에 조류에 의한 물결모양이 완만한 쪽으로 나온다.

표 4.3 물놀이 안전명소 : 15개소(2014년 10개소, 2015년 5개소)

시 · 도	시 · 군 · 구	명칭	유형	비고
부산광역시	수영구	광안리	해수욕장	2014년
강원도	홍천군	팔봉산관광지	하천	2014년
충청북도	괴산군	외쌍유원지	하천	2014년
충청남도	보령시	대천	해수욕장	2014년
전라남도	고흥군	남열해돋이	해수욕장	2014년
전라남도	완도군	신지 명사십리	해수욕장	2014년
경상북도	상주시	북천 물놀이장	하천	2014년
경상남도	양산시	내원사	계곡	2014년
경상남도	산청군	대포숲유원지	하천	2014년
제주특별자치도	제주시	이호테우	해수욕장	2014년
강원도	홍천군	모곡밤벌유원지	하천	2015년
충청남도	청양군	까치내유원지	하천	2015년
전라남도	광양시	옥룡계곡	계곡	2015년
경상북도	청송군	현비암강수욕장	하천	2015년
경상남도	합천군	황강레포츠공원	하천	2015년

※ 표 3.9의 2014 물놀이 사망사고 현황 참조

4.2.3 수상안전

안전한 수상활동을 위해 수상활동 인원의 건강과 사고예방 등 수상에서의 모든 안전사고관리 활동을 말한다.

1) 수상안전사고 예방대책

- 식사 직후 심한 운동은 위경련, 빈혈 등의 심각한 증상의 원인이 되며 운동 중에도 과다한 식사나 음료 섭취는 주의한다.
- 과중한 운동은 몸에 무리를 가하므로 운동 후에는 적당한 휴식을 취한다.
- 수상활동 중 장신구 착용은 상해의 원인이다.
- 수상활동 중에는 물의 오염을 막기 위해 오일, 화장 등의 사용을 자제하고 수영모를 써 머리를 보호한다.
- 수상활동 전에는 반드시 준비운동을 실시한다.

2) 수상활동 전

가. 수상스키 이용 시

① 사전준비운동을 충분히 실시한다.
② 구명조끼를 반드시 착용하고 레저 활동 안전수신호를 반드시 숙지한다.
③ 장비 사용 전 반드시 장비점검을 한다.
④ 보트 운전자격 면허자의 보트를 이용한다.
⑤ 보트 견인줄이 몸에 감기지 않게 유의한다.
⑥ 중심을 잃고 넘어질 때는 핸들을 잡지 않는다.
⑦ 보트 접근 시 후미의 프로펠러를 조심한다.

나. 윈드서핑 시

① 활동 전 기후상태와 물의 상태를 확인한다.
② 구명조끼 착용 후 준비운동을 충분히 실시한다.
③ 지정된 장소 내에서만 서핑 한다.
④ 활동 중에도 지형지물과 기상에 유의한다.
⑤ 인적이 많은 장소, 양식, 어장, 포구는 피한다.

다. 래프팅 시

① 래프팅 전 구명조끼와 헬멧과 같은 안전장비를 반드시 착용하고 안전수칙, 코스 등을 확인하며 충분히 준비운동을 실시한다.

② 보트 내에서는 반드시 안전요원의 지시에 따라 행동한다.

③ 불필요한 짐이나 음식물, 주류 등을 싣지 않는다.

④ 보트 내 튜브의 로프에 손과 발이 걸리지 않게 주의한다.

⑤ 다른 보트와의 충돌을 막기 위해 급류 시 앞선 보트의 통과 여부를 확인 후 뒤에 따라오는 보트를 안전하게 유도한다(보트 사이 간격 유지).

⑥ 보트 전복 시 보트 안에 사람이 없는지 확인한다.

라. 스쿠버 다이빙 시

① 공인 강사에게 스쿠버 다이빙 교육을 충분히 받고 자격을 갖춘 후 활동하며 반드시 잠수교육을 받는다.

② 활동 전 기후, 지형지물 확인, 응급처치법, 구조법 숙지, 장비점검 등을 준비한다.

③ 당일 날씨와 물의 상태 확인 후 잠수하며 어장, 항로 등에서는 잠수를 금지한다.

④ 수심 30m 이내에서 잠수하며 반드시 2인 1조로 잠수한다.

⑤ 잠수 시 수중 생물들을 함부로 건들지 않는다.

⑥ 감압수칙을 준수하며 상승속도가 분당 9m가 넘지 않게 한다.

⑦ 잠수를 끝내고 상승 시 수심 5m에서 안전 감압을 3~5분간 실시하며 배나 다른 장애물이 있는지 살펴본다.

⑧ 수면에 잠수 표시기를 띄우고 부력조절기를 반드시 사용한다.

⑨ 공기통의 공기가 50kg/cm^2 정도 남으면 잠수를 마치고 상승한다.

⑩ 정기적으로 활동 시 건강검진을 받는다.

3) 수상안전사고 발생 시

가. 인명사고 발생 시

① 인명사고 발견 시 국번 없이 119로 바로 신고한다.

② 물에 빠져 도움을 요청하는 사람을 발견 시에는 먼저 큰소리로 주위사람에게 알리며 함부로 구조활동을 위해 뛰어들지 않는다.

③ 익수자 구조 시 긴 막대, 로프나 튜브 등을 이용한다.
④ 직접 구조활동을 할 경우 수영 능숙자가 익수자 뒤에서 접근하여 구조한다.
⑤ 구조활동 후 익수자가 호흡곤란 시 인공호흡이나 심폐소생술을 실시한다.

나. 조난자 발견 시

① 근거리 조난자 발견 시 : 한 손은 물가의 단단한 물체를 붙잡고 다른 한 손을 뻗어 조난자의 팔이나 목을 움켜잡아 천천히 당긴다. 또는 조난자가 잡을 수 있게 옷이나 수건, 나무막대 등을 사용하여 끌어 당긴다.
② 원거리 조난자 발견 시 : 밧줄, 튜브 등의 물건을 조난자에게 던져주거나 배, 보트를 이용하여 붙잡을 수 있는 물건을 내밀어 구조한다.

다. 근육경련 발생 시

① 무리한 운동과 피로는 손가락, 발가락, 팔, 다리의 경련을 일으킬 수 있으므로 몸 상태에 따라 수상활동을 실시한다.
② 근육경련 시 당황하지 말고 근육을 펴주거나 주무른다.

라. 조류 시

① 조류에 휩쓸렸을 경우 무리하게 조류를 거슬러 나오려는 시도로 체력을 소비하지 않는다.
② 조류 탈출 시 대각선을 가로지르는 방향으로 헤엄쳐 나온다.

마. 잡초, 수조에 걸렸을 시

① 잡초, 수조에 걸렸을 경우 빠져 나오려 몸부림치지 않는다.
② 더 얽히지 않게 천천히 움직여 빠져 나온다.

4.2.4 식중독

식중독은 인체에 유해한 미생물 또는 유독물질에 오염된 식품을 섭취했을 시 설사, 두통, 구토, 복통 등의 증상이 나타나며, 그로 인한 감염성 질환 또는 독소형 질환을 의미한다.

1) 식중독의 발생원인과 특징

- 노로바이러스, 병원성 대장균 등의 증가로 발생한다.
- 비위생적 식품재료의 사용으로 발생한다.
- 음식에 따른 부적절한 조리방법(조리시간과 온도)에 의해 발생한다.
- 음식물의 보관상태가 불량(부적절한 온도(5~59℃)에서 장시간 보관하는 경우)일 때 발생한다.
- 조리기구의 관리소홀(살균, 세척 없이 오염된 조리기구를 사용하는 경우)로 발생한다.
- 조리자의 비위생적인 습관(손 씻기, 질병, 부주의한 식품 취급의 소홀 등)으로 발생한다.
- 식중독의 증상은 음식 섭취에 따라 잠복 정도와 증상이 다르다.
- 일반적으로 음식물 섭취 후 6~48시간 내에 설사, 복통, 두통 등과 함께 근육통, 구토 증상이 나타난다.

2) 식중독 예방

가. 일반 가정 내

① 식중독 예방 생활습관을 생활화한다.
② 식품에 따라 적절한 보관방법을 고려해 보관한다.
③ 여름철 음식물은 실온에 오래두지 않는다.
④ 식재료 냉장보관은 부패하기 쉬운 어패류부터 육류를 우선으로 가공식품, 과일, 채소류 순으로 한다.
⑤ 냉장고 안은 2/3 정도만 채워 활용한다.
⑥ 조리된 음식은 오랜 기간 동안 저장하지 않는다.
⑦ 쉽게 상하는 음식물은 보관하지 말고 버린다.

나. 식당·급식소

① 유통기한이 유효한 식재료를 사용한다.
② 구입한 식재료는 기한 표시와 함께 저장한다.
③ 식품 저장 공간은 항시 위생 상태를 점검하여 청결을 유지한다.
④ 상온저장 식품은 직사광선을 피하고 환기가 적절한 곳에 보관한다.
⑤ 조리장과 조리기구의 청결상태를 유지한다.

⑥ 조리 전 · 후 언제나 손을 청결히 씻는다.

3) 식중독 발생 시

가. 개인

① 설사, 복통, 발열, 두통, 구토 등 식중독 의심될 시 바로 병원진료를 받는다.
② 약 처방은 반드시 의사와 진료상담 후 복용한다.
③ 자극적인 음식은 자제하고 수분과 비타민을 섭취한다.
④ 몸은 따뜻하게 유지하고 과로를 피한다.

나. 식당 · 급식소

① 식중독 증상 발견 시 식중독 원인을 밝히기 위한 보건소 위생검사(역학조사)에 협조한다.
② 보건소 조사 완료 후 조리장 및 기구 등을 살균 · 소독한다.
③ 식중독 재발을 막기 위한 적절한 조치가 행해지기 전까지는 영업이나 급식을 중지한다.

다. 전문의료기관

① 환자의 식중독 원인을 상담하여 확산이 의심될 시 환자의 음식섭취 장소 및 시간을 보건소에 알린다.

4.2.5 감전사고

감전은 전기를 접촉한 사람이나 동물에게 전기가 누전되면서 전류가 흘러 상처나 충격 등이 발생하는 것으로, 경우에 따라 치명적 상해가 발생한다.

1) 발생원인

- 고전압이 흐르는 전선 근처에 인접할 경우 감전될 수 있다.
- 전기기기의 부주의한 사용으로 신체의 일부가 전기가 흐르는 도체에 접촉하는 경우 감전될 수 있다.
- 자연현상(낙뢰)에 의해 감전될 수 있다.

2) 감전사고 예방대책

- 감전사고 예방을 위해 반드시 누전차단기를 설치한다.
- 물에 젖은 손으로는 전기기기를 사용하지 않는다.
- 전기 수동개폐기의 퓨즈는 반드시 정격 퓨즈를 사용한다.
- 배선용 전선은 중간에 연결·접속하여 사용을 금지한다.
- 세탁기, 냉장고, 펌프 등의 전기기기는 반드시 접지시설을 설치한다.
- 불량 전기제품이나 파손된 콘센트, 전선 등의 사용은 합선의 원인이 되므로 사용을 금지한다.

3) 감전사고 전

가. 가정 내

① 손이나 몸이 젖은 상태로 절대 전기기구를 사용하지 않는다.
② 누전차단기를 반드시 사용한다(정기적으로 작동테스트 실시).
③ 플러그는 전선을 잡아 뽑지 않고 콘센트에 접촉 시 완전히 뽑는다.
④ 하나의 멀티콘센트에 여러 전기기구를 사용하지 않는다.
⑤ 전기기구는 반드시 접지시킨다(특히 습기가 많은 곳).
⑥ 불량 및 고장 난 전기기구를 사용하지 않는다.
⑦ 영유아의 접근을 막기 위해 덮개가 있는 콘센트를 사용한다.

나. 전기설비 주변

① 끊어진 전선 근처로 가까이 가지 않는다.
② 끊어진 전선이나 전주에 이상 발견 시 주변 사람들에게 통행의 위험을 알리고 즉시 소방서, 한국전력 또는 한국전기안전공사로 연락한다.
③ '고압위험' 등의 접근 금지판이 있는 전기설비지역에 접근을 금지한다.
④ 간판, TV 안테나 설치 시 인근 전선과 안전거리를 확보하며 폭우, 강풍에 대비해 튼튼하게 설치한다.
⑤ 폭우 시 맨홀 뚜껑·전기설비시설 등에 접근을 금지한다.

다. 침수 시

① 옥내 침수 시 누전의 위험이 있으므로 배전반의 전원스위치를 내린다.

② 침수 복구 후에는 반드시 누전 여부를 확인하고, 누전 시 원인 제거를 위해 한국전력이나 한국전기안전공사에 연락하여 조치를 받는다.

③ 침수로 인해 손상된 가전기기는 건조 후 점검을 받고 사용하며, 건물 내 손상 부위 점검 시 전기선 손상에 유의한다.

라. 이삿짐 운반 시

① 고층으로 이삿짐 운반 시 인근 전력선과의 여유거리를 확보한다.

② 가능한 전력선 부근에서의 이사 작업을 피하고, 부득이 하게 접근이 필요한 경우 이사 전 한국전력에 연락하여 안전조치 후 작업한다.

마. 낚시터

① 감전위험의 경고판이 있는 장소에서는 절대 낚시를 하지 않는다.

② 전력선이 있는 곳에서는 낚시대가 전력선에 닿지 않게 주의한다.

4) 감전사고 발생 시

- 감전자 발견 시 즉시 119에 신고하여 구조를 요청한다.
- 감전이 발생한 전기기기나 감전자를 만지지 않는다.
- 감전원으로부터 격리가 필요할 경우 절연체(고무장갑, 나무막대, 플라스틱봉 줄 등)를 이용해 감전자를 격리시킨다.
- 감전자의 화상 우려 시 찬 수건을 통해 열을 식힌다.
- 구조요청 후에는 감전자의 체온을 유지해주고 안정시킨다.
- 감전자의 의식, 호흡, 맥박 상태와 추락 시 출혈과 골절 여부를 확인하여 응급조치한다.

4.2.6 가스사고

일반적으로 가스의 누출로 인한 화재·폭발·가스중독 및 질식 등의 사고를 말하며, 가스설비시설, 가스관련 용기·용품 등이 노후화, 고장 등으로 인한 사고를 말한다.

가정에 공급되는 LP가스와 도시가스에 의한 가스사고가 많이 발생하며, '사용자 부주의'

와 '시설 미비'가 가스사고의 원인이다.

1) 가스사고 예방대책

- 평상시 가스점검을 생활화한다.
- 외출 시, 취침 시 가스차단밸브를 잠근다.
- 가스용품은 통풍이 잘 되는 곳에 설치한다.
- LPG 가스용기는 통풍이 원활하며 직사광선이 없는 곳에 보관한다.
- 정기적으로 가스배관 및 용기 등이 설치・노후화상태를 점검한다.
- 가스시설 주변으로 아이들이 접근 못하게 한다.

2) 가스사고 전

가. 가스레인지 사용 시

① 가스레인지의 불구멍 막힘 여부 확인 등 청결상태를 확인한다.
② 가스레인지 사용하기 전엔 반드시 실내를 환기시킨다.
③ 가스누출 방지를 위해 점화 시 불이 붙었는지 확인한다.
④ 조리 시에 외부요인(바람, 물 넘침 등)으로 불이 꺼지지 않았는지 확인한다(가스가 자동으로 차단(소화안전장치)되는 제품 사용).
⑤ 가스사용 후 가스밸브 잠금을 생활화 한다.

나. 해빙기 가스안전

① 해빙기에는 가스배관상태를 반드시 점검한다.
② LP가스의 용기와 밸브, 호스의 연결 상태를 점검한다.
③ 가스설치 장소의 균열 상태나 붕괴 우려에 대한 점검을 한다.

다. 여름철 가스안전

① 폭염, 불볕더위 지속 시 LPG 용기에 차광막을 설치하여 보관한다.
② 휴가철 장기간 집을 비울 경우 LPG는 용기밸브, 도시가스는 계량기 전단의 메인밸브까지 잠근다.
③ 갑작스런 호우 침수 우려 시 LPG 사용자는 용기밸브를 잠근 후 용기를 옥상 등 안전한 곳으로 이동시킨다.

④ 장마철 LP가스 누출 시 바닥에 체류 가능성이 있으므로 점검이 필수적이며 침수 후 가스레인지는 깨끗이 이물질을 씻겨 말린 후 사용하며 가스보일러는 반드시 A/S를 통해 점검 후 사용한다.

라. 가을철 가스안전

① 가스보일러 배기통 부근 청결상태를 확인한다.

② 배기통의 접속부, 외형부분에 이상 여부 확인 후 이상 발견 시 제조회사나 시공사에 수리를 의뢰한다.

마. 겨울철 가스안전

① 보일러 사고를 예방하기 위해 설치장소의 환기, 배관상태 등 사고 유발과 관련된 시설점검을 철저히 확인한다.

② 겨울철 기온저하로 LPG공급이 잘 안될 시 두꺼운 헝겊으로 용기를 감싼다(용기에 불, 온수 사용금지).

③ 보일러에서 과열, 소음, 진동, 이상한 냄새가 날 경우 즉시 보일러를 끄고 가스밸브를 잠근 후 서비스센터로 연락하여 점검을 받는다.

④ 보일러실의 환기구는 항시 개방한다.

바. 이사 시 가스안전

① 사용하게 될 가스 종류를 확인한다(LPG, 도시가스).

② 가스시설 설치, 철거는 반드시 전문가에게 의뢰하여 안전사고를 예방한다.

③ LPG는 지역판매업소, 도시가스는 도시가스지역관리소에 연락한다.

3) 가스사고 발생 시

가. LPG용기 가스누출사고 시

① 우선 연소기의 콕, 중간밸브, 용기밸브(도시가스는 계량기 밸브)를 잠근다.

② 창문과 문을 열어 환기시키고 LPG용기 근처의 화기를 제거한다.

③ 얇은 천(수건 등)을 물에 적셔 누출량을 최소화한다.

④ 가스공급업체에 점검을 의뢰한다.

나. LPG 설비시설 가스누출사고 시

① 가스용기 및 주 밸브를 차단한다.

② 바로 가스 사용을 중지하고 주변 화기사용을 금지한다.

③ 창문과 문을 열어 환기시키고 LPG용기 근처의 화기를 제거한다.

④ 얇은 천(수건 등)을 물에 적셔 누출량을 최소화한다.

⑤ 가스공급업체가 점검을 의뢰한다.

다. 가스 흡입·중독

① 환자의 주위공기를 환기시키고 신선한 공기가 통하는 장소로 옮긴다.

② 환자의 기도를 개방하고, 입 안의 이물질을 제거한다.

③ 호흡곤란 시 인공호흡, 산소 호흡을 실시한다.

④ 가능한 즉시 고압산소호흡이 가능한 병원으로 이송한다.

라. LPG에 의한 동상

① 동상 부위를 미지근한 물 등으로 서서히 따뜻하게 해준다.

② 얼어버린 의류는 무리해서 떼어내지 않고 주변 의류부터 자른다.

③ 거즈로 환부를 보호하고 의사의 치료를 받는다.

마. 가스에 의한 화상

① 화상 즉시 깨끗한 물로 씻어 즉시 병원치료를 받는다.

② 화상 입은 부분을 함부로 건드리지 않는다(환부를 거즈 등으로 보호, 물집 등은 터트리지 않는다).

바. 암모니아 누출사고 시

① 가스발생 지역 주변 출입금지 및 화기를 제거한다.

② 가스점검 장비로 누출 부위를 조사한다.

③ 바람을 등지고 방독마스크, 공기호흡기, 보호의 등을 착용 후 작업한다.

④ 부상자가 발생 시 즉시 안전한 장소로 옮기고 구급차량을 요청한다.

사. 염소가스 누출사고 시

① 사고발생 시 가스 확산 방향과 상태를 확인하여 인근 주민들을 대피시킨다.

② 누출사고 발생 시 염소중화설비 작동 여부 확인, 미 작동 시 수동제어로 가스 확산을 방지한다.
③ 액체 노출 시 염소가스용기 누출 부위를 위쪽으로 돌린다.
④ 가스 노출 조치 시 방독마스크, 공기호흡기, 보호의 등을 착용 후 바람을 등지고 작업한다.
⑤ 누출 부위가 적을 시 임시적으로 나무, 납 등을 사용해 막는다.
⑥ 염소설비 시설 부근 화재 시 신속히 염소투입을 중단한다.
⑦ 화재로 인한 염소 설비 내 가스압력 상승 시 대량의 물을 뿌려 냉각 조치한다.

4.2.7 전기제품 안전

TV, 에어컨, 냉장고 등 전기제품의 설치와 부주의, 여러 종류의 전류를 작동시킬 때 사용과정에서 감전, 화상, 화재, 폭발 등이 발생하는 것이다.

1) 전기제품 사고발생 원인

- 안전장치가 없는 콘센트나 연장콘센트에 제품을 연결하여 사용하는 경우 사고가 발생한다.
- 밀폐된 공간에 전자제품을 설치하는 경우 사고가 발생한다.
- 발열 기구를 가까이 하는 경우 사고가 발생한다.
- 전기가 통하거나 떨어지기 쉬운 상태로 불안정하게 설치하는 경우 사고가 발생한다.
- 물과 습기가 많은 장소에 설치하는 경우 사고가 발생한다.
- 제품 사용설명서 도외시하는 경우 사고가 발생한다.
- 피복손상 등 제품에 문제발생 시 방치하는 경우 사고가 발생한다.
- 밀폐된 공간에서의 발열을 못하는 경우 사고가 발생한다.
- 전선을 감아 훼손하는 경우 사고가 발생한다.
- 과도하게 여러 콘센트를 사용하는 경우 사고가 발생한다.

2) 전기제품 사고예방

- 모든 전기제품은 반드시 국가통합인증마크(KC) 또는 품질인증마크(KS)를 확인하고 인증된 제품을 구입한다.

- 습기나 먼지가 없는 개방되고 건조한 장소에 설치한다.
- 젖은 손으로 전기기구를 만지지 않는다.
- 전선을 몸체에 감거나 양탄자나 무거운 가구 밑으로 통과하지 않도록 한다.
- 사용 전에 반드시 제품 사용설명서의 주의사항을 숙지한다.
- 전기용량이 큰 제품(TV, 냉장고, 에어컨 등)은 전용 콘센트를 사용한다.
- 문어발식 플러그 사용을 금지한다.
- 플러그는 깊숙이 꽂는다.
- 콘센트는 안전덮개가 있는 것으로 설치한다.
- 플러그 · 전원코드를 동물이 물어뜯거나 날카로운 금속물체로 충격을 주지 않도록 한다.
- 전기기구를 사용하지 않을 경우 반드시 플러그를 뽑고 플러그를 잡을 때에는 플러그의 머리를 잡고 뽑는다.
- 누전이 될 경우 자동으로 전기가 끊어질 수 있도록 누전차단기를 부착한다.
- 노후되거나 손상된 전선, 개폐기, 콘센트 등은 즉시 교체한다.
- 제품 사용 중 문제가 발생할 경우 즉시 전원을 끄고 플러그를 뺀다.

3) 전기제품 사고발생 시

가. 가정에서 화재발생 시

① 불을 발견하면 '불이야'하고 큰 소리로 외쳐 다른 사람에게 알리면서 화재경보 비상벨을 누른다,

② 침착하게 119에 신고하여 화재내용을 침착하게 설명한다.

③ 가능하다면 전기스위치를 차단시킨다.

④ 주위에 있는 소화기, 옥내소화전 등을 이용하여 신속히 초기진화를 실시한다.

⑤ 초기 소화 작업이 어렵거나 화재 발견이 늦은 경우, 젖은 물수건이나 손수건 등으로 코와 입을 막은 후 낮은 자세로 대피한다.

⑥ 창문이나 출입문을 함부로 열지 말고 주변상황을 침착하게 판단하여 행동한다.

⑦ 손잡이가 뜨겁지 않을 경우 문을 조심스럽게 열고 밖으로 나간다.

⑧ 손잡이가 뜨거울 경우 문을 열지 말고 다른 길을 찾는다.

⑨ 대피 시 엘리베이터는 절대 이용하지 말고 계단을 이용한다.

⑩ 밖으로 나온 뒤에는 함부로 무리한 진입을 금지한다.

⑪ 옷에 불이 붙었을 경우 두 손으로 얼굴을 가리고 바닥에서 좌우로 뒹군다.

나. 피난 유도 및 대피요령

① 만약의 경우를 생각하여 화재 시 가정(아파트)에서는 피난계획을 세워둔다.
② 고층건물 출입 시와 호텔, 여관 등에 숙박 시에는 사전에 피난계단 및 피난기구 등을 확인한다.
③ 화재 시 신속하고 침착한 행동으로 비상구, 피난시설을 이용하여 안전한 곳으로 대피 및 유도해야 한다.
④ 문을 닫으면서 대피하여 화재와 연기의 확산을 지연시킨다.
⑤ 피난 시 승강기를 이용하여서는 절대 안 된다.
⑥ 자세는 낮게 하고 물에 적신 손수건 등으로 입과 코를 막고 숨을 짧게 쉬고 낮은 자세로 피난한다.
⑦ 피난시설 및 피난기구 없이 아래층으로 대피할 때에는 커튼 또는 천 등으로 만든 줄을 타고 내려간다.
⑧ 대피가 어렵다고 판단되면 구조대가 도착할 때까지 기다린다.
⑨ 아래층으로 대피할 수 없는 경우에는 옥상으로 대피한다.

다. 건물 내에 갇혔을 시

① 건물 내에 갇혔을 때에는 외부 창문을 열어 신선한 공기가 들어오도록 하고 수건을 창문 밖으로 내어 흔들거나 고함을 질러 자기 소재를 알린다.
② 연기가 문틈 사이로 새어들어 오면 당황하지 말고 담요나 양말 등의 천에 물에 적셔 틈을 막는다.
③ 연기가 새어 들어오면 낮은 자세로 바싹 엎드려 손수건, 타월 등에 물을 적셔 입과 코를 막고 가능한 짧게 숨을 쉰다.
④ 실내에 물이 있으면 불에 타기 쉬운 물건에 물을 뿌려 주고 커튼 등을 제거한다.
⑤ 두꺼운 천이나 담요 등을 물에 적셔 화상을 입기 쉬운 다리, 손, 얼굴 등 노출부분을 감싸둔다.
⑥ 위급한 상태더라도 최선을 다하여 구조를 기다려야 하며 창밖으로 뛰어 내리거나 불길이 있을 때는 함부로 창문을 열어서는 안 된다.

4.2.8 화 상

화상이란 열(뜨거운 물질), 빛(방사선, 자외선, 적외선), 화학약품, 마찰, 추위, 전기 등으로 인한 피부의 손상을 말하며, 정도에 따라 근육, 뼈, 표피, 혈관, 신경 등의 손상이 합병증이 될 수 있다.

표 4.4 화상 열에 따라 손상 정도와 증상

구분	손상 정도	증상
1도 화상	표피, 각질층	통증, 열감
2도 화상	표피, 얕은 진피층	심한 통증, 작열감, 감각둔화
3도 화상	깊은 진피층까지	통증이 덜하고 감각 둔화가 현저함
4도 화상	진피층 전체, 피하조직	통증 없음, 감각 없음
5도 화상	진피층 전체, 피하조직, 지방, 근육, 뼈	통증 없음, 감각 없음

1) 화상사고 발생 전

가. 어린이

① 뜨거운 음식이나 조리기구 근처에 어린이가 접근하지 못하게 한다.
② 전열기구는 어린이의 손이 닿지 않는 곳에 둔다.
③ 정수기는 온수구의 안전장치가 있는 것을 사용한다.
④ 목욕 전에 물의 온도를 반드시 확인한다.

나. 일반 성인

① 전열기구의 장시간 사용을 금지하고 너무 높은 온도에서의 사용으로 인한 화상에 주의한다.
② 음식 조리 시 뜨거운 조리 기구는 반드시 보호 장갑을 착용한다.
③ 파스 사용 시 장시간 사용을 금하고 2시간 정도의 쉬는 시간을 두고 재 부착한다.
④ 여름철 야외 활동 시 자외선 차단제를 바르거나 모자를 이용해서 일광화상을 예방한다.

2) 화상사고 발생 시

가. 열화상

① 가능한 화상부위를 흐르는 찬물에 10분 정도 식힌다.
② 차가운 얼음보다는 젖은 수건을 이용해 화상 부위를 식힌다.
③ 반지, 시계, 벨트 등의 액세서리를 제거하고 화상 부위를 제외한 부위의 옷은 가위로 자른다.
④ 화상 부위의 물집은 함부로 건드리거나 터뜨리지 말고 연고 등을 바르지 않는다.
⑤ 화상 부위의 열을 식힌 후 표면이 깨끗하고 부드러운 소독된 천이나 거즈로 상처 부위를 덮고 붕대로 느슨히 감아준다.
⑥ 기도화상과 같이 위급한 사고는 즉시 병원으로 이송시킨다.
⑦ 응급조치를 위한 된장, 간장, 소주 등의 사용은 추가 감염을 일으킬 수 있으므로 사용을 금지하고 가능한 바로 병원치료를 받는다.

나. 일광화상

① 물집이 생긴 경우, 함부로 건드리거나 터뜨리지 말고 병원치료를 받는다.
② 일광에 의한 부종, 홍반, 통증, 가려움 증상 시 냉수나 얼음찜질로 피부를 식힌다.
③ 피부의 허물이 벗겨지는 경우는 피부가 회복 중인 것이므로 억지로 떼어내지 말고 보습제 등을 사용한다.

다. 화학약품 화상

① 화학약품에 의한 화상 시 20분 이상 흐르는 깨끗한 물로 씻어낸다.
② 화상으로 인한 상처 부위에는 깨끗한 수건이나 건조 드레싱으로 덮는다.
③ 눈 부분에 화학약품 화상을 당한 경우 10분 이상 약하게 흐르는 깨끗한 물로 씻는다.
④ 양쪽 눈에 화상 시 깨끗한 소독 안대나 천으로 눈을 감싼 후 즉시 병원치료를 받는다.

3) 화상사고 발생 후

가. 피부 회복

① 화상에 의해 상한 피부는 보습제를 이용하여 회복시킨다.

② 피부 회복단계에서는 통풍이 잘되고 자극이 없는 면 소재의 옷을 착용한다.
③ 가려움증을 유발할 수 있는 무리한 활동이나 스트레스를 피한다.

나. 심리적 안정

① 화상으로 인한 피부손상은 환자 본인뿐만 아니라 주변 가족들에게도 정식적 악영향을 줄 수 있으므로 적절한 치료가 필요하다.

4.2.9 유독성 물질 안전사고

유독성 물질의 사고는 가정 내 의약품 및 화학제품 등의 오남용에 의해 부작용, 질병 등의 심각한 위험을 입거나 사망에 이를 수 있는 사고이다.

1) 유독성 물질 사고원인과 특징

- 일반적으로 의약품 및 화학제품의 정상적인 사용보다는 잘못된 사용에 의해 발생하는 우발적 사고로 발생한다.
- 일반의약품인 감기약, 연고, 파스 등 가정 내 의약품의 부작용으로 인한 사고가 많이 발생한다.
- 가정 내 비치된 의약품 및 화학제품을 어린이가 복용 시 치명적인 사고가 발생할 수 있다.
- 가정 내 화학제품인 세척제 흡입 시 식도염증, 소화관 천공, 호흡곤란 등을 유발하며, 그 외에 화장품 살충제, 구강청결제 등 역시 심각한 질환의 원인이 되며 사망에 이를 수 있다.

2) 유독성 물질 사고예방

- 모든 의약품과 화학약품은 별도로 보관한다.
- 주의 표시와 함께 내용품에 대해 보기 쉽게 라벨로 표기한다.
- 식품용기와는 반드시 분리하여 보관한다.
- 장기간 보관할 경우 유통기한을 확인한다.
- 어린이의 눈에 잘 띄지 않는 장소에 보관하며, 사용 시 접근하지 않도록 주의한다.

3) 유독성 물질 사고 발생 전

가. 어린이

① 어린이의 손이 닿지 않는 곳에 보관한다.

② 어린이는 신체적으로 체내 기관이 미성숙한 단계이므로 어린이용의 의약품을 사용하며 정해진 복용방법에 따라 복용한다.

나. 임산부 · 수유 시

① 임신기간, 임신 후, 약물복용 시에는 태아에게 부정적인 영향을 줄 수 있으므로 반드시 의사 또는 약사와의 상담 후 복용한다.

다. 노인

① 노인의 경우 체내 장기의 기능 저하로 인해 의약품에 대한 부작용 위험이 높으므로 의약품의 복용에 주의한다.

② 혈압, 심장, 신경, 순환계통 질환 시에도 관련 의약품을 임의로 복용하지 않는다.

라. 신장 · 간장지환자 · 특이체질자

① 특정 질환에 의해 의약품 복용 시 부작용 발생 가능성이 높으므로 반드시 의사, 약사 등 전문가와 상담 후 복용방법을 결정한다.

② 특이체질자의 경우 약물복용에 의한 쇼크, 피부발진 등이 부작용이 나타날 수 있으므로 처방 전 특정 체질에 대해 반드시 상담한다.

4) 유독성 물질 사고발생 시

가. 유독성 물질 복용 시

① 약을 복용한 후 이상 징후가 발견되면 즉시 의사 또는 약사와 상담한다.

② 몸에 이상이 있는 경우 즉시 응급실로 옮긴다.

③ 이상 징후의 원인을 파악하기 위해 복용한 약을 가지고 간다.

나. 경미한 이상 징후 시

① 소화가 잘 안되고 속이 불편할 경우, 수분 섭취와 소화가 잘 되는 음식을 먹고 가벼운 운동을 실시한다.

② 피부가 건조해지는 경우, 자극적인 화학제품의 사용을 중지하고 샤워 후에는 보습제로 피부건조를 막는다.
③ 체중이 증가하는 경우, 단음식과 기름진 음식을 피하고 규칙적인 식사습관을 유지한다.
④ 빈혈이 지속되는 경우, 급하게 일어나지 말고 천천히 몸을 움직인다.

4.2.10 산행사고

산을 등반하는 전 과정에서 발생하는 안전사고로 실족, 추락, 조난, 낙석, 계곡 급류, 저체온증, 탈진, 중독 등으로 인하여 등반자가 사망 또는 부상에 이르게 되는 사고를 말한다.

1) 산행사고의 예방

- 관절 손상을 예방하기 위해 험한 산이 아니더라도 반드시 등산화를 착용한다.
- 자신의 체력을 고려하여 산행계획을 수립한다.
- 산행 표지판에서 코스, 난이도 등에 대한 충분한 정보를 얻는다.
- 산행시간을 하루 8시간 정도로 하고 일몰 1~2시간 전에 끝낸다.
- 일행 중 약한 사람을 기준으로 산행하며, 될 수 있으면 단독 산행은 피한다.
- 방수와 방풍이 잘 되는 등산복을 착용한다.
- 땀을 흘리고 나면 갑자기 체온이 떨어질 수 있기 때문에 여벌옷을 한 벌 더 준비한다.
- 소금과 비상식량(열량이 높은 초콜릿, 양갱, 육포, 사탕 등)을 챙긴다.
- 전등, 우의, 물통, 휴대전화(예비 축전지), 나침반, 지도, 구급약품 등을 미리 준비한다.
- 짐의 무게는 될 수 있으면 30kg 이하로 한다.
- 출발하기 전에 일기예보를 확인한다.
- 출발하기 전에 발목과 무릎을 간단하게 풀어준다.
- 맨손체조나 스트레칭을 하고 평지를 5~10분 정도 걷는다.
- 산에 오를 때는 발바닥을 지면에 완전히 붙이고 경사도에 따라 몸을 약간 앞으로 숙이고 걷는다.
- 보폭은 평지에서 보다 약간 좁게 유지한다.
- 보행속도는 자신의 능력과 산의 경사도 등에 따라 조절한다.
- 일반적으로 처음에는 15~20분 걷고 휴식한다.

- 발 디딜 곳을 잘 살펴 천천히 걷는다.
- 되도록 앞발 끝부터 천천히 걷는다.
- 충돌하면 추락사고가 발생할 수 있으므로 앞뒤 사람과의 간격을 충분히 유지한다.
- 앞사람이 등산 스틱을 사용하는 경우 등산 스틱이 미끄러져 뒷사람을 칠 수 있으므로 간격을 충분히 유지한다.
- 산행 중에는 절대 술을 마시지 않는다.
- 지치기 전에 간단한 간식을 조금씩 자주 섭취한다.
- 산에서는 아는 길도 자주 지도를 보고 확인하면서 산행한다.
- 수시로 지형과 지도를 대조하여 현재 위치를 소방서 위치판 고유번호와 함께 확인한다.
- 출입금지구역(국립공원특별보호구, 샛길 등)은 절대 출입 금지한다.
- 정상에 오른 후 또는 등산 후에는 정리, 운동을 한다.
- 갑자기 운동을 멈추면 뇌 혈류가 일시적으로 줄어 정신을 잃을 수 있다.

2) 산행사고 발생 전

가. 봄(3~5월)

① 해빙기는 어느 때보다도 산행하기 까다로운 계절이기 때문에 사전에 꼼꼼한 준비가 필요하다. 얼음이 녹기 시작하는 3월경에 가장 주의해야 한다.

② 잔설이 녹지 않아 노면이 미끄러운 경우가 많으므로 등산화와 아이젠을 준비한다.

③ 봄은 1년 중 기후변화가 가장 심하여 바람막이(윈드재킷) 옷과 보온의류를 준비한다.

④ 봄에는 바위 사이의 흙과 수분이 녹고 얼기를 반복해 흙의 결속력이 약해져 바위에서 낙상사고가 많이 발생하므로 암벽등반 시 반드시 헬멧을 착용한다.

나. 여름(6~8월)

① 산행 중 땀을 많이 흘리기 때문에 땀을 발산하는 기능성 등산복을 준비한다.

② 잡목, 해충으로부터 피부보호를 위해 긴 소매와 긴 바지를 착용한다.

③ 장마와 태풍 등 우천에 대비해 우의 및 우산을 준비하고 등산화는 방수약이나 구두약, 약초 등을 충분히 발라준다.

④ 여름에 땀의 배출량이 많기 때문에 수분공급을 충분히 한다.

⑤ 여름철 강한 태양광으로부터 얼굴을 보호하려면 차양이 넓은 모자가 필요하며 땀

이나 빗물을 닦기 위한 등산용 손수건을 준비한다.

⑥ 폭우로 인해 계곡 물이 불어나 물살이 급해진 경우 절대 건너지 말아야 한다.

⑦ 계곡 물은 빨리 줄어들기 때문에 물이 빠지기를 기다리거나 상류 쪽으로 올라가 물살이 약하고 폭이 좁고 얕은 곳으로 건너는 것이 안전하다.

다. 가을(9~11월)

① 날씨의 변화가 심하므로 반드시 바람막이(윈드재킷) 옷과 보온의류를 준비한다.

② 대륙성 고기압에 의해 온도가 낮아지는 늦가을에는 보온장갑과 귀를 덮는 방한모 등을 준비한다.

③ 낙엽이 쌓이면 길을 잃기 쉬우므로 지도와 랜턴을 지참한다.

④ 낮의 길이가 급격히 짧아지므로 일찍 출발하고 오후 5시 전에 하산하도록 한다.

라. 겨울(12~2월)

① 저체온증 예방을 위해 두꺼운 털옷 등 보온의류를 준비한다.

② 귀를 덮는 방한모와 장갑·양말을 여유 있게 준비한다.

③ 눈가루가 발목 사이로 들어가는 것을 방지하기 위해 스패츠를 준비한다.

④ 보온병과 랜턴 건전지를 준비한다.

⑤ 떠나기 전에 일기예보를 확인하고, 땀 조절과 체력 안배를 적절히 하며 우모복, 스패츠, 장갑, 아이젠 등산화 등 겨울산행 장비를 준비한다.

⑥ 손과 발이 땀이나 물기에 젖지 않도록 하여 동상에 걸리지 않게 한다.

⑦ 양말과 장갑이 젖었을 때는 마른 것으로 바꾼다. 당장 바꾸기 어려울 때에는 손가락과 발가락을 계속 움직여 피를 잘 돌게 하고 몸에서 열이 나도록 해야한다.

⑧ 눈에 반사되는 빛으로부터 눈을 보호하기 위해 등산용 선글라스를 착용한다.

⑨ 겨울철은 빨리 어두워지므로 오후 3시 전에 하산하도록 한다.

⑩ 동쪽에서 서쪽 능선으로 코스를 선택한다.

3) 산행 사고발생 시

- 최선의 방법은 아는 곳까지 왔던 길을 되돌아가는 것이다.
- 그곳에서 자신의 위치를 정확하게 파악하고 계획했던 방향을 찾는다. 만일 짙은 안개, 눈보라, 어둠 때문에 지형과 방향을 살필 수 없을 때에는 그 자리에서 다른 사람들이

올 때까지 기다리거나 정확히 알고 있는 곳까지 되돌아간다.

- 조난에 대비하는 노력도 필요하다. 혹시라도 밤이 늦어지거나 어두운 곳으로 이동할 것을 고려하여 랜턴을 반드시 챙기고 여가분의 배터리를 상시 휴대한다.
- 지쳤거나 어두워졌거나 악천후로 산행을 계속하기 어려운 상황이라면 섣불리 움직여서는 안 된다. 가능한 방법으로 구조요청을 하고 그곳에서 구조대가 올 때까지 체온과 체력을 유지하며 기다리는 편이 더 안전하다.
- 산행하기 전에 가족에게 언제 누구와 어느 산을 어디로 올랐다가 언제 하산할 예정인지 간단하게 알려두면 혹시라도 조난을 당했을 때 도움이 될 수도 있다.
- 조난을 당했더라도 다친 사람이 없다면 크게 걱정할 것은 없다. 먼저 상황을 정확하게 파악하고 안전한 장소로 옮겨 밤을 새울 것인지 아니면 바로 탈출 할 것인지를 결정한다.
- 안전한 장소로 옮겨서 밤을 새울 작정이라면 될 수 있는 대로 바람이 적게 불고 눈과 비의 피해를 막을 수 있는 곳으로 자리를 옮긴 후, 가지고 있는 모든 장비를 활용하여 밤을 새울 준비를 한 다음 상황이 좋아지기를 기다린다.

4.2.11 낙뢰사고

낙뢰는 번개의 종류 가운데 구름과 대지 사이에서 온도차가 커 공기층이 불안정한 경우, 구름 하부의 음전하와 지표면의 양전하가 각각 분리, 축적되고 일정치 이상의 전위차가 생기면 두 전하 간의 격렬한 반응으로 순간적인 대전류가 발생하여 방전되는 현상을 말한다. 흔히 벼락 혹은 대지방전이라고 불린다. 반면에 천둥은 구름(양극)과 구름(음극), 구름(음극)과 지표면(양극)간의 높은 전위차에 의해 흐르는 전하의 높은 에너지 때문에 폭발적인 공기가 팽창하여 나는 소리이며 낙뢰와 천둥은 항상 동반한다.

1) 낙뢰 증상

가. 천둥과 번개가 칠 때

① 머리카락이 쭈뼛거리거나 귓가에 매미소리가 들릴 때

② 후덥지근한 더위 속에서 이상한만큼 시원한 바람이 불 때

③ 줄기차게 내리는 싸라기눈

④ 맞으면 아플 정도로 쏟아지는 소나기
⑤ 철책, 전선 등에서 푸른빛이 나거나 휴대하고 있는 금속제품 등에 스파크가 발생할 때
⑥ 적란운이 발달하고 머리카락이 곤두서거나 노출된 피부에 거미줄이 닿는 느낌이 들 때

나. 낙뢰사고 예방

① 낙뢰의 증상이 감지될 때에는 외출을 자제하고 집안에 머무르는 것이 안전하다.
② 건물 안과 평지에서는 몸을 낮게 하고 물이 없는 움푹 파인 곳이나 동굴 등 안전한 장소로 대피한다.
③ 야외에서 활동을 할 경우에는 낙뢰 등 기상정보를 미리 확인한다.
④ 낚싯대나 골프채 등을 이용하는 야외운동은 매우 위험하므로 운동을 즉시 중단하고 안전한 곳으로 대피한다.
⑤ 낙뢰가 예상될 때에는 우산보다는 비옷을 준비한다.

2) 낙뢰사고 발생 전

가. 가정

① 가급적 외출을 자제한다.
② TV나 전화기 같은 전기제품의 플러그를 빼두고 전등이나 전기제품에서 1m 이상의 거리를 유지한다.
③ 창문을 닫고, 감전 우려가 있으므로 잠시 샤워나 설거지 등은 중지한다.

나. 산행

① 하늘에 먹구름이 끼면서 돌풍이 몰아칠 때, 특히 바람이 많은 산골짜기 위의 정상은 낙뢰위험이 크므로 신속히 하산한다.
② 번개를 본 후 30초 이내에 천둥소리를 들었다면 신속하게 동굴이나 안전한 곳으로 대피한다.
③ 정상부 암벽 위나 키 큰 나무 밑은 낙뢰의 위험이 크다.
④ 등산용 스틱이나 우산 같은 물건은 위험함으로 소지하지 않는다.
⑤ 물이 있는 곳은 피하고 절연체 위로 대피하는 것이 좋다.

다. 야외

① 골프나 농사일, 낚시 중일 때에는 골프채, 농기구, 낚시대 등을 몸에서 떨어뜨리고 몸을 낮추어 건물이나 낮은 장소로 대피한다.

② 자동차에서는 안전한 곳에 차를 세워 시동을 끄고 라디오 안테나를 내린 채 차 안에 그대로 머무른다.

③ 낙뢰는 주위사람에게도 피해를 줄 수 있으므로, 대피할 때에는 다른 사람들과 최소 5m 이상 떨어져 무릎을 굽혀 자세를 낮추고 손을 무릎에 놓은 상태에서 앞으로 구부리고 발을 모은다.

④ 낙뢰는 산골짜기나 강줄기를 따라 이동하는 성질이 있으므로 물 주변에 가까이하지 않는다.

3) 낙뢰사고 발생 시 행동요령

- 낙뢰 사고자의 몸에 함부로 손대지 않는다(2차 피해 방지).
- 안전 확보 후 사고자를 낙뢰로부터 안전한 장소로 옮기고 의식 여부를 확인한다.
- 의식이 없는 경우에는 즉시 호흡과 맥박의 여부를 확인하고 인공호흡과 심장 마사지를 실시한다. 또한 119 또는 인근 병원에 긴급 연락하고 구조요원이 올 때까지 응급조치를 하고 피해자의 체온을 유지해야 한다.
- 의식이 있는 경우에는 감전 후 대부분 환자가 전신 피로감을 호소하므로 가장 편한 자세로 안정시킨다.
- 환자가 흥분하거나 떠는 경우엔 말을 거는 등의 방법으로 환자를 안정시킨다.
- 의사의 치료를 받을 수 없는 장소에서 사고가 일어나더라도 절대로 단념하지 말고, 필요하다면 구조 요청 후 응급처치를 계속한다.
- 사고자의 의식이 분명하고 건강해보여도, 감전은 몸의 안쪽 깊숙하게 화상을 입히는 경우가 있으므로 즉시 병원에서 응급진찰을 받아야 한다.

다음은 미국 FEMA에서 제공하는 번개 칠 때의 주의사항이다.

번개가 칠 때 안전한 피난처는 전기가 들어오고 배관이 설치되어 있는 빌딩이나 창문이 닫힌 금속 뚜껑을 가진 자동차 등이다. 피크닉장의 셀터나 덕아웃 또는 전기나 금속배관이 없는 장소는 안전하지 못하다. 다음에 여러분 가족이나 애완동물을 위한 몇 가지 안전팁을 제공하고자 한다. 번개가 구조물 내부로 들어가는 세 가지 중요한 요소가 있다: 직접 번개를 맞거나, 건물 외부로 연결된 전선이나 파이프를 통하거나, 땅을 통해 들어오게 된다. 번개가 일단 건물 내부로 들어오게 되면 번개는 전선을 통하거나 전화선이나 배관 혹은 라디오나 TV 연결 콘센트 등을 통해 전파가 된다. 바닥이나 콘크리드 벽 내부에 심어져 있는 금속 전선이나 막대 등을 통해서도 전파가 가능하다.

- Stay off corded phones. You can use cellular or cordless phones.
  전선이 연결된 전화기와 떨어져 있어라. 휴대폰이나 무선전화기를 사용할 것
- Don't touch electrical equipment such as computers, TVs, or cords. You can remote controls safety.
  컴퓨터나 TV 혹은 전선 등을 만지지 않는다. 리모콘을 사용할 것
- Avoid plumbing. Do not wash your hands, take a shower or wash dishes.
  배관과의 접촉을 피할 것. 싱크대에서 손을 씻거나 샤워를 하거나 설거지를 하지 말 것
- Stay away from windows and doors that might have small leaks around the sides to let in lightning, and stay off porches.
  창문이나 문에서 떨어져 있어야 만약의 경우 번개가 문의 빈틈을 통해 들어올 경우를 대비할 수 있다. 현관문도 마찬가지이다.
- Do not lie on concrete floors or lean against concrete walls.
  콘크리트 바닥에 눕거나 콘크리트 벽에 기대지 말 것
- Protect your pets: Dog houses are not safe shelters. Dogs that are chained to trees or on metal runners are particularly vulnerable to lightning strikes.
  애완동물 보호: 개집은 안전한 장소가 아니다. 금속으로 이루어진 개줄이나 표식 등은 번개가 칠 때 아주 위험한 물건들이다.
- Protect your property: Lightning generates electric surges that can damage electronic equipment some distance from the actual strike. Typical surge protectors will not protect equipment from a lightning strike. The American Meteorological Society has tips for protecting your electronics from lightning. Do not unplug equipment during a thunderstorm as there is a risk you could be struck.
  재산 보호하기: 번개가 떨어진 장소와 멀리 떨어진 위치에 있는 장비들도 충격을 받을 수 있다. 보통의 전기흡수체도 번개를 막기에는 역부족이다. 미국금속학회에서 전자제품을 번개로부터 보호하는 방법에 대해 안내하고 있다. 천둥이 치고 있는 상황에서는 전원에 연결되어 있는 장비를 뽑는 시도를 하지 않는 게 좋은데, 잘못하면 전기충격을 받을 수도 있기 때문이다.

4.2.12 자전거 안전사고

자전거를 직접 운전하거나 자전거 탑승 중에 일어난 사고 또는 자전거로 인해 보행자나 다른 교통기관 등이 피해를 입게 되는 사고를 말한다.

1) 자전거 안전사고 발생원인과 특징

- 자전거 사고발생 시 외부요인으로부터의 충격을 보호해 줄 요소가 없으므로 보호장구를 반드시 착용한다.
- 자전거 안전사고의 대부분은 자동차와의 충돌로 인해 발생한다.
- 자전거 운전실력을 자랑하는 행동은 사고위험을 높이는 습관이다.
- 자전거 안전사고는 운전자 본인의 부주의뿐만 아니라 인근 차량에 의해서도 발생할 수 있으므로 항상 주변상황에 대해 살핀다.

2) 자전거 안전사고 예방

- 자전거 운행 전에 헬멧, 장갑, 팔꿈치, 무릎보호대 등 보호장구를 착용한다.
- 안전한 자전거 운행을 위한 장비점검을 시행한다.
- 바지 끝부분이 너풀거리지 않는 옷과 밝은 색의 옷을 착용한다.
- 운행 중 손잡이를 놓지 않으며 다른 물건을 들고 타지 않는다.
- 자전거 안장을 몸에 맞게 조절 후 승차 자전거를 탄다.
- 과속이나 급커브에 주의한다.
- 횡단보도 이용 시 보행자와 부딪치지 않기 위해 자전거를 내려서 끌고 지나간다.
- 자전거 전용도로나 일반도로에서는 우측 주행을 한다.
- 자전거사고로 발생하는 피해에 대비해 자전거 보험에 가입한다.

3) 자전거 안전사고 발생 전

가. 초등학생

① 자전거는 스케이트보드나 인라인과는 달리 놀이기구가 아닌 차 종류로 분리된다.

② 자전거 운전이 미숙할 경우 충분한 연습 후에 운전한다.

③ 몸에 맞는 보호장구를 착용하며 자전거 상태에 대한 안전점검을 실시한다.

④ 운행 시 반드시 우측통행을 지키며 역주행하지 않는다.

⑤ 운행 중 급멈춤 시 양쪽 브레이크를 모두 이용하며, 천천히 속도를 줄일 경우에는 뒷브레이크(오른쪽)을 이용한다.
⑥ 모퉁이를 돌 때는 속도를 줄이고 주위를 살피며 통과한다.
⑦ 골목길에서는 반드시 서행하며 사람, 차를 살피며 통과한다.
⑧ 자동차와는 항상 안전거리를 유지하면서 운전하며, 자동차 옆을 지나갈 때에는 속도를 줄여 차에서 내리는 사람과의 충돌에 주의한다.

나. 중·고등학생, 성인

① 운전 시에는 교통신호를 항상 준수한다.
② 좁은 도로에서 큰 도로로 진입 시 속도를 줄여 다른 차량과 부딪치지 않도록 좌·우를 확인하고 통과한다.
③ 교차로에서 좌·우회전 시 통과하는 다른 차량과 충분한 안전거리를 두어 함께 통과하지 않는다.
④ 차량들이 나란히 주차되어 있는 '거주자 우선 주차지역'이나 주차장에서는 갑작스럽게 차량의 문이 열릴 수 있으므로 서행한다.
⑤ 대형버스나 트럭 등 운전자가 발견하기 힘든 차량에 근접하여 운전하지 않는다.

4) 자전거 안전사고 발생 시 행동요령

- 사고 즉시 주변에 도움을 요청하고 112에 신고한다.
- 보호자나 경찰에 연락 후 현장에 도착할 때까지 기다린다.
- 사고현장 상황에 대한 사진을 찍어두거나 사고자의 연락처 및 차량번호를 기록한다.
- 자전거 운전 부주의에 의한 자동차나 시설물에 파손을 입혔을 경우 반드시 자기의 연락처를 남겨둔다.
- 사고현장 상황을 목격한 사람의 연락처와 이름을 확보한다.

4.2.13 스키장 안전사고

1) 스키장 안전사고 발생원인과 특징

- 겨울철에 근육이 경직된 상태에서 충분한 사전준비운동 없이 스키장 이용 시 큰 부상을 입을 수 있다.

- 스키장 내 사고는 슬로프에서 넘어지는 경우가 가장 많으며, 서로 부딪치거나 스키장 내 펜스 등에 충돌하는 사고가 발생한다.
- 스키장 사고로 인한 부상은 골절, 타박상, 찰과상 등의 순이며, 그 외 뇌진탕, 탈구 등이 있다.
- 스키에 의해 스노보드가 손목, 팔, 목 등의 부분에 큰 부상을 입게 된다.

2) 스키장 안전사고 예방

- 사전준비운동을 충분히 실시한다.
- 건강상태를 고려해 장시간 타지 않으며, 한 시간에 한 번씩 휴식을 취한다.
- 음주 후에는 절대 리프트나 스키, 스노보드를 타지 않는다.
- 헬멧, 보호장비를 반드시 착용한다.
- 스키장 이용 전에 본인 소유나 대여 장비의 이상 유무에 대해 확인한다.
- 슬로프 이용은 자신의 실력에 맞는 곳을 선정해 이용한다.
- 리프트 탑승 시에는 안내자의 안내에 따르고, 탑승 후에는 가급적 심한 몸부림이나 장난을 치지 않으며 하강 시에도 안내자의 지시에 따라 하강한다.
- 스노보드의 바운딩 조임 시에는 이동 중인 스키어와 부딪치지 않게 조심한다.
- 무리하게 과속, 직활강을 하지 않으며 충돌 우려 시 미리 넘어지거나 큰 소리로 경고하여 충돌을 피한다.
- 슬로프 하강 시 휴식이나 정지 시 뒤따라오는 사람과의 충돌 우려가 있으므로 가장자리로 피한다.

3) 스키장 안전사고 발생 전

가. 리프트 탑승 시

① 리프트 탑승 시, 어린이들은 반드시 어른과 동반하여 탑승한다.

② 리프트 탑승은 차례를 기다려 스키장 직원의 안내에 따라 지정된 위치에서 대기하여 탑승한다.

③ 탑승 시 고개를 돌려 한손으로 리프트를 확인한 후 리프트에 깊숙이 앉는다.

④ 혼자 탑승 시에는 스키폴, 보드를 무릎에 놓으며, 2~4인이 동반 탑승 시에는 옆 사람과 부딪치지 않게 스키폴과 보드를 손으로 잡는다.

⑤ 리프트로 이동 중에는 안전 바를 올리지 말고 리프트를 흔드는 행위를 하지 않는다.

⑥ 혼자 리프트 이용 시에는 중앙에 앉아 리프트가 기울어지지 않게 안전하게 이동한다.

나. 리프트 하차 시

① 리프트 하차 시에는 미리 안전 바를 올리지 말고 직원의 안내에 따라 안전표지판 근처에서 한손은 스키폴과 보드를 잡고 한손으로는 안전 바를 올린다.

② 스키나 보드장비 하차 시 땅에 끌리지 않도록 주의하며 내린다.

③ 2인승 이상의 동승자와 내릴 경우에는 옆사람과 부딪치지 않도록 주의하며 내린다.

④ 하차 위치에서 미끄러져 내려갈 수 있도록 경사가 조성되어 있으므로 스키 앞쪽을 들고 침착하게 내려 직진한다.

⑤ 하차 후에는 뒤따라오는 사람과 충돌을 피하기 위해 신속히 이동하며, 넘어질 경우 당황하지 말고 안전요원의 도움을 받아 일어나 이동한다(넘어질 경우, 안전요원은 리프트를 일시 정지).

다. 슬로프 하강 시

① 슬로프 코스를 처음 접하는 경우 코스에 주의하며 하강한다.

② 안전표지판의 내용을 준수하고 안전요원의 안내를 따른다.

③ 급경사, 급커브 코스나 좁은 코스에서 메인 코스로 합류되는 곳에서는 안전을 위해 주위를 살피며 서행한다.

④ 하강 중 넘어질 경우 신속히 일어나도록 하며 휴식을 취할 시 슬로프 가장자리로 이동하여 충돌사고를 방지한다.

⑤ 바인딩이 풀리면 코스의 가장자리로 이동 후 스키를 다시 착용한다.

⑥ 슬로프 이용 시에는 항상 주변사람과의 충돌에 유의한다.

⑦ 하강 시 날씨, 눈의 상태, 빙판 여부에 유의한다.

4) 스키장 안전사고 발생 시

가. 사고발생 시

① 사고를 당했을 시 심각한 상태가 아니더라도 먼저 스키장 의무실을 찾아가 응급처치를 받는다.

② 부상 정도가 심할 경우 주변사람이나 동행인에게 알려 구조요원에게 도움을 요청

한다.

③ 스키장의 시설관리 미흡으로 인한 사고발생 시에는 사고현장의 증거가 될 수 있는 사진 등을 확보한다.

나. 골절상(뼈가 부러짐) 시 응급처치

① 골절 시 부목을 이용해 고정하는데 부상 부위를 무리하게 움직이면 상태를 악화시킬 수 있으므로 조심해야 한다.

② 조심스럽게 골절 부위를 원상태로 한 후 움직이지 않도록 상하좌우를 파악하여 묶는다.

③ 개방성 골절(복잡골절) 시에는 상처 부위에 소독 거즈를 대고 상부 지혈 후 부목을 하여 신속히 후송한다.

다. 염좌(관절이 삐었을) 시 응급처치

① 염좌 부위를 눈으로 냉찜질을 하여 안정시킨 후 움직이지 않도록 고정시킨다.

② 탄력붕대를 이용하여 상처 부위를 감싼다.

③ 상처 부위를 안정시킨 이후에는 상처 부위를 온찜질로 관리한다.

라. 탈구(관절이 빠짐) 시 응급처치

① 탈구 시 복장을 느슨하게 풀어준다.

② 사고현장에서 탈구된 부위를 무리하게 복원하려 하지 않는다.

4.2.14 명절일 안전

명절 연휴기간 동안 발생하는 교통사고, 야외활동사고, 가정 내 전기 · 가스사고, 도난 등의 사고를 말하며, 이 기간 동안은 평일에 비해 사고발생률이 증가하므로 각종 사고에 대한 준비를 철저히 해야 한다.

1) 명절일 안전사고 발생원인과 특징

- 명절 연휴기간 교통정체로 인해 장시간 운전할 경우 졸음운전, 차량결함사고 등이 발생한다.
- 평일에 비해 귀성길 교통체증에 의해 심야와 새벽시간대에 사망자 수가 증가한다.

• 성묘 중에는 벌 쏘임, 뱀 물림, 낙산, 예초기 작동 미숙 등으로 인한 사고에 유의해야 한다.
• 장시간 가정을 비울 경우에는 가정 내 전기, 가스, 도난사고 발생에 대비해 사전점검을 실시해야 한다.
• 명절날의 과도한 음주는 가족 간 큰 싸움으로 이어지거나 음주운전, 과음으로 인한 응급실 후송 등이 사고로 이어진다.
• 명절 전후 가사에 대한 부담으로 주부들이 신체적·정신적 스트레스, 우울증, 두통 등 '명절 증후군'을 겪을 수 있다.

2) 명절일 안전사고 발생 전

가. 교통안전

① 장시간 차량을 이용할 예정일 경우 2~3일 전에 차량정비를 받는다(타이어 공기압 체크, 각종 오일 체크, 스노체인, 전조등, 브레이크등, 방향지시등 등).
② 출발 전에는 TV, 라디오 등을 통해 교통상황에 대해 확인한다.
③ 겨울철, 빙판과 눈길에 대비하여 바퀴의 체인이나 누삽 등을 준비한다.
④ 차량 내 모든 인원은 안전벨트를 착용하고 운전자는 운전 중에 핸드폰 이용, DMB시청 등을 금지한다.
⑤ 장시간 운전할 경우 2시간마다 휴식을 취하며 차량 내 실내공기를 자주 환기시킨다.
⑥ 제한속도를 준수하며 이동한다.
⑦ 음주 후에는 절대 운전을 하지 않는다.

나. 가정

① 집을 나서기 전에는 모든 출입문 단속을 철저히 확인한다.
② 사용하지 않는 콘센트, 플러그, 전기코드를 뽑아놓는다.
③ 가스밸브 잠금장치를 확인하고 가스가 새는지 비누거품을 이용해 점검한다.

3) 명절일 안전사고 발생 시

가. 교통사고 발생 시

① 사고발생 시 즉시 112 신고 후 안전삼각대를 설치하여 사고 상황을 알려 뒷 차량에 의한 추가 피해를 예방한다.
② 사고현장 상황을 보존하고 사진 등을 촬영한다.
③ 차량화재가 발생한 경우 외에는 부상자를 함부로 건드리지 않는다.
④ 사고 차량이 위험물질 수송 차량일 경우에는 사고지점에서 신속히 대피한다.

나. 음식에 의한 사고 시

① 명절에는 음식에 의한 사고 발생률이 높으므로 항상 적당한 휴식을 취하며 과식하지 않는다.
② 과식이나 식중독에 의해 구토, 설사 등의 증상이 나타날 경우 물과 이온음료를 충분히 마셔 탈수를 예방한다.
③ 3일 이상 고열과 설사를 동반한 증상이 나타나면 즉시 병원치료를 받는다.

다. 과로 시

① 장시간 운전하거나 무리하게 명절을 지냈을 경우 생체리듬 유지를 위해 충분한 휴식을 취한다.
② 규칙적인 습관을 유지하며 잠이 부족할 경우에는 토막잠으로 보충한다.
③ 긴 연휴로 인해 연휴 후 일상생활에 지장이 없도록 연휴 마지막 날은 귀경하여 충분한 휴식을 취한다.

라. 건물 화재발생 시

① 건물 내 화재 발견 시 큰 소리로 주변사람들에게 알리고 경보음을 울린 후 119에 화재 신고한다.
② 대피 시에는 옷이나 천, 수건 등을 물에 적셔 코와 입을 가리고 낮은 자세로 신속히 대피한다.
③ 화재발생 시에는 엘리베이터를 절대 이용하지 않는다.
④ 화재에 의한 고열로 문손잡이에 화상을 입을 수 있으므로 주의한다.
⑤ 계단실 방화문은 반드시 닫으면서 대피하고 계단이나 복도로 대피가 힘들 경우 베란다 등에서 구조 요청을 한다.

마. 지하철 화재사고 시

① 지하철 내 화재발생 시에는 노약자, 장애인석 옆 비상버튼을 눌러 사고 상황을 승무원에게 즉시 알린다.
② 화재 진화를 위해 비치된 소화기를 이용한다.
③ 수동으로도 출입문이 열리지 않을 시에는 소화기나 비상용 망치를 이용하여 유리창을 깬다.
④ 화재로 인한 유독가스 중독을 막기 위해 대피 시 낮은 자세로 코와 입을 옷이나 손수건, 티슈로 막고 대피한다.

바. 항공기 사고 시

① 항공기 사고 발생 시 당황하지 말고 기내 경고등과 안내방송에 귀를 기울이고 승무원의 지시에 따른다.
② 보호자는 먼저 산소마스크를 착용하여 어린이나 노약자를 돕는다.
③ 이착륙 이외에도 안전벨트를 착용하여 치명적인 부상을 최소화한다.

사. 여객기 사고 시

① 사고발생 시 당황하지 말고 승무원의 지시에 따라 침착하게 탈출한다.
② 여객기 내 화재사고 발생 시 경보기를 울리고 바로 주변에 알린다.
③ 사고발생 시를 대비해 탈출로, 구명조끼, 소화기, 비상망치 등을 사전에 확인한다.

4.2.15 개인정보 유출

개인의 이름, 주민등록번호, 주소, 전화번호 등 개인에 관한 정보가 본인의 동의 없이 타인에게 유출되는 것을 말하며, 이로 인해 사기 등의 범죄에 악용됨으로써 개인이 안전이나 재산상의 피해를 유발하는 것을 말한다.

1) 개인정보 유출 사고 전

가. 인터넷

① 인터넷 사이트 회원가입이나 개인정보 제공 시 개인정보처리방침 및 약관에 대해 자세히 확인하다.

표 4.5 개인정보 유출원인과 특징

구분	내용
고의적 유출	개인정보 관리자가 고의적으로 타인이나 단체에 제공
개인정보관리 소홀	부주의한 개인정보관리로 유출
해킹에 의한 유출	공공기관, 기업, 개인의 컴퓨터에 침입하여 개인정보를 수집하는 행위
출력물에 의한 유출	출력물에 기재된 개인정보의 유출, 사용자의 출력내역 기록이 필요
악성코드로 인한 유출	보안의 허술로 인한 악성코드 감염으로 수만 명의 개인정보 유출
웹메일, 메신저 등을 통한 유출	개인의 실수로 웹메일, 메신저상의 개인정보를 유출하는 경우
서버 내 무단 보관된 개인정보	웹서버에 임의로 보관된 개인정보를 해킹으로 인해 유출사고 발생, DB 서버 접근 없이도 웹서버의 해킹만으로도 대량의 개인정보가 유출
어플리케이션을 통한 개인정보 접근 및 유출	개인정보를 요청할 권리가 있는 합법적 어플리케이션 도용으로 DB내 개인정보 유출 사고발생

② 개인정보가 포함되는 자료에 대해서는 인터넷상에 공유하지 않는다.

③ 친한 사람이라도 개인정보에 대해 알려주지 않는다.

④ 회원가입을 할 경우 본인 식별을 위한 주민등록번호보다는 대체수단(아이핀 : I-PIN)을 사용한다.

⑤ 비밀번호는 주기적으로(3~6개월) 변경하고 예측하기 어려운 문자로 구성한다.

⑥ 개인정보 유출 사고발생 시 해당 사이트에 가입정보 삭제를 요청한다.

⑦ 인터넷상의 파일을 다운로드하거나 실행 시 보안프로그램으로 바이러스, 악성코드 감염상태를 확인한다.

⑧ 중요 파일의 유실을 막기 위해 정기적으로 데이터 백업을 실시한다.

나. 스마트폰

① 스마트폰으로도 불명확한 사이트는 방문하지 않는다.

② 발신정보가 불명확한 메일이나 메시지는 확인하지 말고 바로 삭제한다.

③ 단말기의 분실 및 도난 시 개인정보 유출을 보호하기 위해 항시 비밀번호를 설정하고 주기적으로 변경한다.

④ 스마트폰용 백신프로그램으로 바이러스 체크를 생활화한다.

⑤ 스마트폰의 운영체제(OS)를 항상 최신화로 업데이트하여 보안을 강화한다.

2) 개인정보 유출 사고발생 시

가. 인터넷 개인정보 유출 시

① 개인정보 유출에 의한 피해를 입은 경우, 한국인터넷진흥원 개인정보신고센터에 신고한다.

② 신고 접수 후 대처 방안에 대한 안내사항을 숙지한다.

나. 금융정보 노출 시

① 개인 금융정보 노출 사고 시 은행 등의 금융 관련기관의 '개인정보 노출자 사고예방 시스템'에 신고한다.

② '개인정보 노출자 사고예방 시스템' 사고 등록 시 보호조치 관련내용을 타 기관 공유하므로 한 기관에서만 신고한다.

5장 응급처치

5.1 응급처치란?

5.1.1 응급처치의 개념과 원칙

갑자기 발생한 외상이나 질환(이것을 응급외상, 응급질환이라고 함)에 대해서 주로 발생한 장소, 또는 반송된 의료기관에서 최소한도의 치료를 행하는 것을 응급처치라고 한다.

위급한 환자(다친 사람 또는 급성질환자) 발생 시 사고현장에서 전문 의료진의 진료 전에 행하는 즉각적으로 임시적인 처치를 말한다.

예를 들면 외상에 대해서 지혈, 창상의 청정화, 골절의 간이고정 등을 행할 것, 호흡·순환이 정지하고 있거나 대단히 약해지고 있는 경우에 각종 인공호흡, 심장마사지법을 행할 것(이것을 소생법이라고 함) 등이 전형적인 것이라고 할 수 있다. 본격적 치료로 옮기기 전의 처치인데 응급처치의 양부가 환자의 예후에 중요한 관계를 지니고 있다.

1) 응급상황발생의 현장에서의 조치 전 유의사항

- 응급상황이 발생한 현장의 위험요소 유무를 확인한다(목적 : 구조자의 안전을 우선 확보).

  ▶ 위험요소 : 화재, 붕괴, 가스, 폭발, 감전, 교통사고, 미끄러운 바닥, 깨진 유리, 뾰족한 물체 등
- 현장이 위험한 상황이거나 의심이 될 경우 : 현장 접근금지, 전문구조자의 도움 요청 후 기다린다.
- 응급환자의 신체분비물(혈액, 구토물 등)과의 접촉은 피하고 최대한 격리시킨다(마스크와 보호 장갑 착용).

2) 응급상황 119 신고 내용

- 전화 거는 사람의 이름
- 응급상황이 발생한 위치(주소) 및 전화번호
- 상황발생 경위와 현재의 환자상태
- 현장 주위의 위험요소 유무(화재, 감전, 위험물질 등)
- 현장의 환자 수

3) 응급처치의 필요성

- 응급환자의 생명을 구하고 상태를 최단시간 내에 정상 혹은 이에 가까운 상태로 회복시켜 계속되는 치료나 수술, 재활의 치료 효과를 높이는 데 있다.
- 위급상황에 대처하는 처치자의 신속·정확한 행동 여부에 따라 부상자의 생명이 좌우되기도 하므로 평소 응급처치 방법을 알아두어야 한다.

4) 응급처치 구명 4단계

가. 기도유지(Airway keep)

① 생명유지에 필수적이며, 쓰러져 의식이 없는 환자는 기도유지부터 실시하도록 한다.
② 기도 내에 이물질 여부를 확인한다.

나. 지혈(Hemostasis)

① 동맥성 출혈은 즉시 지혈처치하고, 안정시키며, 병원으로 후송한다.
② 인체 혈액량은 1/13이고, 50% 이상 출혈하면 사망을 초래한다.

다. 쇼크(Shock) 예방

① 쇼크는 어떤 질환이 아니라 여러 원인에 의해 나타날 수 있는 임상증후군이다.
② 저산소증과 대사성 산증으로 세포가 파괴되고 기관의 기능이 상실되어 결국 사망에 이른다.
③ 변형된 트렌델렌 버그체위(응급상황 시 자세) 하지를 45° 상승시킨다.

라. 상처보호

① 부상환자는 상처에 세균의 오염이 초래하므로 상처부위의 청결에 신경 쓴다.
② 혈액이 응고된 부위라면 떨어지지 않도록 함부로 만지지 말며, 자극을 금해야 한다.

5) 응급처치의 중요성

가. 사고 및 질병의 예방

① 첫 번째 목적은 사고나 질병을 예방하는 데 있다.
② 응급처치 법을 배움으로써 위급상황에 대한 대응방법과 그 상황의 발생 원인을

알게 되므로 사고나 질병의 예방에 힘쓰게 된다.

③ 생활 안전에 대한 높은 의식을 갖게 되어 항상 자신과 다른 사람의 안전에 관심을 갖고 대비한다.

나. 적절한 응급처치

① 적절하게 실시된 응급처치와 적당한 구조(운반)방법은 부상자나 환자가 입은 손상의 악화를 방지하며 그의 회복에 도움이 된다.

② 응급처치의 잘못에 따라 그 환자의 생사, 회복 또는 입원기간, 신체의 불구 정도가 결정된다.

③ 응급처치법 교육은 각기 상황이 다른 부상자나 환자에게 무엇을 해야 되며, 무엇을 해서는 안 된다는 것을 알 수 있게 된다.

표 5.1 응급처치의 일반 원칙

당황하지 않음	침착하고 냉정한 판단이 응급처치의 최우선이다.
부상과 질병의 정도를 냉정하게 판단	어떤 종류의 질병인가, 환부는 어딘가 등을 재빨리 조사하여 처치한다.
문외한의 치료법은 실행하지 않음	적절한 판단을 할 수 없는 경우에는 문외한의 치료법을 피하고, 아무것도 하지 않는 편이 좋다.
안정을 취함	악화되는 것을 막기 위해서는 의사나 구급차가 올 때까지 환자를 움직이지 않게 한다.
위급한 처치부터 실시	심장정지에는 인공호흡과 심장마사지, 출혈이 심한 경우에는 지혈법, 호흡독을 마셨을 때는 토하게 된다.
기도 확보	구토하고 있거나 의식불명인 경우에는 질식할 위험이 있기 때문에 기도를 확보한다.
의식이 없을 때는 음료를 주지 말아야 함	액체가 기도에 들어가기 쉽고, 위험하다.
체온 유지에 주의	몸이 식지 않도록 충분히 보온한다.
환자를 격려	환자를 불안하게 하는 말은 금물이다.
이동할 경우에는 올바른 방법으로	악화를 방지하기 위해서는 질병과 부상에 알맞은 방법으로 운반한다.

5.2 응급처치의 유형별 행동요령

5.2.1 응급상황 시 행동요령

1) 현장조사에서 할 일

- 구조자 자신이나 부상자, 그리고 현장에 있는 사람들에게 어떤 위험 요소가 있는지 살핀다.
- 사고 또는 부상의 발생 원인을 조사한다.
- 부상자의 수를 조사한다.
  - ▶ 환자의 상태를 살펴보고, 의식이 있는 경우 직접 환자에게 물어본다.
  - ▶ 외상의 원인을 조사하고 이를 응급 구조자에게 알리고 의사가 상해 정도를 초기에 파악할 수 있도록 한다.
- 현장조사는 보다 나은 병원치료를 받을 때까지 일시적으로 도와주는 것과 적절한 조치로 회복상태에 이르도록 하는 것을 포함한다.
- 부상자 수를 정확하고 신속하게 파악하도록 한다. 여러 명의 부상자가 있을 수 있으므로 주위를 둘러보고 사고와 관계된 사람에게 물어본다.

2) 반드시 119에 연락해야 할 경우

- 심한 출혈이 있을 때 연락한다.
- 물에 빠져 익사가 의심될 경우, 직접 들어가는 것보다는 신고를 먼저 한다.
- 전기 감전사 또는 심장마비로 보이는 환자가 있을 때는 연락을 한다.
- 호흡곤란 및 호흡정지 · 질식 · 마비 증세를 보일 때 연락을 한다.
- 약물중독이나 자살기도의 경우 연락을 한다.
- 경련이나 발작 시 연락을 한다(구급차의 도움이 필요하지 않는 경우가 대부분).
- 화상의 정도가 심할 때 연락을 한다.
- 척추손상이 의심될 때 연락을 한다.

3) 119에 연락 시 해야 할 일

- 주소 또는 근처의 큰 건물 · 이름 등 위치를 확인할 수 있는 지형지물을 통해 부상자

의 위치를 알린다.

- 부상자에 대한 지속적인 정보가 필요하기 때문에 전화번호와 이름을 남기는 것이 좋다.
- 무슨 일이 일어났는지를 설명한다.
- 부상자 수와 기타 특별히 알려야 할 사항이 있으면 알린다.
- 부상자의 상태를 구체적으로 알리고 지금까지 실시한 응급처치에 대하여도 구체적으로 설명한다. 구급차가 도착하기 전까지는 119로부터 부상자에 대한 응급처치법에 대한 도움을 받을 수 있으므로 전화를 끊지 않는다.
- 자신의 위치를 구조요원들이 쉽게 찾을 수 있도록 행동한다.

5.2.2. 응급처치의 유형별 행동요령

1) 심한 출혈 처치

가. 직접 압박

① 장갑, 보안경, 필요한 경우 안면 마스크 등 차단기구를 착용한다.

② 상처 위로 깨끗한 천 또는 멸균 드레싱을 올려놓고 직접 압박을 지속적으로 가한다. 드레싱 또는 천이 없는 경우, 장갑 낀 손을 사용한다.

③ 출혈이 줄어들거나 멎었는지 확인하기 위해 주기적으로 압박을 풀어서 확인한다.

나. 압박 붕대

① 상처에 직접 압박을 가하는 동안 멸균 드레싱 위에 압박붕대를 감는다.

② 붕대가 피에 젖으면 다른 깨끗한 천 또는 드레싱을 추가로 놓고 붕대로 감는다.

③ 상처에 직접 압박을 계속 가한다.

④ 드레싱에 묻어 있는 응고된 혈액이 지혈에 도움을 되므로 피에 젖은 붕대는 제거하지 않는다. 필요한 경우 추가로 붕대를 감는다.

⑤ 붕대는 어느 정도 단단히 감아야 하지만 혈액의 흐름을 완전히 막지는 말아야 한다.

2) 쇼크에 대한 처치

- 부상을 당해 반응이 없거나 무의식인 환자를 발견한 자세 그대로 치료한다. 가능한 환자를 움직이지 않는다.

- 환자의 머리를 잡고 목이 움직이지 않도록 고정한다.
- 현지 기후에 맞춰서 환자의 체온을 유지한다. 즉 환자를 담요로 덮어주거나 태양에 대한 노출에서 보호해주는 것을 의미한다.
- 척추 부상이나 다리 골절이 의심되지 않는 경우, 혈액이 심장 쪽으로 올 수 있도록 다리를 15~30cm정도 높여준다.

3) 척추 부상 처치

가. 정상적으로 호흡하는 반응이 있는 환자의 경우

① 머리의 움직임을 방지하기 위해 양쪽 손으로 머리를 고정한다.

② 환자에게 119 구급대원이 조착하기 전까지 가만히 있고 머리나 목을 움직이지 않도록 지시한다.

나. 정상적으로 호흡하지 않는 반응이 없는 환자의 경우

① 기도를 개방하기 위해 호흡을 확인하고 CPR을 실시한다. 환자는 등을 대고 누워 있어야 한다.

▶ 환자가 이미 등을 대고 누워 있는 경우, 머리 뒤로 젖히기나 턱 끌어올리기 방법을 사용하여 환자의 기도를 개방한다. 전반적인 머리의 움직임을 최소화하고 머리를 양 옆으로 이리저리 돌리지 않도록 한다.

▶ 환자가 등을 대지 않고 누워 있지 않으면 로그롤 방법을 이용해 환자를 바로 눕힌다.

② 로그롤 방법으로 환자 돌리기

▶ 환자 옆에 누릎을 꿇고 앉는다. 환자가 당신의 무릎 위로 올라오지 않도록 환자와의 사이에 충분한 공간을 두고 앉는다.

▶ 부드럽게 환자의 다리를 곧게 편다. 환자의 몸 옆으로 팔도 곧게 편다.

▶ 한 손으로 환자의 머리와 목 뒤를 받친다.

▶ 다른 손은 당신과 먼 쪽에 있는 환자의 팔꿈치를 잡는다.

▶ 조심스럽게 환자의 모리와 몸통을 한꺼번에 당신의 방향으로 굴린다. 옆으로 세웠다가 다음에 등을 대고 눕힌다.

4) 기도폐쇄 시 처치

가. 원인

이물질로는 혈액, 음식물, 구토물 등이 있으며 혀 또는 후두개가 이완되어 기도가 막히게 된다.

나. 증상

① 두 손으로 목 부분을 쥐면서 기침을 하려고 한다.
② 목 부분에서 심한 천명음('쌕쌕'하는 소리)이 들린다.
③ 얼굴이 파랗게(청색증) 변한다.

다. 주의사항

① 기도가 완전히 폐쇄된 경우에는 3~4분 이내 의식을 잃게 된다.
② 4~6분이 경과하면 뇌세포의 영구적인 손상이 발생하여 생명이 위험에 빠질 수 있으므로
③ 빠른 시간 내에 응급처치를 시행해야 한다.

라. 의식이 있는 경우 처치

① 응급환자의 뒤에 서서 양팔로 환자의 허리를 껴안는다. 환자가 서 있는 경우 환자의 양쪽 다리 사이에 발을 넣어 넘어지지 않게 지탱해준다.
② 한쪽 손을 움켜쥐어 주먹을 만들고 복부(배꼽 위)에 엄지손가락을 갖다 댄다.
③ 다른 한 손으로 주먹을 감싸고 나서 복부 안쪽으로 빠르게 세게 밀어 올린다.

마. 의식이 없는 경우 처치

① 환자를 눕혀 놓고 명치와 배꼽 사이를 손바닥으로 강하게 올려준다.
② 막힌 물체가 나올 때까지 또는 의식이 돌아올 때까지 반복하면 된다.
③ 환자가 의식이 없는 경우에는 환자를 바닥에 눕히고 119 신고 센터 또는 응급의료 기관에 전화한다.

바. 유아의 경우 처치

① 영아의 머리를 아랫방향으로 향한 후 등을 5회 두드린다.
② 흉부 압박법을 5회 반복한다.
③ 입 안의 이물질이 확인되면 제거한다.
④ 흉부압박 후에도 의식이 없으면 심폐소생술을 실시한다.

5.2.3. 심폐소생술(cardiopulmonary resuscitation)

- 심정지(심장마비) : 우리 몸의 혈액순환을 담당하는 심장이 갑자기 멈추고 난 뒤 수분 이내에 적절한 응급처치가 실시되지 않는다면 결국 사망에 이르게 되는 상태이다.
- 심폐소생술 : 심정지 환자의 멈추어진 심장의 자발순환을 회복시켜 환자의 사망을 방지하는 일련의 응급처치 과정이다.

1) 심장과 폐의 정지현상의 원인

- 심장과 폐의 정지현상은 급성심부전 및 폐부전증 등에 의하여 생기므로 그 원인을 분석해서 처치에 적용해야 한다.
- 호흡부전증의 원인으로는 저산소, 호흡기로 폐쇄 또는 폐질환, 혈액의 산소운반 능력 이상, 중추성 호흡조절 능력 마비 등이 있다.
- 심부전증의 원인으로는 심근수축력 억제, 흥분, 관사동맥혈류량 부족 등이 있다.

2) 심폐소생술의 분류

가. 기본 소생술(BLS : Basic Life Support)

① 현장에서 의료 기구를 사용하지 않고 심정지 확인, 119 신고, 가슴압박, 기도 열기, 인공호흡 등의 기본 응급처치를 시행하는 심폐소생술의 초기단계이다.

② 일반인이 현장에서 쉽게 사용할 수 있는 자동세동기(AED : Automated External Defivrillator)를 이용하여 잔떨림제거(제세동) 처치를 실시하는 것 또한 포함된다.

나. 전문 심장소생술(ACLS : Advanced Cardiovascular Life Support)

① 심정지 환자가 병원에 도착한 이후에 의료진에 의하여 시행되어지는 전문 기도유지술, 잔떨림제거, 약물투여, 심정지의 원인에 따른 처치 및 소생후 처치 등의 전문 응급처치이다.

② 환자상태 : 소생술은 심장과 호흡이 멈춘 지 4분 이내에 시작하면 살아날 가능성이 높으며, 시간이 갈수록 뇌가 손상되어 사망하게 된다. 시간에 따른 환자의 상태는 다음과 같다.

표 5.2 시간에 따른 뇌 손상여부

0~4분	소생술을 실시하면 뇌손상 가능성이 거의 없다.
4~6분	뇌 손상 가능성이 없다.
6~10분	뇌 손상이 확실하다.
10분 이상	심한 뇌 손상 또는 뇌사상태가 된다.

3) 심폐소생술의 목적

심폐소생술의 주된 목적은 우리 몸에 가장 기본이 되는 장기인 심장, 뇌, 그리고 그 외의 장기에 산소를 공급하자는 데 있다.

이때 가장 중요하게 기억해야 할 것이 시행하는 속도이며, 이것이 또한 심폐소생술의 성공 여부를 결정하는 중대한 열쇠이다. 심장마비가 일어난 후에도 우리 몸속의 폐와 혈관 내에는 6분 정도까지는 생명을 유지시킬 수 있는 산소의 여분이 있다. 만약 숨이 먼저 그쳐도 수분 동안은 심장이 뛰게 되어 폐 속의 산소는 계속 이용된다.

그러나 심장이 멈추게 되면 폐와 혈관 속의 여분의 산소가 더 이상 순환될 수가 없으므로 이때 심폐소생술이 그 위력을 발휘할 수 있다. 심장과 폐가 멎고 나서 즉시 4분 이내에 심폐소생술이 시행되면 대부분 완전소생의 기회가 높다.

그렇지만 4~6분 이상 혈액순환이 안 되면 뇌에 손상이 올 가능성이 크다. 6분 이상 이러한 상태가 계속되면 뇌 세포는 죽기 시작하여 결국 뇌의 기능이 완전히 정지되고 생명을 잃게 된다.

이러한 이유에서 유사시에는 무엇보다도 중요한 것이 바로 심폐소생술을 해야 하는지의 여부를 파악해야 하고, 필요한 경우로 판단되면 즉시 올바른 심폐소생술을 실시하여 환자를 소생시키거나, 혹은 전문 의료진이 도착할 때까지 생명을 연장시켜야 한다.

4) 성인 기본 소생술

기본 소생술에서 성인이라 함은 8세 이상을 의미하며, 소아는 1~8세까지의 어린이, 1세 미만은 영아로 구분한다. 성인은 심장질환성 원인에 의하여 심정지가 발생하는 경우가 대부분이므로 소아 및 영아에 비해 빠른 제세동기의 시행이 더욱 요구된다.

심장마비가 발생하면 환자는 갑자기 의식을 잃고 쓰러지게 되며, 드물게는 전신경련이 동반되거나 헐떡거리는 호흡이 발생하기도 한다. 심장마비를 목격하거나 의식이 없는 환자를 발견하게 되면 빠른 시간 내에 119에 신고해야 하며, 목격자에 의한 즉각적인 심폐소생술이 시행되어야 한다.

가. 1단계 : 의식 확인 및 도움요청

① 도움요청 및 119 신고

- 환자가 의식이 없다는 것이 확인되면 즉시 큰 소리로 주변사람에게 도움을 요청한다(119 신고전화, 자동 제세동기 요청).
- 성인에게 발생하는 심정지의 주요 원인 : 심실 잔떨림

② 환자의 자세

- 딱딱하고 평평한 바닥에 반듯하게 눕힌다(심폐소생술 시행).
- 의식을 잃고 엎드려 있는 환자 : 통나무 굴리기(log roll)법

▶ 머리, 목, 어깨, 몸통 등을 한 축으로 통나무 굴리듯이 동시에 굴린다.

▶ 경추(목) 손상 의심이 든다면 눕히려 움직이는 것 자체를 금지해야 한다.

나. 2단계 : 가슴압박(인공순환)

① 가슴압박의 위치와 자세

- 환자의 가슴 중앙에 손을 포개어 올려놓는다.

▶ 환자의 양쪽 젖꼭지를 연결한 선과 흉골이 만나는 지점에 손을 올린다.

- 손가락은 깍지 끼고 팔꿈치는 곧게 편다.

▶ 구조자의 팔⊥바닥이 되도록 한다.

- 분당 100～120회 속도, 약 5～6cm 깊이로 체중을 이용하여 강하고 빠르게 압박한다.

② 가슴압박 시 유의사항

- 환자의 맥박을 확인하지 않고 바로 가슴압박을 시행한다.
- 가슴압박 중단을 최소화하도록 해야 한다(압박을 중단하면 심장으로의 혈류가 급격히 감소).
- 압박된 환자 가슴이 충분히 올라오도록(이완되도록)한다(불충분한 이완은 흉강 내부의 압력을 상승시켜 심장으로의 혈액 관류량을 감소시킨다).

▶ 이완을 목적으로 손이 환자의 가슴에서 완전히 떨어지지 않도록 주의한다.

다. 3단계 : 인공호흡

- 심정지 환자는 머리를 젖히고 턱을 들어 올려 기도를 개방해준다.

▶ 심정지 또는 혼수상태의 환자를 기도폐쇄가 유발된다(근육의 긴장도 저하로 혀가 및으로 처지게 되기 때문).

- 구강에서 보이는 모든 이물질과 구토물은 제거한다.

▶ 구강 주위로 흘러내린 액체와 반 액체 : 장갑이나 천으로 감싼 손가락으로 닦아낸다.

▶ 구강 내 고형물 : 혀와 턱을 잡은 상태에서 다른 엄지와 집게손가락으로 집어낸다.

- 한 손으로 환자의 코를 막고 입으로 환자의 입을 완전히 덮은 다음, 1초 동안 가슴이 충분히 올라올 정도로 숨을 불어 넣는다.

▶ 심호흡이 아닌 정상호흡으로도 충분하다(내뱉는 공기에도 17%의 산소가 포함).

- 입과 입의 직접적인 접촉을 꺼릴 경우 인공호흡 보호기구(페이스쉴드 faceshiled, 포켓마스크)를 사용할 수 있다.

▶ 보호기구의 사용은 유용할 수 있으나, 인공호흡의 시간을 지연시켜 기본소생술의 질을 떨어뜨릴 수 있는 점도 유의해야 한다.

라. 4단계 : 가슴압박과 인공호흡의 반복

- 가슴압박 : 인공호흡 = 30 : 2
- 119 구급대원에게 인계하거나 순환이 회복되어 환자가 움직일 수 있을 때까지 지속적으로 반복한다.
- 두 명의 구조자가 있을 경우 2분마다(가슴압박과 인공호흡을 5회 실시한 후) 교대하여 시행하는 것이 바람직하다.

▶ 교대할 때 가슴압박이 5초 이상 중단되지 않도록 유의한다.

- 순환이 회복되어 환자가 움직임을 보이면 회복자세를 취해준다.
- 한쪽 팔을 바닥에 대고 머리를 팔에 기댄 상태로 다른 쪽 팔과 다리를 구부린 채로 환자를 옆으로 돌려 눕힌다.

▶ 심정지 환자는 호흡과 혈액순환이 회복되더라도 바로 의식이 회복되지 못하는 경우가 대부분이므로, 기도폐쇄와 흡인의 위험성을 줄이기 위하여 별도의 회복자세를 취해준다.

5) 소아 및 영아 기본 소생술

소아와 영아에서 심정지의 주원인은 주로 호흡부전, 영아 돌연사 증후군, 패혈증 등 비

심장성이고 1세가 넘은 소아에서는 심정지의 가장 흔한 원인이 외상이다. 이 때문에 성인에게 발생하는 급성 심정지와 달리 소아 및 영아의 심정지 상당부분은 예방이 가능하다.

영사 돌연사 증후군의 경우 아이를 엎드려 재우거나 푹신한 바닥에 눕히지 않는 것을 통해 예방할 수 있으며, 대표적인 손상인 교통사고는 안전띠 착용, 소아용 카시트 장착 등을 통해 예방할 수 있다.

또한 5세 미만의 소아에서 발생하는 불의의 사망원인 중 두 번째로 높은 빈도를 차지하는 것이 익사이다. 대부분 어린 소아들은 보호자가 돌보지 않는 사이에 수영장에 빠져 위험에 처한다. 수영장 주위에 울타리를 만들고 구명장비를 입히고 수영하게 하여 소아의 익사위험으로부터 보호해야 한다. 영아와 소아에서는 심실 잔떨림에 의한 심정지보다 질식성 심정지가 훨씬 흔하기 때문에 소아 소생술에서 인공호흡이 매우 중요하지만, 성인과 마찬가지로 소생술을 시행해야 하는 상황에서는 가슴 압박을 먼저하고 인공호흡을 한다.

가. 1단계 : 의식 확인 및 도움 요청

① 의식 확인

- 아픈 아이의 어깨를 가볍게 두드리며 큰 소리로 "얘야, 괜찮니?"라고 외치면서 반응고 호흡을 확인한다.

▶ 1세 미만의 영아 : 한쪽 발바닥을 가볍에 두드려서 확인한다(경추 손상위험 해소).

② 도움 요청 및 119 신고

- 주변에 사람이 있을 때 : 주변사람에게 119에 신고해줄 것을 요청한 뒤, 즉시 기본 소생술을 시작한다.
- 주변에 사람이 없을 때 : 기본 소생술을 5주기 시행한 다음에 119에 신고한다(소아 및 영아에서는 성인 심정지 환자와 달리 잔떨림제어 처치가 필요하지 않은 비심장성 원인에 의한 심정지가 대부분을 차지하기 때문이다).

▶ 심장성 원인에 의한 심정지가 의심될 때에는 소아라 할지라도 성인과 마찬가지로 빠른 잔떨림제어 처치가 이루어져야 하기에 신속한 신고를 우선시한다.

나. 2단계 : 가슴압박(인공순환)

① 가슴압박의 위치와 자세

- (성인과 동일) 환자의 가슴중앙 - 양쪽 젖꼭지를 연결한 선과 흉골이 만나는 지점 -에 손을 올려놓는다.

▶ 1세 미만의 영아 : 가슴 중앙의 직하부

- 소아의 나이에 따라 한 손 또는 두 손으로 가슴 압박한다.

▶ 1세 미만의 영아 : 두 손가락으로 시행이 가능하다.

- 소아 : 분당 100~120회 속도, 가슴두께의 1/3(약 5cm) 깊이로 한다.
- 영아 : 분당 100~120회 속도, 가슴RP의 1/3(약 4cm) 깊이로 한다.

② 가슴압박 시 유의사항

- 환자의 맥박을 확인하지 않고 바로 가슴압박을 시행한다.
- 압박된 환자 가슴이 충분히 올라오도록(이완되도록) 한다(불충분한 이완은 흉강 내부의 압력을 상승시켜 심장으로의 혈액 관류량을 감소시킨다).

▶ 이완을 목적으로 손이 환자의 가슴에서 완전히 떨어지지 않도록 주의한다.

다. 3단계 : 인공호흡

- 머리를 젖히고 턱을 들어서 기도를 개방한다.

▶ 턱을 들어 올리는 손가락으로 너무 깊게 누르지 않도록 주의한다.

- 한 손으로 환자의 코를 막고 입으로 환자의 입을 완전히 덮은 다음, 1초 동안 가슴이 충분히 올라올 정도로 숨을 불어넣는다.

▶ 영아의 경우는 입과 코를 한꺼번에 막은 다음에 인공호흡을 시행한다.

- 소아나 영아도 인공호흡 보호기구(페이스쉴드, 소아용 포켓마스크)를 사용할 수 있다.

라. 4단계 : 가슴압박과 인공호흡의 반복

- 119 구급대원에게 인계하거나 순환이 회복되어 환자가 움직일 수 있을 때까지 지속적으로 반복한다.
- 두 명의 구조자가 있을 경우 2분마다(가슴압박과 인공호흡을 5회 실시한 후) 교대하여 시행하는 것이 바람직하다.

▶ 교대할 때 가슴압박이 5초 이상 중단되지 않도록 유의한다.

- 순환이 회복되어 환자가 움직임을 보이면 회복자세를 취해준다.

▶ 영아의 경우 머리를 아래로 향하게 한 채 양손으로 안는다.

5.2.4 자동 제세동기(AED)의 사용

병원에서 의료진에 의해서만 시행되던 잔떨림 제거 처치가 심장리듬을 자동으로 분석하여, 필요한 경우 제세동을 시행할 수있도록 유도해주는 '자동 제세동'이 개발되면서 심정지 환자가 발생한 현장에서 목격자에 의하여 조기에 잔떨림제거 처치가 이루어질 수 있게 되었다.

이러한 자동 제세동기는 의료인뿐만 아니라 일반인도 쉽게 사용할 수 있으며 실제로 심정지 환자의 생존율을 크게 증가시키고 있는 결과들이 보고되어 있어, 우리나라에서도 일반인들에게 기본 소생술뿐만 아니라 자동 제세동기 사용에 대한 교육이 확대되어야 한다.

1) 잔떨림제거의 중요성

- 성인의 심정지 환자가 발생했을 경우 대부분이 심실잔떨림이 차지하며, 이에 가장 효과적인 조치는 심장에 강한 전류를 일시적으로 통과시켜 심장이 다시 정상적으로 박동하도록 하는 잔떨림제거 처치를 빠른 시간 내에 시행하는 것이다.
  - ▶ 심실잔떨림(Ventricular Fibrillation/VF) : 심장이 매우 빠르고 불규칙하게 수축하여 실제적인 심박출량을 만들어내지 못하고 가늘게 떨고 있는 상태를 말한다.
  - ▶ 잔떨림제거(Defibrillation) : 심실잔떨림을 제거하고 심장박동을 정상적인 상태로 되돌리는 전기충격치료이다.
- 심폐소생술만으로는 심실잔떨림으로 인한 심정지 환자의 경우 심실잔떨림 및 심실빈맥을 정상 박동으로 전환시키기 매우 어렵다(잔떨림제거 조치의 성공률을 높이는 기능).
- 자동 제세동기는 심실잔떨림 이외의 심정지 환자에게는 큰 도움이 되지 않으며, 또한 잔떨림제거 처치 직후에 대부분 비관류 심장리듬을 보이는 경우가 많으므로, 심정지 환자에게 잔떨림제거를 처치하는 구조자는 신속한 잔떨림제거에 관심을 기울일 뿐만 아니라 자동 제세동기 도착 전과 잔떨림제거를 행한 직후에 즉시 양질의 심폐소생술을 해야 한다.

2) 자동 잔떨림제거기의 종류

① 완전자동 제세동기

- 전원을 켜고 환자의 가슴에 패드를 부착하면, 그 다음부터는 기기가 알아서 환자의 심전도를 검사하고 필요한 경우에 에너지를 충전하여 잔떨림제거를 실시한다.

② 반자동 제세동기

- 환자의 심전도를 분석하여 제세동이 필요한 경우에 구조자(사용자)로 하여금 제세동 시행 버튼을 누르도록 음성 또는 화면으로 지시한다.

3) 자동 제세동기 사용방법

① 전원 켜기

- 자동제세동기의 전원을 켠다.
- 전원이 들어오면 음성이 나오면서 절차를 안내해준다.
- 자동제세동기의 제세동을 실시한 후에 즉시 심폐소생술을 실시하는 데 방해가 되지 않도록 환자의 머리 옆에 둔다.

② 패드 부착

- 순서에 관계없이 오른쪽 쇄골 바로 아래와 왼쪽 젖꼭지 바깥쪽 아래의 겨드랑이 중앙선에 붙인다.
- 이때 패드와 제세동기 본체가 분리되어 있는 경우에는 연결한다.

③ 심장리듬 분석

- 패드에 연결된 선을 기계에 꽂는다.
- 기계에서 자동으로 심장리듬 분석 중이라는 말이 나오면, 심장 분석에 오류가 나지 않도록 환자에게 닿지 않도록 떨어진다.
- 제세동이 필요한 경우 "제세동이 필요합니다."라는 음성지시와 함께 자동제세동기 스스로 설정된 에너지로 충전을 시작한다.
- 제세동이 필요 없는 경우 "제세동이 필요하지 않습니다."라는 음성지시가 나오며 즉시 심폐소생술을 다시 시작하여야 한다.

④ 제세동 실시

- 제세동이 필요한 경우에만 제세동 버튼이 깜빡이기 시작하며, 깜빡일 때 제세동 버튼을 눌러 제세동을 시행한다.
- 이때 제세동 버튼을 누르기 전에는 반드시 다른 사람이 환자에게서 떨어져 있는지 다시 한번 확인하도록 한다.

⑤ 즉시 심폐소생술 다시 시행

- 제세동을 실시한 뒤 즉시 가슴압박과 인공호흡 비율을 30 : 2로 심폐소생술을 다시 시작한다.

⑥ 2분마다 심장리듬 분석 후 반복 시행

- 회복되었거나 119 구급대가 도착할 때까지 2분마다 심장리듬 분석 및 반복 시행토록 한다.

5.2.5 환자의 부축 및 이송

위험한 장소에 고립되거나 다치게 되면 스스로 그 장소에서 빠져나와 병원으로 갈 수 있는 경우도 있으나, 대부분의 경우 누군가가 구출해주고 이송해주는 도움의 손길을 요청하거나 기다리게 된다. 이러한 경우 환자의 이송은 응급처치와 동일하게 중요하다. 부상당한 사람을 이동시키는 것은 종종 오히려 치명적인 피해를 줄 수도 있는 위험을 수반하기 때문이다. 부상자가 발생한 상황일 때는 이송이 시행된다. 2차 사고를 피하기 위해 긴급히 부상자를 옮겨야 하는 경우도 있지만, 특히 긴급히 이송하지 않으면 안 되는 경우에는 오히려 시간이 걸리더라도 충분한 응급처리를 하고 나서 이송하는 것이 좋다.

환자이송 시 부상자의 안정을 위해서는 여러 명의 구조자가 협력해서 올바른 방법을 찾을 필요가 있다. 부적절한 이송으로 인해 환자에게 나쁜 영향이 미치지 않게 하려면 현장상황, 부상자의 상태, 부상 부위, 구조자의 인원 등을 파악해서 올바른 방법을 선택해야 한다.

1) 부득이하게 이송해야 하는 경우

- 화재, 산소부족, 폭발위험, 건물붕괴, 발화성 물질(휘발유, 경유 등) 등 생명을 위협하는 급박한 상황에 처했을 때는 빠르게 이송할 수 있도록 한다.

2) 환자이송 시 유의사항

- 부상자의 몸을 움직일 때와 옮길 때에는 될 수 있으면 동요하지 않도록 한다.
  - ▶ 가능하면 작은 보폭으로 움직인다.
  - ▶ 어디를 향하는지 앞을 보면서 움직인다.
- 2명 이상이 함께 이송을 할 경우에는 통일된 행동을 위하여 리더를 결정한 후 부상자

를 이송한다.

- 이송완료 시까지 부상자의 상태를 계속 관찰한다.

3) 1인 이송법

가. 부축하여 걷기(walking assist or side crutch support)

① 부상이 심하지 않은 보행 가능한 환자에게 사용한다.

② 부상자의 한 팔(두 사람인 경우 양팔)을 목뒤로 돌려 구조자의 어깨에 걸치게 하여 부상자의 손목을 잡고 부상자의 허리를 잡는다.

나. 안아 들기(person seat carry)

① 심각하게 다치지 않았지만 보행 불가능한 환자를 이송할 때 사용하는 방법이다.

② 1인 안기는 부상자가 어린이거나 체중이 가벼운 사람을 안아서 이송하는 방법으로, 부상자가 근골격계 손상이 의심된다면 이 방법을 사용해서는 안 된다.

③ 1인 안기는 부상자의 한쪽 팔을 구조자의 목 뒤로 감싸서 어깨에 걸치게 하고 구조자의 허리높이에서 안아 올린다. 이때 구조자의 팔과 어깨 등이 상당한 체중을 견뎌야 하며 부상자를 이동시키는 동안에도 균형을 유지하는 것이 중요하다.

다. 안아 끌기(drag)

① 부상이 심하나 들 수 없는 상황에서 환자를 이송할 때 사용하는 방법이다.

② 끌기를 이용한 환자 이송법은 옷이나 담요를 이용하여 환자를 이송하는 방법으로 바닥이 평평한 곳에서 사용해야 한다.

③ 옷 끌기는 의식이 있거나 의식 없는 환자 또는 머리, 목, 척추부상이 의심되는 환자에게 사용한다. 단, 머리, 목, 척추가 안정되도록 해야 한다. 부상자 어깨 부위의 옷을 잡고 조심스럽게 끌어당긴다.

④ 담요 끌기는 위급상황에서 환자를 이송하는 별도의 장치가 없는 경우 사용하는 방법이다. 담요를 부상자 밑에 깔고 부상자를 감싸서 끌어 움직인다. 단, 부상자가 모포에서 떨어지지 않도록 주의한다.

⑤ 발 끌기는 부상자의 몸집이 너무 커서 다른 이송방법이 없을 때 사용한다. 이때 부상자의 발목을 잡고 조심스럽게 똑바로 끌어당긴다. 부상자의 머리가 다른 구조물에 부딪치지 않도록 주의한다.

라. 업기(pack-strap carry)

① 신속하게 탈출할 때 쓰는 방법이다.

② 업기는 의식 있는 환자 또는 무의식 환자에게 사용할 수 있다. 구조자 등 뒤로 환자를 업으며, 이때 환자의 등과 무릎이 구부러지지 않게 한다. 환자를 구조자의 어깨에 밀착시키고 환자의 양팔을 구조자의 얼굴 밑에서 교차시켜 환자의 손목을 잡는다. 단, 부상자의 머리, 목, 척추부상이 의심된다면 절대로 이 방법을 사용하면 안된다.

4) 2인 이송법

• 가마 태우기/그네 태우기 : 팔이나 어깨가 사용 가능하며 의식이 있는 환자에게 사용한다.

▶ 두 명의 구조자가 한쪽 팔을 엇갈리게 해서 서로의 어깨를 잡고 또 다른 한쪽 팔은 서로의 손목을 잡은 자세에서 구조자를 앉힌다. 부상자는 양쪽팔로 양옆 구조자의 어깨를 감싸고 구조자는 부상자 등 뒤에서 구조자끼리 팔을 잡고 반대편 팔은 부상자 다리를 받쳐서 이송한다.

• 2인 안아 들기 : 만약 팔이나 어깨손상 시는 이 방법을 이용하지 않는다.

▶ 주위에 등받이의자가 있다면 부상자를 의자에 앉혀서 이송할 수 있다. 구조자 1명은 부상자 뒤에 서서 의자를 잡고 다른 구조자는 부상자 앞에서 의자의 다리를 잡고 이동한다.

5) 다인 이송법

• 담요로 들기 : 담요가 있고 여러 명이 이송 가능할 때 사용한다.

▶ 구조자들은 양쪽으로 나누어 환자 옆에 위치하여 담요 말이 한 것을 잡고 등을 곧게 유지하여 환자의 무게중심이 구조자에게 가까이 오도록 한다.

• 팔 겹쳐 들기 : 기구가 없고 여러 명이 이송 가능할 때 사용한다.

▶ 부상자의 몸 밑으로 서로 마주보고 있는 구조자끼리 손을 마주잡게 하여 환자를 이송하는 방법이다.

• 들것 사용하기 : 가장 이상적이며 들것이 있고 여러 명이 이송 가능할 때 사용한다.

▶ 4인이 들것으로 이송할 경우 부상자의 한쪽에 3명이 위치하고 나머지 한 명은 반대쪽에 위치한다. 한쪽에 위치한 구조자 1은 어깨와 목을, 구조자 2는 허리를, 구조자 3은 무릎과 발목을 안고 부상자를 들것에 눕힌다. 리더의 구령(들어)에 따라 천천히 부상자를 들어서 일직선으로 나란히 앉아 있는 구조자의 무릎 위에 올려놓고 리더의 구령(내려)에 따라 부상자를 들것 위에 조심스럽게 내려놓는다.

- ▶ 리더의 구령(출발)에 따라 오른발부터 부상자의 발이 앞으로 나아가는 방향으로 걷기 시작한다. 리더는 부상자의 머리 쪽에 위치하여 부상자의 상태변화를 관찰한다.
- ▶ 언덕이나 계단을 내려갈 때에는 부상자의 다리가 향하는 방향으로 하여 이송하고 올라갈 때에는 반대로 한다.

INDEX

찾아보기

재난안전

초판 발행 | 2017년 3월 5일
재판 발행 | 2019년 1월 5일

지은이 | 진병문·박재영·안대명·윤혜경
펴낸이 | 조승식
펴낸곳 | (주)도서출판 북스힐

등 록 | 1998년 7월 28일 제22-457호
주 소 | 서울시 강북구 한천로 153길 17
전 화 | (02) 994-0071
팩 스 | (02) 994-0073

홈페이지 | www.bookshill.com
이메일 | bookshill@bookshill.com

정가 15,000원

ISBN 979-11-5971-060-5

Published by bookshill, Inc. Printed in Korea.